纺织品设计

欧美印花织物 200 年图典

[美] 苏珊·梅勒

[荷] 约斯特·埃尔弗斯 著

吴 芳 丁 伟 陈 鑫 译

栾清照 杨 韫 苏 锦 张 婧 校译

U0395947

苏州大学出版社

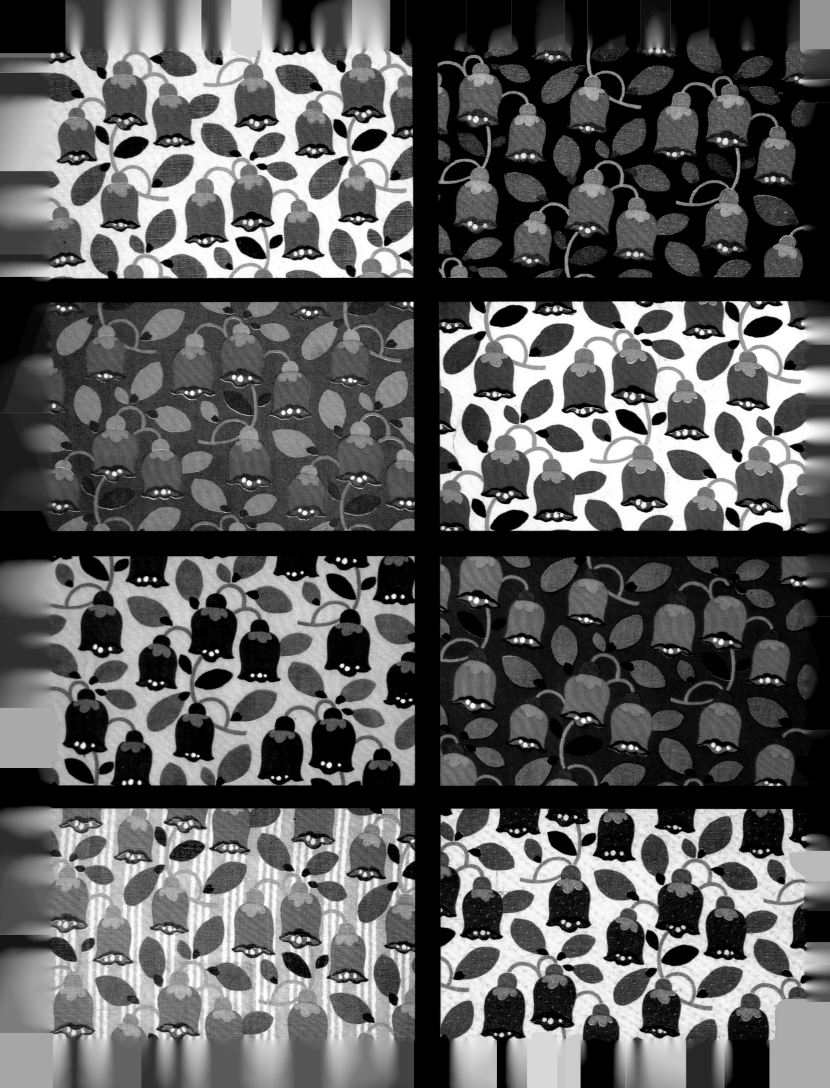

纺织品设计

欧美印花织物 200 年图典

［美］苏珊·梅勒

［荷］约斯特·埃尔弗斯 著

吴 芳 丁 伟 陈 鑫 译

栾清照 杨 韫 苏 锦 张 婧 校译

苏州大学出版社

图书在版编目(CIP)数据

纺织品设计：欧美印花织物 200 年图典 /（美）苏珊·
梅勒，（荷）约斯特·埃尔弗斯著；吴芳，丁伟，陈鑫译
. —苏州：苏州大学出版社，2018.8
　ISBN 978-7-5672-2540-4

　Ⅰ. ①纺… Ⅱ. ①苏… ②约… ③吴… ④丁… ⑤陈
… Ⅲ. ①纺织品—印花—欧洲—图集 Ⅳ. ①J532

　中国版本图书馆 CIP 数据核字(2018)第 172262 号

著作权合同登记号　图字:10-2018-343 号

纺织品设计

欧美印花织物 200 年图典

[美]苏珊·梅勒　[荷]约斯特·埃尔弗斯　著

吴　芳　丁　伟　陈　鑫　译

栾清照　杨　韫　苏　锦　张　婧　校译

责任编辑　王　亮

───────────────

苏州大学出版社出版发行

（地址：苏州市十梓街 1 号　邮编：215006）

苏州工业园区美柯乐制版印务有限责任公司印装

（地址：苏州工业园区东兴路 7-1 号　邮编：215021）

───────────────

开本 1 000 mm×1 400 mm　1/16　印张 28　字数 444 千

2018 年 8 月第 1 版　2018 年 8 月第 1 次印刷

ISBN 978-7-5672-2540-4　定价：398.00 元

───────────────

苏州大学版图书若有印装错误，本社负责调换

苏州大学出版社营销部　电话：0512 - 67481020

苏州大学出版社网址　http://www.sudapress.com

图片来源

本书中绝大部分图片来自纽约设计资料馆，个别图片由下列单位和个人提供，谨表谢意。

情景纹样

美国西部景象纹样图 4：纽约，乔伊斯·艾姆斯（Joyce Ames）

天体纹样·20 世纪图 1：伦敦，华纳织物（Warner Fabrics）；玛丽·斯科斯（Mary Schoeser）

各艺术运动流派的纹样

唯美主义运动和工艺美术运动的纹样图 1 和图 2：伦敦，斯宾克拍卖公司（Spink&Son Ltd.）；弗朗西斯卡·盖洛维（Francesca Galloway）

唯美主义运动和工艺美术运动的纹样图 3 和图 4：曼彻斯特大学威特沃思美术馆；詹妮弗·哈里斯（Jennifer Harris）

装饰派艺术·情景纹样图 3：纽约，F. 舒马赫公司（F. Schumacher&Co.）；理查德·斯莱文（Richard Slavin）

野兽派纹样图 1：©1990 ARS N.Y./SPADEM

涂鸦艺术纹样图 1 和图 2：纽约，凯斯·哈林作品（Estate of Keith Haring）©1990；茱莉亚·格伦（Julia Gruen）

孟菲斯式纹样图 1—图 8：米兰·孟菲斯集团（Memphis Milano）；比安奇·阿尔布里斯（Bianchi Albrici），法比奥·贝洛蒂（Fabio Bellotti）

现代派纹样图 1 和图 2：纽约，F. 舒马赫公司；弗兰克·劳埃德·赖特基金会（The Frank Lloyd Wright Foundation）

文艺复兴式纹样图 1 和图 2：伦敦，斯宾克拍卖公司

超级平面美术纹样图 1—图 4：纽约，戴安娜（Diane）和艾伦·施皮格尔曼（Allan Spiegelman）

维也纳工作室的纹样图 1：维也纳，奥地利实用艺术博物馆（Austrian Museum of Applied Art）

第 2 页纹样：

这些法国 1914 年辊筒机印生产的棉布和丝绸的装饰布样，都是不同配色的同一纹样。纺织企业在纹样的设计和印花方面投入费用后，会尽可能要求更多的收益，增加销量的一种方式是为一种纹样配以多个色位。19 世纪和 20 世纪初，印染厂会为一种纹样配 12 个或更多的色位。如果印在不同品种的布上——有时同一只花型印在 6 种不同的布料上，那么客户就可以从 70 多个色位中选择。有些色位差别不大，有些看上去简直变成了完全不同的纹样。如今仍沿用此法，但投产的一般是 1 种纹样 3 个色位（1 花 3 色）。

序　言

本书为全世界规模最大的画展——印花布图像展提供目录。本书的两位作者，纺织业人士苏珊·梅勒（Susan Meller）、概念设计师约斯特·埃尔弗斯（Joost Elffers），终生痴迷于纹样。纵观视觉艺术的历史，纹样无处不在，但纹样最常出现的地方还是印花布，同时，由于在布上印纹样的做法过于平常，印花布上的纹样也最容易被忽视，这对纺织业艺术家们极不公正。本书证明了佚名纺织业艺术家们巨大的创造力，本书出版的目的之一就是让更多人注意到印花布上的各种纹样，这是纺织业艺术家们应得的关注。

本书展示的设计作品大部分选自纽约设计资料馆的藏品。收藏工作始于 1972 年，由苏珊·梅勒和赫伯特·梅勒（Herbert Meller）（苏珊已故丈夫）合力完成。收藏工作刚开始时，二人到阁楼、谷仓和家乡佛蒙特州附近的几家古董店寻宝，找到的主要是 19 世纪的美国印花棉布和 20 世纪早期的拼贴被。但他们很快又将目光投向了欧洲，从 19 世纪的欧洲纺织厂那里获得了一批样本簿。本书正是在这些样本簿的基础上编写而成的，是一本集合了各类纺织品印花的样本簿。

设计资料馆为纺织设计师们提供了丰富的资料。设计师需要快速找到特定的纹样，于是苏珊·梅勒发明了一套主要基于图形的分类系统。迄今为止，资料馆收藏的几百万种纹样中大约有 50 万种已被纳入系统。这个系统为本书提供了组织结构。本书不仅意在收集图像资料，更希望成为一座设计师们的记忆宝库。

另一位作者约斯特·埃尔弗斯对反复纹样（也称循环纹样、连续纹样）感兴趣，起初是受现代艺术的影响，被反复纹样中严谨的数学和逻辑体系所吸引。出于兴趣，埃尔弗斯写了一本关于雪花纹样的书，在书中说明用同一个基本图形可以设计出无限多种纹样。但是最终他领悟到，虽然这些纹样有着质朴、纯洁的美，但这种美最终都与某种理想有关，而理想往往遥不可及。另一方面，反复纹样却真实、有杂质，相互挪用，无穷无尽，随时随地相互借鉴，不仅存在于头脑中，也存在于现实中，其流行程度在纺织业的每一件新产品中都得到了印证。最终，埃尔弗斯认为，真实的东西比想象的、不可触及的东西更美。

起初，埃尔弗斯搜集不同时代的纺织纹样，是为了将这些设计整理成礼品包装纸的图集以编写一套丛书。工作期间，他与欧美的纺织博物馆多有联系，最后也因此结识苏珊·梅勒，共同编写本书。本书可作为纺织品图案的图典及印花纹样的词汇表。本书中有些图案原型可追溯到史前时代，大多图案源自古典时期或古埃及，但它们在日常生活的织物中其实也非常常见。这些纹样从平凡之中展现出不平凡的一面。尽管作者们对反复纹样都有长期研究，但编纂此书仍旧改变了他们看待事物的方式——日常生活中那些不曾留心的事物，忽然成了关注点。

对作者而言，编写本书的四年中，每天得以接触各类纹样设计，是一大幸事，也是一大乐事。成书过程对他们而言，是一场流连于两百年间纺织物设计的旅程，如何不从心底感到万分幸运？

致　谢

我们要特别感谢下列各位：

感谢大卫·弗兰克尔（David Frankel）在文字编写方面提出了宝贵的建议。

感谢特德·克罗纳（Ted Croner）在 2 000 多张图片的拍摄过程中始终保持风趣而专注的态度。

感谢苏珊·本巴姆（Susan Birnbaum）不厌其烦地修订，使版面比例协调。

感谢安德烈斯·兰德肖夫（Andreas Landshoff）为本书编写简介，并通过他的个人努力使本书得以在国际上出版。

感谢哈里·N.阿布拉姆斯出版公司的达琳·洛维（Darilyn Lowe）、埃林·艾里森（Ellyn Allison）及其他为本书的付梓而出力的人。

感谢尼古列塔·拉那帝（Nicoletta Lanati）和奥斯瓦尔多·桑帝（Osvaldo Santi）、阿格尼斯·伯雷沃特（Agnes Prevot）以及安杰利卡·罗斯涅尔（Angelica Rösner）慷慨而又负责地将有关说明分别译成意大利文、法文和德文。

感谢我们的朋友、家人和同事给予我们的鼓励、建议和指教。

最后还要感谢我们的项目负责人达里尼·吉斯（Darlene Geis）在《女装日报》的一篇文章中"发现"了纽约设计资料馆，建议撰书出版并引见合作双方，一直坚定地支持着我们。

目　录

专业名词解释

本节对图片注释中的专业名词条目进行解释。

木版印花（BP）。木版印花是最早的纺织品印花方法。其现存最古老的实物之一是从上埃及遗址中发现的一件公元4世纪的儿童束腰长袍；然而，早在公元前4世纪，印度已开始使用木版印花。中世纪后期，木版印花布在欧洲成为一种贸易商品，尤其是在意大利和德国，并于18世纪至19世纪初发展成了一门十分繁荣的手工业。18世纪的美国几乎没有商品化的木版印花，直到1774年，约翰·休森（John Hewson）及贝德威尔与沃特茨（Bedwell&Walters）两家印花厂在费城附近开始运营。不同的木材制成的木版，其用途也不同：黄杨木和冬青木适用于小块面精细的纹样；梨木适用于边沿部分；胡桃木和椴木适用于大块面的印花。纹样的浮雕凸现在木版上。由于纹样中不同的形状要用不同的色彩来印，每一套色须分别刻一套版。然后将布匹紧贴长条台板，将木版正面按压在吸足染料的羊毛毡上之后，再压印在布匹上，用大木槌使劲敲打印版背面，纹样就印上去了。版钉是固定在木版四角的定位钉。经木槌敲打之后，印花工将印版移至下一个未着色的布匹部位。版钉有助于印花工对版规整。此外，有一种技术是将小小的几枚版钉敲进木版里，形成大小不同的点子，英语称之为pinning，法语称之为picotage。比起精致的雕版，版钉更能经得起印花工用木槌反复敲击。如今，木版印花虽已被大规模淘汰，但仍在少数情况下用于名贵家用纺织品及丝绸巾帕的制造，尤其是在英国。

铜版印花（CP）。1765年，位于英格兰米德尔塞克斯的两个印花商——奥尔德福特的罗伯特·琼斯（Robert Jones）和布罗姆利·霍尔公司（Bromley Hall），以及位于爱尔兰德拉姆康德拉的尼克松和康帕尼公司（Nixon and Company）的弗朗西斯·尼克松（Francis Nixon）都曾长期生产过铜版印花纺织品。1770年，法国的克里斯托弗·菲力浦·奥勃卡姆（Christophe-Philippe Oberkampf）可能第一个安装了铜版印花机。铜版印花步骤如下：首先将纹样刻在铜版上，接着在铜版上涂抹染料，然后擦去刻出的线条以外的染料，再将布盖在铜版上，使用机器进行按压即可将纹样印到布上。早期使用的铜版相当大（奥勃卡姆印染厂使用的铜版长45英寸，宽27.5英寸），这样便于大面积纹样的设计（印花铜版不能大于适宜印花工手工操作的尺寸）。铜版印花的出现产生了新的印花种类，即风景亚麻印花布，它将艺术大师精美绝伦的设计体现得淋漓尽致。

辊筒印花（RP）。第一台利用金属雕刻辊筒机械化生产印花布的机器由苏格兰人托马斯·贝尔（Thomas Bell）于1783年申请了专利。两年之后在英国的多家印花厂投入使用，包括利夫赛（Livesay）、哈格里夫斯（Hargreaves）、霍尔（Hall）以及普雷斯顿附近的康帕尼，一台6套色的辊筒印花机单日产量约抵40个手工木版印花工的日产量。1797年，法国茹伊昂若萨的奥勃卡姆印染厂安装了一台类似的机器，其印花布日产量超过5 000码，相比之下，手工木版印花工的日产量仅30~100码。产量根据工时、印花工的技能、花样套色数和布的幅宽而变化。奥勃卡姆印染厂认为，一名熟练的手工木版印花工生产 4 套色印花布的日产量为 25 厄尔（英国旧时量布单位，1 厄尔 =1.18 米或大约 3 英尺 10.75 英寸），约 32.5 码。到 19 世纪 20 年代，大多数西方的印花厂都使用辊筒印花机。至 1836 年，仅美国的印花厂每年就能生产约 120 000 000 码印花布。纹样通过缩放仪转刻到铜辊上，缩放仪的金刚石刻刀刻穿涂覆在铜辊上的耐酸清漆保护层。将铜辊在酸液槽中转动，刮去漆膜的地方就出现了蚀刻的纹样线条。印刷机通过雕花辊下一条长的连续色带给布料印花。自 20 世纪 50 年代后期以来，大多数辊筒采用照相雕刻工艺进行雕刻，这就无需熟练的手工雕刻师了。现代的机器能够同时印出 18 套色，但为了省去雕刻过多辊筒的成本以及调整机器的复杂设置，大多数印花不超过 8 套色。辊筒印花机使印染业成为第一个实现全面机械化的行业，将其推向工业革命的前沿。现代辊筒印花机每小时能生产约 1 200 码印花布。然而，这种印花法的成本比筛网印花更贵，已被大规模淘汰。

木版机械印花（PP）。 木版机械印花机是由鲁昂的路易・杰罗姆・佩罗特（Louis-Jérôme Perrot）于 1834 年发明的，虽然印版尚须手工雕刻，但其他每一道工序都能实现机械化。木版机械印花机不仅能一次性印多套色花样，而且能通过色染筛网，将颜色筛至木版上，盖印于布面，再将布向前移动，从而实现连续进行下一轮印花。这种印花方法比手工木版印花速度快，对版准，一次性操作即可覆盖整个幅面，生产效率提高了 250%；但纹样纵向回头的尺寸限于 5.5 英寸，颜色限于 4 套。木版机械印花的纹样能达到机印布匹的精细程度，但手工雕刻的木版具有手工艺品的外观。木版机械印花纹样很难与木版手工印花纹样或辊筒印花纹样有所区分。

筛网印花（SP）。 筛网印花类似于古代的型版印花。手工筛网印花，将网眼丝织物紧绷在框架上供制版，用清漆将非纹样的背景部分覆盖，以此凸显纹样。然后，再用刮刀将色素透过筛网刮到下面的布上。每套色都有单独的网版。现今多数筛网印花

是以照相制版法"刻出"纹样的。手工筛网印花的商业化生产始于 20 世纪 20 年代。这种工艺因其比木版印花交货快，又比辊筒印花成本低，而在法国盛行一时，常用于生产更新换代快的高级时装面料。（由于规模经济效应，辊筒印花更适合生产长期适用的纹样。）同时，筛网印花法比其他印花法更适合当时色彩鲜艳且笔法活泼的"丝绸艺术"风格的纹样。20 世纪 30 年代，手工筛网印花技术已经传播到欧洲多国及美国。而到了 50 年代，西方多数印花厂采用全自动平版筛网印花机。这种机器车速很快——每小时生产布料达 350 码，可以印 20 套色。这种印花机能够特别准确地再现艺术家作品中灵巧的绘画笔法，而且相对而言，价格便宜，安装操作简便。然而，在 20 世纪 60 年代中叶，平网印花机受到了圆网印花机的挑战。圆网印花机的关键之处在于，以金属网替代原先的丝网，并且制成了筒状。这种新的技术兼具了辊筒的连续高速印花和无压平网印花机干净、完整的色彩。

纸上印样。 纸上印样即印花的纹样。在木版、铜版或网版制版完工之后，布料印花之前，将纹样印在纸上检验有无差错。校验后的纸样是由印花厂保存的极具价值的资料。它们是纹样在视觉上的初次呈现，可能会标注出纹样编号和制版者姓名、日期。最令纺织专家感到惊喜的事莫过于发现原稿、纸上印样和印花布样上的纹样完全一致。

水粉颜料纸样。 水粉颜料是一种不透明的水溶性颜料，是纺织设计师使用的传统材料。在用于纸面的颜料中，水粉颜料单调、饱和的色彩与纺织品染料的外观十分相似。水粉颜料使用方便，运笔流畅，易干，层次细腻，容易调色。设计纸样是生产印花纺织品的第一步。纹样接版回头要符合厂家的规格，然后可供印花厂雕刻制版。

染料。 纺织设计师用的染料与织物印花用的染料不同，它们薄而透明，水溶性好，适宜用于纸上绘画。这类染料色泽饱满、色光偏冷、色彩鲜艳，

但往往华而不实，难以附着在布上。染料投用于纺织品设计源于 20 世纪 50 年代，当时颜色鲜艳的印花引领着风尚。

码制衣料匹头（AYG）。 这种纺织品被印成很长的布匹，按码销售，供缝制衣服用。这类布料可以在纺织品零售商店直接卖给顾客，或供给制衣厂，或卖给中间商，也就是纺织行业批发商。18、19 世纪，印花布都按块销售而不按匹销售，而且不同地区、不同时期，布块长度也有所不同。比如，在 1800 年前后的法国，布块长度平均在 13 码到 22 码。如今"匹头"（piece goods）的说法仍然在纺织业内通用，与"码头"（yard goods）可互换使用。

衣料（A）。 并非所有的印花衣料都是按码销售的，比如，头巾、手帕，虽然生产的时候是成匹的布，但成品是一块块卖的。

家用装饰布码制匹头（HFYG）。 设计师构思的这些纹样不是用于衣料，而是用于室内装饰，如家具装饰织物、帘布织品、床单、台布、巾被等。总的来说，家用装饰印花布纹样往往比衣料纹样更大，重复率更高，并且为了满足家具制造商的要求，布幅也更宽。通常，家纺产品要比服饰来得更贵，因为家纺布料往往比成衣布料用色更丰富，成衣布料印花只需五六套色，而家纺布料则平均要用到 12 套色，且家纺产品还要用上更贵的底布。家纺布料比衣着面料更多地使用同向的纹样。在家纺织物的销售中，传统纹样产品比新潮纹样产品好销，这主要是因为买家很可能会长期使用这一产品。因此，家用装饰布并不逗一时之时髦，而是追求从不被淘汰。

概　论

装饰艺术是一门融入日常生活的艺术。所有的视觉艺术中，装饰艺术最能掀起我们心中情感的波澜……线和面比例匀称，折射出我们内心世界的和谐。反复循环的纹样让人轻松自在，精妙绝伦的设计则让人迸发出奇思妙想。

——奥斯卡·王尔德（Oscar Wilde）《身为艺术家的评论者》（*The Critic as Artist*）

佚名艺术家

现代纺织工业日复一日、年复一年地生产出千千万万码印花织物。无数的图像美化我们的衣着、装饰我们的家居，它们是那么的常见，以至于只有特意关注它们时我们才会留心细看。从事纺织品设计的艺术家们大部分都默默无闻，是一批佚名艺术家。在他们创作的艺术作品中，创作者的个性和想法都融进了花纹背景，直至消失。

现代派画家或许很反感别人将他们与设计波尔卡圆点的纺织品设计师做比较，但有时画家与纺织品设计师的作品所表现出的形状和形式都十分相似。虽然艺术领先于设计，但设计也总追随着艺术的步伐。画家的画需要经得起鉴赏家长时间且严格的凝视，而纺织纹样的本质，即自身反复循环地复制，单个纹样在这种花样循环中也就变得无足轻重。一般情况而言，画家面对的是情感与智力范畴的问题，有个人追求，但大多数的商业美术则不然，它总是更注重取悦市场（当然，这是画家所唾弃的）。而且纺织品设计师只是工业生产线上的一个环节，纹样呈现在布上，要经过多道手工和机械操作，鲜有设计师能够对成品进行过多干预。

出版本书的目的，不是来争论染织设计师在艺术创作中被忽视的平等地位问题，更无意称书中纹样如博物馆艺术品或年代悠久的稀有织物那样"伟大"（虽然一部分纹样的确令人印象深刻）。但是必须说明，在图像制作的历史长河中，人们认识到图像独创性价值的时间并不长。独创性价值的概念源自西方，至今不过短短几百年，西方人就已经将独创和新颖奉为艺术创作的圭臬。事实上，我们认为独创性的价值与自由的价值同等重要。织物纹样的历史则要追溯到人类文明的最早时期，它根植于更古老的符号传统，那时还没有独创性这一说法。

词汇的编排

入选本书的纹样，我们主要考虑其典型性而不是个别性。其中大多数纹样可以轻易地被其他纹样代替；诚然，这些纹样看似繁琐，或过于鲜艳，或过于醒目，也不乏常见的缺点，因为毕竟它们来自装饰屋子或有特定用途的布料，要么是窗帘或沙发布套，要么是为了掩盖日常生活而过于招摇的节庆饰物。但是当这些日常布料的图片汇聚成集时，它们却变得如此非凡，化作一个个独具意义的词，共同书写丰富无比的视觉艺术语言。本书正是介绍这一语言的大辞典。

词汇的含义一直在变化和发展。人们不断地创造新词，吸收外来词并淘汰不再使用的词。每一个新词都属于一个可识别的范畴：它们都是人们熟悉的语言成分。纹样方面的词汇同样数量庞大且不受限制，但语法和句子的结构是有限的。在西方谈及纹样时无非是花卉纹样、几何纹样、情景纹样、外来民族纹样及工艺美术运动和各种艺术流派的纹样这几大类——这就是本书各章的主题。在每一大类中又细分若干小类，如花卉纹样中有玫瑰纹样和折枝小花纹样等；几何纹样中有圆形纹样和正方形纹样等。成功的纺织品设计师无须想方设法地设计前所未有的东西，只需对先前存在的这些纹样做点改动，就能有所创造。（有时甚至连改动都不用做——许多流行印花完全拷贝以前的设计。如果某一时期流行的风格重归潮流，设计师可能需要对这种风格的纹样稍做更新。）每一块印花布都可以找到一种历史悠久的风格与之对应。通常，纺织品设计师在任何情况下都不会试图扩充基本风格的种类。是贸易的工具——语言，使演说成为可能，既然如此，为什么不好好使用已经存在的语言呢？一个玫瑰图案可以传达的意思就已非常丰富。

在纺织行业，设计师们总是从现有的布料中寻找灵感。流行趋势的潮起潮落连贯而又迅速，设计师必须紧跟潮流，超车或者掉队都很危险。比如，在大面积印花流行了几季之后，可能会突然开始流行"非印花"风格，包括不起眼的小面积几何图案以及格子图案、格子纹理的人造织物等。设计师必须捕捉到新的流行趋势，然后从早已有之的布料纹样中寻找推陈出新的可能性。

永不消失的纹样

印花布上各种各样的纹样都能找到一种将其囊括在内的大类纹样与之对应，我们可以称其为 recycling wheel（国外用于指导人们进行垃圾分类的产品，由内外两个圆盘组成。用户转动内圆盘使指针指向外圆盘上的某个物品，指针旁边的显色卡就会显示某种颜色，一种颜色代表一种回收方法），所有的纺织设计图形都被摆在一个 recycling wheel 上，形成一个回路，无限循环。每一次印刷，单个纹样都要被重复无数次，与此同时，单个纹样的图形也在被不断地重复，一重复就是几十年。印花具有时间维度：所有的时代在布料大家族中得以共存。所以我们也可以将这个 recycling wheel 看作一个钟面。虽然钟的指针总是指向某个特定的时刻，但是所有时刻在钟面上都清晰可见。正如不同指针转动的速度不同一样，不同图形来去的节奏也不同。有些图形的出现是季节性的——花朵图形随春天而来，雪人图形随圣诞节而来。有些图形则受政治风云的影响，受经济繁荣或萧条的影响。有的图形难得看见，有的图形总是出现在某些地方。没有任何一种图形彻底消失。

在机械印花的 200 年间，虽然许多风格此消彼长，但应用于各种风格中的图形从未消失。这些图形的出现往往比现代纺织工业的出现还要早几千年。本书收录的图像中就有许多出自史前的洞穴岩画、古埃及象形文字、希腊陶器、前哥伦布时代的织物、伊斯兰马赛克作品、欧洲中世纪的塔罗牌、中国古代的袍服、印度寺庙、波斯地毯、凯尔特人的手稿、西藏唐卡以及工厂印刷布料。背景变幻无常，而图形符号却不会变，历史上的一位位艺术家在使用这些符号时只改动了符号表面——赋予符号与时俱进的特征。

符号差异

光阴荏苒，符号的意义因时而异。在一种文化中有着极强象征意义的符号在另一种文化中可能只起装饰作用，而装饰性的符号亦能重拾很强的象征意义，甚至变成恐怖的符号。以卍字符为例，在几乎每一种古代文化中都能找到卍字符的踪影。卍字符具有多种象征意义，但不外乎象征神谕和信仰、神圣与正义。这样的象征意义存在了几千年，直至卍字符成为纳粹的专用标记，以至于现在一提起卍字符就令人厌恶。即便在许多 19 世纪的样本中都能发现卍字符的存在，本书也只能将其剔除。但是，真的能确切地区分有意义的符号和装饰性的符号吗？随着 recycling wheel 的转动，各种符号对我们产生着或大或小的影响。某些符号被赋予了特殊意义，用于特定场合。比如，基督教徒对于十字架会非常谨慎，而十字符在各种文化中普遍存在，其含义与重要程度各不相同。纵然有些图形已经失去了本来的含义，但它们并不会消失——仍可用于装饰。

现在来环顾一下我们的四周：穿衣打扮、床上用品、地毯地毡、墙幔窗帘、家具沙发，哪一样都

这是 1810—1820 年间法国阿尔萨斯纺织厂工作室的纹样簿，其中大部分是用土耳其红水粉颜料绘制的花样。这些花样毫无规则地贴在一起，并不考虑纹样的方向性。我们无从知道这些纹样是否曾真正印染在布料上。但如果它们曾被采用，一定会出现在木版印花棉布上，制成时尚女装。图上展示的是当时的流行纹样，也是法国阿尔萨斯地区几家纺织印染厂的特色纹样。

  大约在 19 世纪中期，国际市场对欧洲最新织物样品的需求量大大增加，巴黎集中涌现出一批纺织品公司。由于长途旅行费时费钱，厂商们便成了传播时尚情报的主力军。他们提供订阅服务，根据不同销售市场的需求邮寄样本（一开始是散片样，后来是样本册）。订阅客户通常会将这些织物样本贴在更大的分类簿中以便检索。上图中展示的正是这样一本分类簿。从 1898 年开始，样本册中偶尔会出现贴有标签的印花棉布和丝绸，标签列明其原生产厂家。巴黎的 J. 克劳德兄弟（J. Claude Frères）是最早提供样本服务的厂商之一，图中的设计样本正是由该厂商提供。

少不了符号的装饰，我们生活在一个充满符号的世界之中。这就好像有一座巨大的图像图书馆等着我们去解读，或是像有一座杂乱的图形仓库有待我们去整理。我们对这些图形感兴趣，用它们装饰世间的一切东西，直到某种图形变得司空见惯，而后渐渐消失于我们的视野之中——隐匿于阳光中，静待流行循环的下一个轮回。

样本簿

所谓样本簿，是印染厂按年或按季生产的产品合订本，其中包括工厂的设计样本——可能是设计者绘制的部分原稿（草图），可能是投产前印在纸上的试样，也可能是一些小块织物实样。样本簿对于研究设计历史和激发创作灵感是极有价值的。某个花样有可能多次翻单，重复生产成千上万，销往世界各地，接受历史的评判。只有极少数的印花织物被认为是具有收藏价值的，所以大多数织品最后都会变得破旧而被丢弃，不复存在，但是样本簿会被保存下来。一般情况下，裁剪师开剪布料时不会注意花样的完整性及花回循环，而设计师却能依据一块花片重现出一个完整的纹样，甚至创作出一个全新的纹样。因此，样本就像是老祖宗：它的子孙可以各有各相，但是看起来总是万变不离其宗。

样本簿是社会发展生动的写照，正如地球的圈层结构能够细致地反映历史变迁中气候的变化。考古学家能够通过这种结构了解气候变化，我们也能够通过样本簿窥探社会浮沉。同时，样本簿又是染织图案推陈出新的工具。处于"休眠期"的花样期待再生，它们不仅孕育着未来的设计，而且继承了此前的设计。因此，样本簿就像是纹样的族谱——一本世界通用的符号族谱。样本簿往往不分时间和地区，将各种样片集合在一起，让同属一个家族的纹样骨肉相争。样本簿虽乱，却是现代机器印花工业的前辈。鸢尾花图样在成为法国王室纹章之前，在古尼尼微时期是神像冠冕上的装饰纹。将风格和图形按照地域和文化明确划分是很困难的，因为世界各国的审美习惯不可能是孤立存在的，而是相互影响的。

纹样的交流

千百年来，纹样的交流从未间断。中国和罗马帝国很早就有贸易往来。13世纪，马可·波罗（Marco Polo）沿着丝绸之路到中国游历，恢复了古代的贸易活动。（以一种织物的名称来命名东西方之间的这条交通要道绝非偶然。）当然，文化交流并不都是积极的或者公平的。论及印花布料，便不能不提西方国家。在过去的几个世纪里，它们在与全球的贸易中都占据着主导地位。最终沦为欧洲的殖民地的那些国家，它们所拥有的大量原材料和广阔的市场，成为欧洲大规模纺织工业发展的有利条件。"外来纹样"——一般指"非西方"的纹样（好像西方民族就不如其他民族有特色似的）——大量地出现在欧美的织物上。这些纹样一般通过两种方式流传：一是将外来纹样仿样，以更低成本大量生产，返销到国外；二是变通外来纹样以适应本国需求，做内销。不管以哪一种方式进行，纹样最终还是西式的。本书收录的一些图案样式可能出现在多处，但在每一处的解读不尽相同，这一方面体现了跨文化的交流，而另一方面，很多此类样式都是殖民主义在特定历史时期的产物。

印度是西方纺织工业的摇篮，因此在殖民主义的历史上具有特殊地位。印度的艺匠先于欧洲人发明了在织物上印花加手绘的技术。欧洲一直从印度进口这种经日晒和水洗后不褪色的布料，直至18世纪初，法国和英国掌握了印度的棉布媒染工艺。这就是为什么不少织物和服饰的英语词汇源于印度：bandanna（班丹纳印花布）、calico（平布）、cashmere（羊绒）、chintz（砑光花布）、dungaree（粗蓝布）、khaki（卡其布）、pajama（睡衣）、seersucker（泡泡纱）、shawl（披肩）等。让18世纪欧洲人为之疯狂的印度手绘花纹便得名于这种仿制织物的原产地。但是现在还有谁会考虑到印花布上鲜活的花卉和睡衣上的对称印花是否是印度风格？纹样的流行趋势如同不停转动的轮子，周而复始，循环往复，可以体现出各国各时代的特征。

到了20世纪，商业运作方式发生了变化。现代

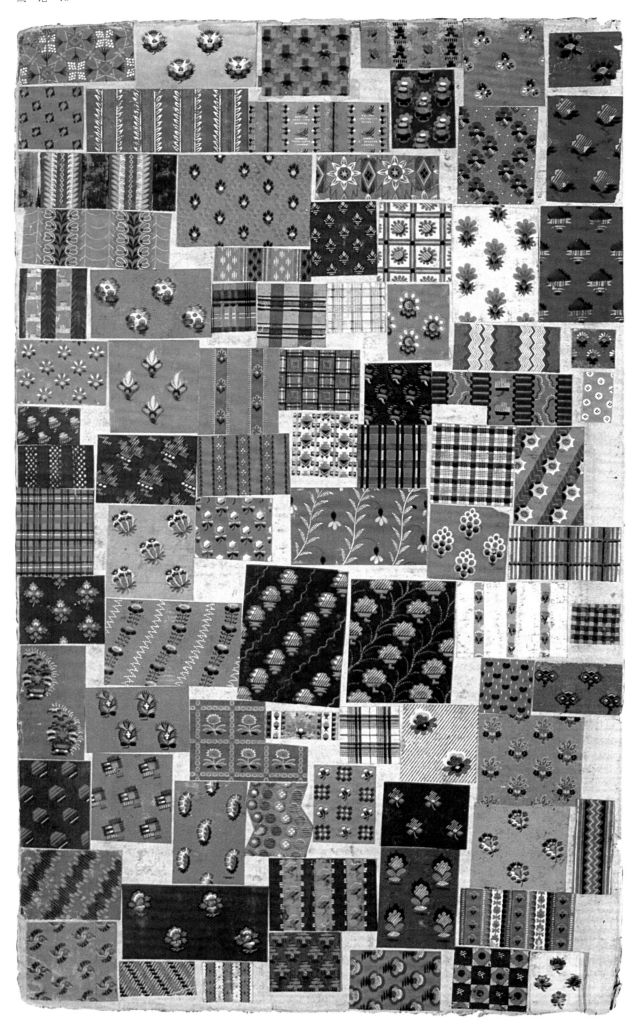

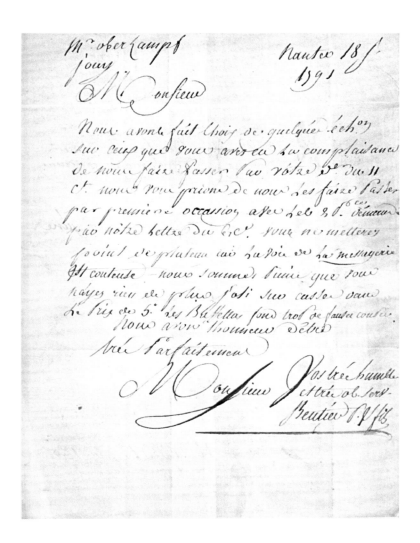

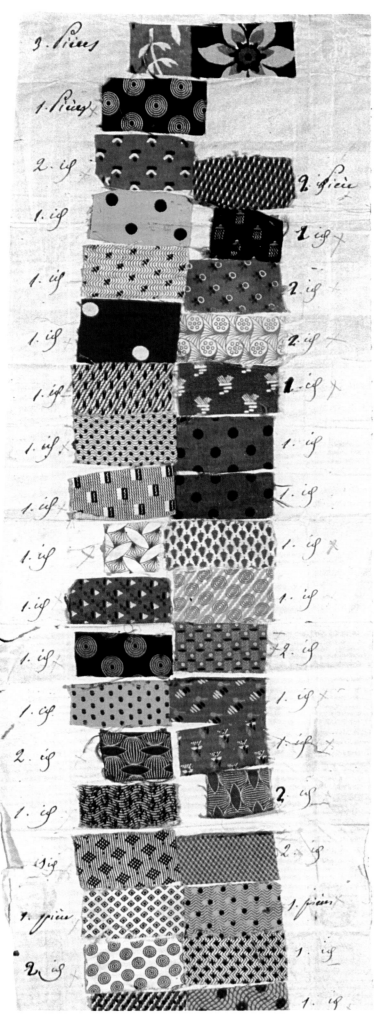

1791 年 6 月 18 日，法国南特一家纺织公司怒气冲冲地给著名纺织品印花商克里斯托弗·菲力浦·奥勃卡姆寄了一封信（见上图）。信中写道："我公司从您寄来的纹样中选了几种纹样。非常感谢您这么快就将 11 日来信中所说的纹样寄来，还将 6 日我公司信中提及的纹样一并寄来了。请勿使用运货板，因为邮政马车的费用仍然非常昂贵。很遗憾您目前无法以 5 秘鲁索尔的价格向我公司提供更优质、更美丽的纹样。您寄来的塔夫绸问题太多。您忠实的客户贝乌铁尔父子敬上。"贝乌铁尔的公司退回了订单，为确认收到的是正确的纹样，还退回了奥勃卡姆寄来的样本（见右图）。类似信件直至今日仍然有人寄送（或者传真），而内容一如既往。

右图是一本书的其中一页。这本书收录了几千幅法国乡村风格纹样的小型水粉画。图中水粉画创作于 1821 年，描绘的是奥勃卡姆在法国茹伊昂若萨创作的印花作品，或一家阿尔萨斯纺织厂的产品。这种纹样的法国名是 mignonettes（意为"木樨草"），在法国非常流行。

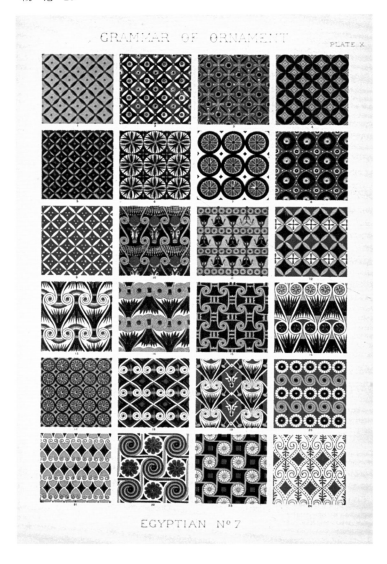

上面的纹样选自欧文·琼斯（Owen Jones）的《世界装饰经典图鉴》（*Grammar of Ornament*, 1856）；对面的纹样选自奥古斯特·拉辛特（Auguste Racinet）的《世界经典装饰图案设计百科》（*L'Ornement Polychrome*, 1869）。这两册样本是19世纪下半叶欧洲样本制作方面的代表作。其作为针对设计师的参考书目，旨在创立优秀设计的原则。琼斯和拉辛特两位设计师都知道怎样制作漂亮的样本，而他们的目的在于传播知识而非教学，他们的工作对本书作者有一定的启示作用。

化的机械设备、工厂和市场不再局限于西方，而是遍及全球。这样一来，商业运作的高效显著加快了纹样的更迭变迁。可是，难道圆形和条纹就是西方特有的吗？或者在布料上印花和动物就是西方特色了吗？机械印花虽然通过简化生产的方式在很大程度上改变了传统，但它无法发明创造。本书收录的纹样虽然都来自欧洲和美国，但纹样题材是世界各地的，只是带上了欧美的加工痕迹。

必要的装饰还是需要的

织物的功能性其实是有限的，做成服装遮阳、挡风、防潮、阻挡他人的视线，或做成柔软的家具布罩、地毯和窗帘。而一块布无须染色就能具备这些基本功能。人们需要纹样上的色彩和形状，需要丰富的视觉享受。所有的印花纹样只是覆盖在织物表面的装饰，不影响该织物的织纹结构。现代艺术理论中有一种学说，即形式服从功能。正如奥地利建筑师阿道夫·路斯（Adolf Loos）在1908年发表的《装饰与罪恶》（*Ornament and Crime*）一文中所写："去掉日用品上的装饰是衡量文明进步的标志。"如此说来，印花就多余了。然而，一旦其价格为大众接受，印花便成了任何时间和任何地点都不可缺少的一道风景线。（新罕布什尔州的一家厂商可克可公司，建于19世纪20年代，至1892年印花布年产量可达5 000万码。）所谓多余的装饰在某种程度上都是必需的，至少满足了人们内心的需求，用多余来形容它们似乎有些荒诞。

流行款式总是产生于历史上的某一特定时刻，是历史的指南。人们通过家具饰物和衣着的款式、色彩表明所处的时代和地区特征。除此之外没有其他东西可以体现。具有讽刺意味的是，一种流行款式总是在成为新的潮流之后很快就过时了，总是随纹样和设计的变化而变化。原创的织物设计要求充分使用以前的表现形式。在过去几个世纪的艺术发展过程中，原创性的价值被推向了前所未有的高度，创新的含义也有所扭曲。但是纹样设计悠久的视觉传统表明，施加创新的压力实属多余，经过设计师的创作，新设计根植于旧设计中，旧设计就永远不会过时。

纹样分类

染织设计师将纹样分为四类：花卉、几何、情景和外来民族纹样。本书增补第五类纹样，即工艺美术运动和各种艺术流派的纹样。严格来说，这一类纹样的图案不能区别于其他类别而单独归为一类。例如，工艺美术运动的百合花属于花卉纹样，而构成主义的拖拉机属于情景纹样。但这类纹样有特色，易于辨认，故我们将其另立一章。

本书依据下列一项或多项标准对纹样进行分类。图案：决定纹样归为哪一类的最重要的因素，如根据基本图案将玫瑰归于花卉纹样、方格归于几何纹样、佩斯利归于外来民族纹样等。布局：即图案的排列，是松散还是紧凑，是有序还是杂乱，还是呈条格状（不同排列的特点，详见花卉纹样一章）。染料：独特的染料赋予图案不同的视觉特征，如靛蓝、茜素媒染、土耳其红。印花工艺：举例来说，晕染印花和印经印花总会在纹样设计中加入某种视觉风格。制造：印制纹样的布料也会影响纹样的视觉效果，因而某些布料总是与某种特定的纹样联系起来。例如，一提起印度古时砑光布，设计师马上就能联想到这种砑光布的特有花型。

主要国家的印花概况

美国和西欧大多数国家在生产印花织物方面历史悠久，特别是法国、英国、美国，产量可观。英国不仅在早期的铜版印花方面领先，而且在辊筒印花方面也是佼佼者。辊筒印花使印染行业发生了革命性变化。法国则一开始就在花样设计方面独占鳌头，至今仍保持领跑地位。法国印花之父克里斯托弗·菲力浦·奥勃卡姆（Christophe-Philippe Oberkampf）从 1760 年至 1815 年离世期间，在凡尔赛附近的茹伊昂若萨经营着一家纺织印染厂，所产花布畅销整个欧洲。他为印花设计定下了最高的质量标准。从 19 世纪初开始，世界各地的纺织客商定期前往法国，寻找最好、最时髦的印花纸样或布样。

1836 年，英国政府意识到在纺织设计领域远远落后于法国，因此开办多所学校，旨在培养花样设

这件正方形梅泽洛披肩产于意大利，是仿照印度印花织物，通过木版印花加工而成的仿制品，但此类印度印花披肩呈长方形状。这种织物的主要产地在热那亚一带。图示衣料，同大多数现存的布料一样，产于 1825—1849 年。可以看出，设计师在模仿过程中，过于忠实反映原印度印花，未将花树纹样根据梅泽洛披肩的比例进行调整，以至于树顶枝丫部分的图案被截掉了。梅泽洛披肩可以裹住头部和身体。当时由于头发要抹油，所以布的中间部位，搭在头上的地方，会留下一块油渍。20 世纪，印度已经能够使用木版印花生产这种梅泽洛披肩的复制品了。

第 22 页的纹样：

这件小型披肩是四种花树纹样织物中的一类，大约在 1760 年产于印度，出口欧洲。此类手绘棉布挂饰，因其底色较浅，纹样精美、通透，主要出口法国和英国。而荷兰人偏爱红蓝、深色的底纹。和西方商人一样，印度商人会全力迎合客户的需求。

计人才。12 年之后，委员会对教育成果进行评估，并于 1849 年将结论发表于《设计与制造商》（The Journal of Design and Manufacturers）刊物上。"法国总是领先，我们只能跟在他们屁股后面跑，"一位纺织品制造商评论道，"我每年要去巴黎三四趟，不为别的，只是去买几张花样，并且看看法国人都在做些什么。"有一位印花商也说道："所有顶尖的印花设计都是对法国设计的改编。"其他多数制造商也表达了相同的看法，委员会的成员们对此表示很失望。英国的学校曾被指责管理不善，但或许导致英国政府的努力付诸东流的，恰恰是这些制造商们，因为他们总是坚定地认为法国的设计更胜一筹。（然而，英国政府于 1857 年建立了维多利亚与艾伯特博物馆，为英国设计师提供图像资料。）美国的印花厂家生产的大多数产品同样都依照了法国的设计。事实上，本书收录的许多样片都在法国设计和印花，即便有些样片在其他国家印花，设计也可能源于法国（当然，也有源于其他国家的）。若缺少某种花样来源地的文献资料，我们会在文字说明中标注出该织品的印花地。

生产日期

本书收录的纹样均注明了日期，有助于读者了解纹样和风格是如何循环往复的。通常，纹样的流行时间会远远迟于其生产时间。鲜有西方 18 世纪之前的印花织物留存至今（早期的织物主要是织花和绣花加工）。18 世纪中叶以前，由于印染色牢度问题没有解决，印花工艺流程缓慢，木版印花费时费力，欧洲印花工业的发展受到了制约。铜版印花机及辊筒印花机的发明，尤其是后者，推动了印花工业飞速发展。到 19 世纪初，欧洲的几家印染厂一年可以生产几万个花样，标志着大规模生产印花纺织品时代的开始。这一时期大约可从 1790 年算起，直到今天。本书使用的大量资料都取自上述时期。

印花工艺技术的进展

纺织印花技术的发展经历了手工木版印花、铜版印花、辊筒机印、木版机印、手工网印、平网机印，直至现今性能完美的圆网机印。所有的印花工艺技术及机械设备都是为了一个目的，即将设计原样忠实地印到织物上。每一种印花方法呈现出不同的产品外观，例如，钢辊、铜辊机印可以印出设计师笔下极其精细的花样，而相较于辊筒印花效益更高且成本更低的筛网印花，则能更好地发挥图案的表现力。

技术与工艺要相辅相成，密切配合，才会生产出好的产品。哪怕最简单的，曾在古代风靡一时的手工木版印花也需要许多技艺精湛的技师的准确配合：花样设计师、雕版师、配色师、印花工、后处理工序人员，以及最终产品的市场经销人员。印花投产前还需要考虑未经炼染的坯布质量是否可靠。由此看来，竞争只在毫厘布匹之间（千码的织品也是由每一块小布拼接而成的）。哪怕在我们看来最不起眼的印花也离不开精湛的技艺和高超的商业技巧，它们理应得到我们更多的关注和欣赏。

印花织物的用途

本书介绍的织物大多用于生产服装和家居装饰品。纺织公司在各大市场中都进行了更加明确和清晰的定位。有些花布专为男装、女装、童装，或正装、休闲装以及睡衣设计。以上各类品种还会根据价格、流行趋向、宗教信仰、消费者年龄等因素再进一步细分。大多数公司选择专攻某一特定市场。当然，消费者可以在布店中买到任何他们想要的布匹，例如，选购一块家具垫套的印度砑光花布来做衫裙，或随便剪几米男装的格子呢来做窗帘。但是大多数设计师会瞄准特定的客户，且一般客户在选购印花布料时，侧重于选择熟悉的而非奇异的花样。这些规则和习惯将每年生产的成千上万个花样分类成多个定位精准的利基市场。印花织物一般用于服装类和家居装饰品类，如果分得再细一点，还能用于制作头巾、手帕、领带、缎带等。

上述纹样分类、主要国家的印花概况、生产日期、印花工艺技术的进展以及印花织物的用途是定义纺织设计的基本要素。但这些基本要素也时有丢失。无名无姓的片样是平凡生活史的组成部分，还有待我们去探索。我们力图向读者提供描述印花设计的词汇以及研究它们的途径，但归根到底，每种印花样品都在诉说自己的故事，而每一个故事都可以编成这样一本书。

　　上图中的布样和前面的披肩一样，于18世纪产于印度，是用媒染工艺制成的手绘花布。这件手工织造的布样质地上乘，上面的小图案和满地一式纹样表明它是出口到欧洲用作衣料的。

一、花卉纹样

在纺织行业，斑斓多姿的玫瑰图案和玫瑰的尖刺图案都可以作为花卉纹样。花卉纹样包括所有的园艺花卉，事实上还包括草类植物。但农产品，例如水果和蔬菜，坚果和松果，则属于情景纹样的题材。树也属于情景纹样，但树叶则归为花卉纹样，作为草类的小麦同样如此。花卉纹样中的所有花朵都是从自然界中进行了一定程度的抽象化，如果它们出现在风景纹样（写实的图像）中，则要归入情景纹样。

令我们感到疑惑的是，文明的发展并没有给花卉带来更多的保护。纵观西方艺术史，花卉题材贯穿其中，可追溯至古典主义时期。但机械化生产印制在布料上的花卉纹样则具有讽刺意味，因为印刷是一项工业技术，正是工业革命从现代意义上改变了西方社会。自此大批量生产花卉印花布成为可能，但同时也使得农场和花园从人们的主流生活中消失。人们逐渐把肥沃多产的田地当作周末郊游的场所，把泥土装在城市公寓里小巧精美的花盆中用来栽种植物。

如此看来，布料上的花卉一方面带有一种心酸的意味：花朵虽盛放却无芬芳，以永不凋谢的姿态让大自然的多样性和愉悦的感官享受在城市中得以保留。另一方面，也意味着花卉深深扎根于我们富有想象力的生活之中，无法根除。实际上，花卉纹样是纺织纹样中最受欢迎的类型。不妨用社会学的观点来解释这个现象：虽然在 18 世纪或更早时期，男装装饰繁复，但在过去的两个世纪中，男装面料相对朴素，没有装饰。那就意味着女性购买的印花衣料明显比男性多。虽然很难说有哪种主题的纹样是绝对男性化或女性化的，但女性穿着花卉纹样的服饰或将其作为家居装饰无疑比男性更常见。然而，不论男女，购买的素织物远多于花织物。比如，纯色布或细条纹布永远不会过时，做成服装可以一直穿到衣料破损，而时髦的花卉"款式"往往过不了一季就要束之高阁。从某种意义上来说，所谓流行，仅是一种视觉效果，是吸引人们的过眼烟云。

现代生活的人工产物可能给人们带来一种潜意识的压力，迫使他们将一些有花卉图像的东西带回家，或穿着花卉服装以自我装饰。其实花卉的象征意义古已有之。花朵的绽放可能仅仅从清晨持续到傍晚，象征着短暂的生命轮回，是一出从青年到壮年再到老年的戏剧。盛开的花朵集娇艳与脆弱于一身，就像一首喻指生命即荣即枯的绝唱。花卉的双重象征意义也向我们宣告它们来年的回归。从这个意义上来看，印花布上的花卉和真花相似，它们都长盛不衰。

喷绘纹样

1. 法国，20 世纪二三十年代，水粉纸样，衣料，比例 70%

2. 法国，20 世纪二三十年代，水粉纸样，衣料，比例 125%

喷笔（绘画用喷枪）的广泛使用始于 1917 年曼·雷（Man Ray）的喷笔画。喷笔画的顺滑、风格化和现代化，影响了 20 世纪二三十年代装饰艺术中的纺织纹样。为了达到这种视觉效果，纺织设计师经常将喷笔技术和镂花涂装结合起来，用铜片或锌片挖出纹样平铺在布上，然后用喷笔喷涂。这种方式可以喷绘出极为细腻的层次过渡。图为棉绒布上的喷笔花样。

1.

2.

散点满地纹样

1. 法国，1949 年，纸上印样，衣料，比例 80%
2. 美国，20 世纪 20 年代，水粉纸样，衣料，比例 100%
3. 美国，20 世纪 20 年代，机印棉布，衣料，比例 100%
4. 美国，20 世纪 30 年代，水粉纸样，衣料，比例 25%

满地，是指纹样面积多于露底面积，即纹样覆盖 50% 以上的底子。满地纹样因布面上不易看出接版痕迹而广泛应用于服装和印花设计。散点没有上下左右的方向之分，这种纹样在市场上很受欢迎。散点纹样的布料，在缝制成服装时无须考虑方向性，这就简化了裁剪师的工作，于是他们可以用布料创造出更多的经济价值。

1.

2.

3.

4.

有方向性的满地纹样

1. 美国，20 世纪 30 年代，水粉纸样，衣料，比例 100%

2. 法国，1900 年，机印平绒，家用装饰，比例 50%

3. 法国，约 1900 年，水粉纸样，家用装饰，比例 57%

这类纹样有明确的上下朝向，因此裁剪时要考虑纹样方向，这就限制了裁剪师的裁剪自由，浪费了更多的布料。自第一次世界大战以来，服装设计师为了减少损耗、节约成本，尝试不采用有方向性的纹样，因此，事实上，在 20 世纪这种布料并不常见。虽然此前的纺织品设计师也追求节俭，但仍采用这类纹样，或许是因为当时劳动力成本更低，且工人技术更好，又或许仅仅是因为他们所奉行的规范不同。毕竟，单向花才是花卉图案的自然布局，体现了花朵的垂直、向光性生长。

1.

2.

3.

密实排列满地纹样

花卉图案排列紧密，几乎不露底子，营造出一种雍容华贵的感觉。消费者总是非常热衷于这类有气派的设计。

1. 法国，1880 年，水粉纸样，家用装饰，比例 25%

2. 法国，1882 年，机印棉布，衣料，比例 125%

3. 法国，20 世纪五六十年代，染料和水粉纸样，衣料，比例 100%

4. 法国，约 1900 年，纸上印样，衣料，比例 82%

1.

2.

3.

4.

规则排列满地纹样

1. 法国，约 1810—1820 年，水粉纸样，衣料，比例 52%

2. 法国，约 1795—1800 年，木版印花纸上试样，衣料，比例 100%

3. 法国，约 1810—1820 年，水粉纸样，衣料，比例 155%

4. 法国或美国，20 世纪三四十年代，水粉纸样，衣料，比例 115%

5. 法国，20 世纪 30 年代，水粉纸样，衣料，比例 115%

规则排列满地纹样是一种将图形按照网格状或斜纹状排列的纹样，往往用于静态设计，似乎与充满生命力的花朵和叶子格格不入——但是，如果使用的花卉图形足够有个性、足够简单，经过有序重复之后形成的纹样将比单个花卉图形更为生动。

1.

2.

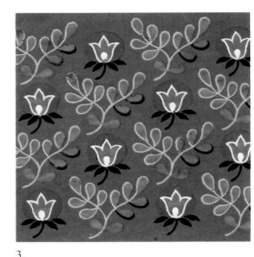

3.

4.

5.

不规则排列满地纹样

1.（左）法国，20 世纪 30 年代，水粉纸样，衣料，比例 39%

2.（左）法国或美国，20 世纪三四十年代，网印人棉布，衣料，比例 64%

双向交叉满地纹样

1.（右）法国，约 1945 年，纸上印样，衣料，比例 60%

2.（右）美国，20 世纪四五十年代，染料纸样，衣料，比例 80%

3.（右）美国或法国，20 世纪 30 年代，水粉纸样，衣料，比例 105%

不规则排列的花卉随意散开在底子上，看起来就像刚摘下来的一样。花梗指向四面八方，让印花充满动感，营造出一种随意的美。

双向交叉格局中的图形上下颠倒，剪裁这种格局的纹样比剪裁单向排列的纹样更自由。但要注意的是，在剪裁双向交叉印花品时，必须垂直剪裁，而无方向性的纹样在裁剪时则无须考虑角度问题。

1.

1.

2.

2.

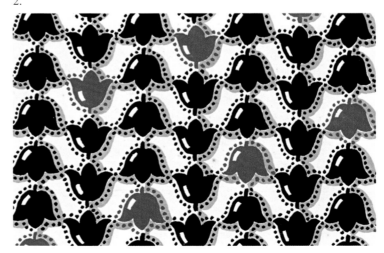

3.

树状纹样

1. 美国，1926—1950 年，机印棉布，家用
装饰，比例 22%

2. 法国，1799 年，木版印花棉布，家用装饰，
比例 11%

3. 法国，约 1880 年，水粉纸样，家用装饰，
比例 28%

这类纹样常见于家用装饰织物。纹样上密布着遒劲的枝干，枝干上有时缀有极具异域风情的花鸟，许多花鸟都不为人知。这些图像是各种文化往来交流的产物。17 世纪的印度纺织工用媒染技术生产出来的纺织品不褪色、不怕晒、不怕洗，他们将这种印染工艺用于生产斑斓布（palampore），也就是绘有奇特的花和树的大尺寸手绘棉质床罩。欧洲人很喜爱斑斓布，但又希望能买到富有欧洲特色的斑斓布，于是他们将欧式纹样寄给印度匠人，让印度匠人生产合他们口味的斑斓布。一种替代了印度传统设计、由印度人改良而成的欧式印花——树状印花由此诞生。事实上，此处展示的是欧洲人和美国人模仿印度的树状印花生产出的印花织物。从 18 世纪起，西方就已开始生产树状印花，至今从未间断。

1.

2.

3.

竹子纹样

1. 约 1950—1970 年，网印棉布，衣料，比例 50%
2. 法国，约 1900 年，水粉纸样，衣料，比例 72%
3. 法国，1888 年，机印棉布，衣料，比例 50%
4. 法国，1879 年，机印棉布，家用装饰，比例 50%

在竹子纹样设计中，竹竿笔直挺拔，不够形象，所以通常有竹节及叶子点缀，使其纹样更加和谐。竹子常作为西方人寄托对东方之爱慕的媒介。在 17 世纪中期欧洲流行的日本风和早期传统的中国风设计中，都可见竹子的身影。18 世纪时，欧洲曾大量从中国进口手绘风景的丝绸和纸质墙板。1862 年，在伦敦南肯辛顿区举办的国际会展上，"日本庭院"展览中竹影绰绰，给西方的纺织品设计师带来了灵感。现在竹子纹样无论是装饰日光浴室还是出现在夏威夷衬衫上，仍然带有浓厚的东方色彩和异国情调。

1.

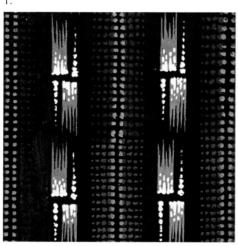

2.

3.

4.

花篮、花盆、花瓶纹样

1. 法国，19 世纪下半叶，水粉纸样，衣料，比例 50%

2. 英国，19 世纪下半叶，纸上印样，家用装饰，比例 25%

3. 法国，约 1840 年，水粉纸样，衣料，比例 80%

4. 法国，约 1940 年，机印丝绸，衣料，比例 100%

这类图案共同编制花卉纹样，让绽放的鲜花成为视觉焦点或居于中心位置。花篮中鲜花满溢，浪漫而富有活力，是春之象征，蕴含着人造之物所没有的生生不息的力量。当然，花盆和花瓶也巧妙地掩饰住了不甚整洁的根茎部分。图 2 正是 1861 年德福斯与卡特巴黎公司印制的墙纸图案。

1.

2.

3.

4.

木版印花

1. 法国，约 1800 年，木版印花棉布，家用装饰，比例 75%
2. 英国，约 1805 年，木版印花棉布，衣料，比例 50%
3. 法国，约 1800 年，木版印花棉布，家用装饰，比例 43%

所谓木版印花法，是在刻有花型的果木版（木版很小，可供手工操作）上面涂上颜料，按在一段坯布上用木槌大力敲打，使花型印在织物上。然后将木版移至下一个花位，与上一个花位对准，如此连续操作。用不同的木版反复操作能让色彩更为丰富。1834 年，法国鲁昂的路易·杰罗姆·佩罗特（Louis-Jérôme Perrot）发明了木版印花机，一次可印 3 套色。这款木版印花机被称为佩罗特木版印花机，一下子使生产效率提高了 250 倍。1783 年，苏格兰的汤姆斯·贝尔（Thomas Bell）发明了辊筒雕刻印花机。19 世纪中叶织物印花业实现机械化生产。目前欧洲仅生产少量手工木版印花织物，慢工出细活，弥足珍贵。

1.

2.

3.

蓝印花布

1. 英国（未确定），18 世纪下半叶，木版印花棉布，家用装饰，比例 19%

2. 法国，18 世纪晚期，木版印花棉布，家用装饰，比例 50%

大多数印花方法只需将染料直接印到布上就能显现花纹，防染印花却与之相反，印花处在上染后仍保持空白。防染印花步骤如下：先将防染胶浆或蜂蜡压印在布上，再浸染整块布料，最后将防染剂去除。因染液未能渗透进去，所以花纹呈现出布料的白色。蓝印花布的纹样由防染印花技术印成，其中使用了靛蓝色染料。这种花布在欧美流行一时，直至成本更低的雕白块雕印出现。防印不仅防白，也可以是多色防印。图 1 将底色防印，纹样反而被染蓝。这种反其道而行之的印花布在 18 世纪下半叶的美国很常见。但由于殖民地有限的纺织品生产技术，蓝印花布被认为是英国的产物，专供出口到美国，特意为当时定居哈德逊河流域的荷兰人生产，这类蓝印花布主要也是在这一带被发现的。在异域风情和纹样风格方面，这种印花布与印尼的蜡染布以及印度的印花棉布都有相似的地方。

1.

2.

野花小草纹样

1. 法国，约 1800 年，水粉纸样，衣料，比例 100%

2. 法国，约 1800 年，水粉纸样，衣料，比例 100%

3. 法国，约 1800 年，木版纸上印样，衣料，比例 78%

4. 法国，18 世纪晚期，水粉纸样，衣料，比例 115%

这种富有法国地方色彩的纹样——其名称的含义是小花小草，最早出现在 1800 年左右，是由凡尔赛附近的茹伊昂若萨镇上知名的克里斯托弗·菲力浦·奥勃卡姆印染厂生产的。这类花型很受欢迎，全法国的印染厂都在仿制，特别是阿尔萨斯地区。纹样画得很好，既有自然的神态，又有装饰的品位。这类纹样深受法国人喜爱，家乡田野中的鲜花并不妖媚撩人，但在墨绿色或黑色底子的衬托下，显得色彩鲜艳，生动活泼。图 1—图 3 是奥勃卡姆印染厂设计的花样。

1.

2.

3.

4.

裙边纹样

1. 法国，约 1900 年，水粉纸样，家用装饰，比例 40%

2. 法国，约 1880 年，水粉纸样，家用装饰，比例 40%

3. 法国，约 1910 年，水粉纸样，衣料，比例 125%

4. 法国，约 1910—1920 年，纸上印样，衣料，比例 50%

这些长条状纹样用于裙摆、窗幔与床罩的边饰。它们本身已是设计中极为精彩的部分，能够吸引人们的眼球，因此，为了整体的和谐，与之搭配的印花不宜过分张扬。裙边纹样给人留下强烈、深刻的印象，但因受匹料开剪方面的限制，这类纹样并不受服装生产商的青睐。如果长裙太长，修剪时就不得不牺牲裙边。

1.

2.

3.

4.

植物图谱纹样

1. 法国，约 1880 年，水粉纸样，家用装饰，比例 22%
2. 法国，约 1880 年，水粉纸样，家用装饰，比例 23%
3. 法国，约 1880 年，机印毛织物，衣料，比例 42%
4. 法国，约 1880 年，水粉纸样，家用装饰，比例 50%

19 世纪下半叶，将花卉的自然主义呈现在服装和家具装饰织物上是十分流行的。受英国艺术评论家约翰·拉斯金（John Ruskin）和维多利亚时代热捧经验科学的影响，当时的人们对自然十分崇敬，这也体现在了纹样上（许多纹样的设计灵感来源于植物版画）。同时，一些艺术家乐于细致地观察花卉，植物纹样的设计使他们得以展现自己精湛的技艺，也让参考书本以外不常见的花卉图案出现在了各种布匹上。

1.

2.

3.

4.

花束纹样

1. 法国，约 1870—1880 年，水粉纸样，衣料，比例 115%

2. 法国，约 20 世纪 20 年代，机印砑光棉布，家用装饰，比例 25%

3. 法国，20 世纪 30 年代，机印丝缎，衣料，比例 50%

4. 法国，约 1890—1910 年，机印棉布，衣料，比例 100%

5. 法国，1882 年，机印棉布，衣料，比例 50%

6. 法国，约 1850—1860 年，纸上印样，衣料，比例 50%

7. 法国，约 1890 年，水粉纸样，衣料，比例 50%

8. 美国，约 1860 年，机印毛织物，比例 100%

9. 法国，约 1870—1880 年，机印棉布织锦，衣料，比例 110%

花束纹样之所以会受设计师的欢迎，是因为它们将各种花集于一幅图。这类纹样使人联想到浪漫、礼物和春天。铃兰和紫罗兰花束（图 7 和图 9）一向为传统的法国人所钟爱。

蝴蝶结和缎带纹样

1. 法国，约 1875 年，水粉纸样，衣料，比例 50%
2. 法国，约 1860 年，水粉纸样，衣料，比例 100%
3. 法国，约 1880—1890 年，水粉纸样，家用装饰，比例 50%

自织物印花出现以来，浪漫风格的花卉纹样织品就常配以花边和缎带作为系扎装饰。图 1 中的缎带轻轻垂下，花朵图案未刻意排列就自然地形成条纹布局。缎带和花边的褶皱营造出高光和阴影，增添了生机和立体感。

1.

2.

3.

格子嵌花纹样

1. 法国，约 1820—1840 年，水粉纸样，衣料，比例 50%

2. 美国，约 20 世纪 50 年代，机印或网印棉布，衣料，比例 50%

3. 法国，约 1920 年，水粉纸样，家用装饰，比例 25%

4. 法国，约 1830—1840 年，水粉纸样，衣料，比例 70%

5. 法国，约 1880 年，机印棉布，衣料，比例 85%

6. 法国，约 1810—1820 年，水粉纸样，衣料，比例 85%

　　格子排列是能产生井然有序的视觉效果的最基本的方法之一，古希腊以来的城市街巷布局即是如此。嵌入花朵的格子变得不再刻板，但如今只有小巧或精美的方格才不会在女性身上显得难看，因为"boxy"可以用来形容矮胖的身材。这类纹样在 19 世纪时较受人们青睐。

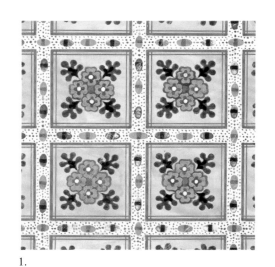

1.

2.

4.

3.

5.

6.

小清新花卉纹样

1. 美国，20 世纪二三十年代，机印棉布，衣料，比例 100%
2. 美国，20 世纪二三十年代，机印棉布，衣料，比例 90%
3. 美国，20 世纪二三十年代，机印棉布，衣料，比例 100%
4. 法国，约 1940 年，纸上印样，衣料，比例 100%
5. 美国，20 世纪二三十年代，机印棉布，衣料，比例 100%
6. 美国，20 世纪三四十年代，机印丝缎，衣料，比例 100%
7. 美国，20 世纪二三十年代，机印棉布，衣料，比例 90%
8. 美国，20 世纪四五十年代，机印棉布，衣料，比例 90%
9. 美国，20 世纪二三十年代，机印棉布，衣料，比例 90%

图 7 至图 9 的纹样被称为"哑巴"（dumb-dumbs），因为它们不张扬；图 4 至图 6 上有趣的小东西被称为"小可爱"（ditsies）；图 1 至图 3 的纹样被称为"面包黄油"（bread-and-butter），因为它们总是很畅销。这些称谓是 20 世纪美国纺织业的用语，不同时代和不同国家都有各自的叫法。虽然算不上时髦款式，但这些物美价廉的畅销印花一直是纺织商赖以生存的支柱。

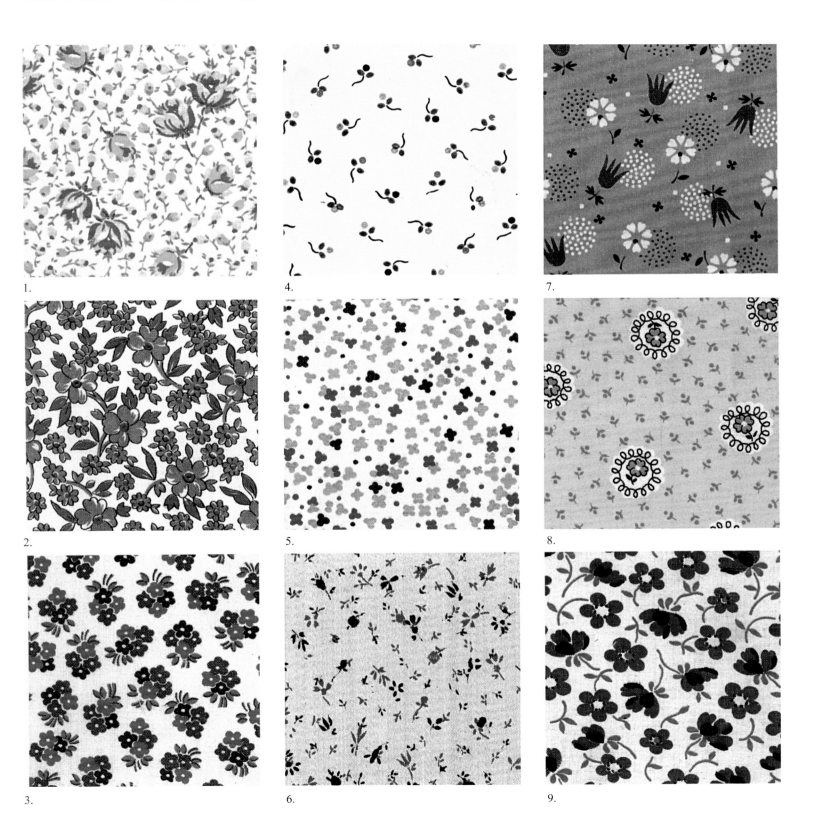

1.

4.

7.

2.

5.

8.

3.

6.

9.

仿提花纹样

1. 法国，1892 年，机印棉布织锦，家用装饰，比例 44%

2. 法国，1874 年，机印棉布，家用装饰，比例 36%

印花纺织物常被视为装饰提花布的低端同类。装饰提花布的生产需要更多的劳动投入，产品价格较高，总是深得有钱人的青睐。印花纺织物总是极力模仿装饰提花布的风格，有时十分相像，材料的价格却更合理。这些 19 世纪末的印花纹样模仿的是 18 世纪的手织丝绸锦缎。仿绸缎的织物至今仍有生产，它们属于外表奢华的仿制织物。

1.

2.

枯笔效果纹样

1. 法国，20世纪30年代，水粉纸样，衣料，比例90%

2. 法国，20世纪30年代，机印真丝双绉，衣料，比例200%

3. 美国或法国，20世纪30年代，水粉纸样，衣料，比例50%

4. 美国或法国，20世纪30年代，水粉纸样，衣料，比例50%

印花纹样工艺通常需要先在木版、铜版、辊筒或丝网上进行绘画，再用它们进行印刷。通常设计原稿上的绘画特征并不重要，且在印刷过程中不复存在。但是该种纹样的设计初衷便是保存绘画的基本要素——枯笔。为什么呢？图像的机械化仿制使得绘画成为一种古老的艺术，也使得手工产品在市场中只占少数，绘画的地位和价值自然随之提升。在某种程度上，枯笔的样式是印刷品模仿昂贵手工制品的又一例证，但这或许也体现出先进技术对过去手工艺的敬意。枯笔纹样常见于20世纪二三十年代的织物，至今仍受人们青睐。

1.

2.

3.

4.

花蕾纹样

1. 法国，约 1820—1830 年，水粉纸样，衣料，比例 100%
2. 法国，约 1830—1840 年，水粉纸样，衣料，比例 100%
3. 法国，约 1860—1870 年，水粉纸样，衣料，比例 100%
4. 法国，1835—1840 年，机印棉布，衣料，比例 110%
5. 法国，1861 年，机印小提花棉布，衣料，比例 100%
6. 英国，1872 年，机印棉布，衣料，比例 100%
7. 法国，19 世纪中期，水粉纸样，衣料，比例 100%

在花卉图案中，花蕾的受欢迎程度仅次于玫瑰，大多数花蕾印花都采用玫瑰花蕾。鲜花一般象征青春、活力和新生；花蕾是花朵盛开前的状态，又为其增加了一层象征意义。

1.

2.

3.

4.

5.

6.

7.

加里科小花纹样

1. 美国，19 世纪中期，机印棉布，衣料，比例 100%
2. 美国，20 世纪二三十年代，机印棉布，衣料，比例 100%
3. 美国，约 20 世纪 20 年代，机印棉布，衣料，比例 100%
4. 美国，20 世纪二三十年代，机印棉布，衣料，比例 100%
5. 法国，约 1860—1880 年，机印棉布，衣料，比例 100%
6. 美国，约 20 世纪 20 年代，机印棉布，衣料，比例 100%
7. 美国，约 1870—1880 年，机印棉布，衣料，比例 100%
8. 法国，1895 年，机印棉布，衣料，比例 100%
9. 美国，约 20 世纪 20 年代，机印棉布，衣料，比例 100%

起初，加里科是一种棉质坯布的名称。这种坯布的原产地在印度，并在其港口城市加里卡特装运，加里科这个名字由此而来。这种平纹坯布很密实，适宜印花。17 世纪英国东印度公司将这种布进口到欧洲。"加里科"这一英国腔的名词后来就专指那种生活里常见的、色彩鲜活的各类小型花卉植物。19 世纪中期，加里科花布遍及美国的各个布店，供制作家常衣裙、围裙和拼缝被套。这种花布一直都很便宜，1926 年的报价每码仅为 10 美分，是当年西尔斯·罗巴克公司（Sears Roebuck）出售的最低价织品。虽然从 20 世纪 50 年代起印染加里科花布的机器数量大幅减少，但是这种花布在厂家直销中的销量未受大的冲击。

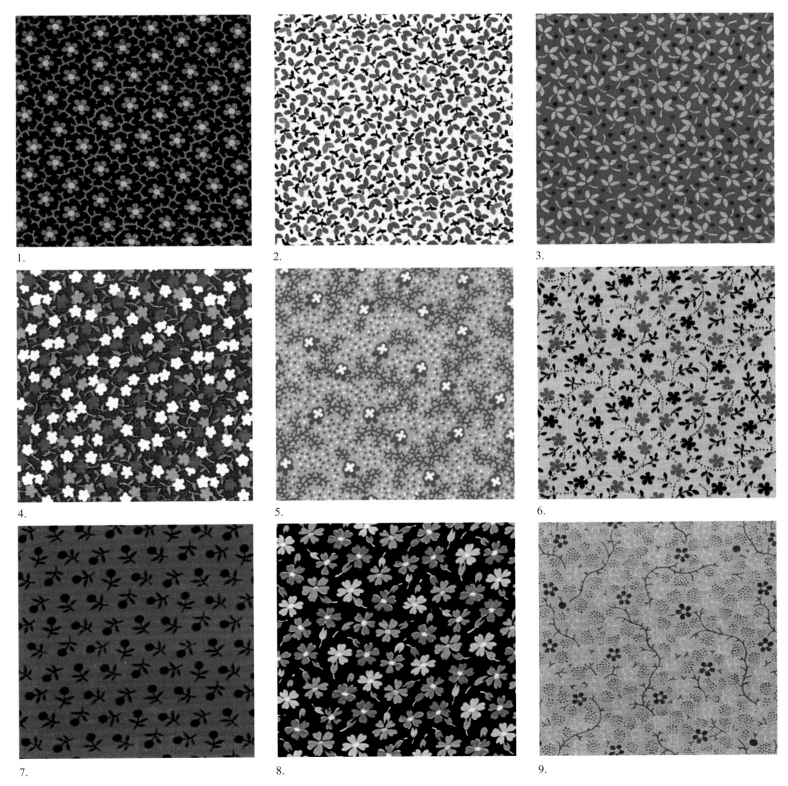

1.

2.

3.

4.

5.

6.

7.

8.

9.

椭圆嵌花纹样

19 世纪时，在椭圆形框架中嵌入花卉而非人物肖像，是家具布饰和衣着面料上的流行图案。如今，这类较为正式的花型大部分只出现在家用装饰布上。

1. 法国，约 1880 年，水粉纸样，衣料，比例 100%

2. 英国，约 1840 年，机印研光棉布，家用装饰，比例 50%

3. 法国，约 1850 年，机印棉布，家用装饰，比例 38%

1.

2.

3.

涡卷形嵌花纹样

1. 法国，约 1840 年，水粉纸样，衣料，比例 60%
2. 法国，约 1840 年，水粉纸样，衣料，比例 60%
3. 法国，约 1840 年，水粉纸样，衣料，比例 60%

在建筑方面，涡卷纹（cartouche）装饰多种多样，但都有个特点，就是像一张卷折的纸板，呈卷曲状。古希腊建筑中的爱奥尼亚柱头即呈螺旋涡卷形。18 世纪，cartouche 这个词开始指称各类装饰框架，可绘于墙壁或天花板上，也可制成浮雕图案，用于修饰题词、装饰品、装饰画等。这些装饰框架通常都会以曲线条作涡卷纹花边，而后，涡卷纹融入阿拉伯风味的方格中，曲直相衬，应用于布料印花，这种纹样在 19 世纪三四十年代最为常见。附图为涡卷状外廓，内部或周围布满花卉的纹样。

1.

2.

3.

丝毛织物纹样

1. 法国，19世纪中期，木版印花毛织物，衣料，比例41%

2. 法国，19世纪中期，机印毛织物，衣料，比例40%

3. 法国，19世纪中期，木版印花毛织物，衣料，比例35%

4. 法国，1857—1860年，木版或机印毛织物，衣料，比例75%

5. 法国，约1880年，机印毛织物，衣料（头巾角饰），比例100%

"challis"（丝毛织物）一词源于英印外来词"shalee"（意为"轻柔的"），原指1832年英国诺里奇的工厂生产的一种轻薄的丝毛混纺织物。1856年，由于威廉·亨利·皮尔金（William Henry Perkin）发明了苯胺染料（阿尼林），可以在黑底子上印上鲜艳的色彩，从而让丝毛织物纹样流行起来。当时时尚服装面目一新，时新花色主要为大红、鲜紫、鲜蓝。由于羊毛和丝绸容易染色，而丝毛织物布面细洁，很适合用苯胺染料印花，所以这种织物就被普遍使用在色彩娇艳的头巾和色彩浓重的裙料上。现今因羊毛价格贵，大多以人造丝来代替，但纹样仍保留这种深地彩花的传统风格。

1.

2.

3.

4.

5.

砑光印花棉布纹样

1. 法国，约 1855 年，木版印花砑光棉布，家用装饰，比例 70%

2. 法国，约 1850 年，木版印花砑光棉布，家用装饰，比例 24%

今天的许多纺织词汇都源自印度，因为过去欧洲各国主要从印度进口布料。欧洲最早进口印度布料的东印度贸易公司是葡萄牙公司，紧随其后的是 1597 年的荷兰公司、1600 年的英国公司、1616 年的丹麦公司、1664 年的法国公司。砑光印花棉布的英文是"chintz"，源于印度词汇"chint"，在印度语中意为"多色的，有斑点的"。当然，任何一种带有小面积满点图案的印花都是"有斑点的"，而砑光印花棉布的与众不同之处在于它泛着一种石蜡、淀粉浆或树脂的光泽。最初这种光泽由手工摩擦而成，印度人的摩擦工具是贝壳或圆形卵石，18 世纪英国人的摩擦工具则是大块光滑的燧石。现在则用机械砑光机来制作这种光泽。砑光印花棉布闪闪发光的布面防尘防污，所以常常用于窗帘、帷幔和床罩。可惜的是，光泽在反复洗涤后会褪去。砑光印花棉布的花型通常都是花卉，偶有例外。不仅英国，许多其他国家也不约而同地篡改了这种花布的印度语原名，法语称为"chittes"，荷兰语称为"sits"，德语称为"Zitz"，俄语称为"zitiez"。

1.

2.

砑光印花棉布边饰

在较长的线性印花流程中，同种花边纹样被重复印于数条布边上。从这种布上剪裁出来的单条花边可以用于装饰被子、床帏和帷帐。

1. 法国或英国，1800—1824 年，木版印花棉布，家用装饰，比例 55%

2. 英国，1800—1824 年，木版印花棉布，家用装饰，比例 75%

3. 英国，1825—1849 年，木版印花棉布，家用装饰，比例 100%

1.

2.

3.

肉桂粉纹样

1. 美国，1900 年—20 世纪 20 年代，机印棉布，衣料，比例 100%

2. 美国，约 1860—1880 年，机印棉布，衣料，比例 100%

3. 法国，约 1860—1880 年，机印棉布，衣料，比例 100%

4. 美国，约 1860—1880 年，机印棉布，衣料，比例 100%

5. 法国，约 1860—1880 年，机印棉布，衣料，比例 100%

6. 美国，约 1860—1880 年，机印棉布，衣料，比例 100%

7. 法国，约 1860—1880 年，机印棉布，衣料，比例 100%

8. 美国，约 1860—1880 年，机印棉布，衣料，比例 100%

9. 美国，约 1860—1880 年，机印棉布，衣料，比例 100%

粉底粉色小碎花是 19 世纪 60 年代到 20 世纪 20 年代特别流行的风格。这种印花虽然不怎么时髦，却是欧美各个小镇上的杂货铺出售的主要产品之一。由于带有乡土气息而又十分甜美，这种印花常用于拼布床单和童装。这种纹样的颜色在美国农村被称作"肉桂粉"，业内人士则称之为"双重粉色"，原因不言而喻。

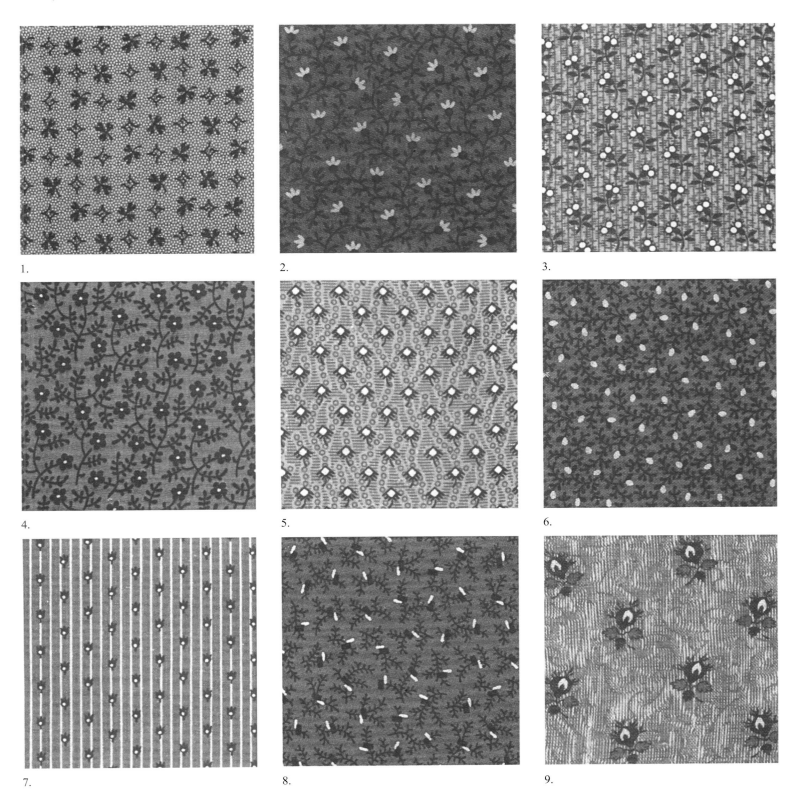

1.　　　　　　2.　　　　　　3.

4.　　　　　　5.　　　　　　6.

7.　　　　　　8.　　　　　　9.

克雷顿印花棉布纹样

1. 英国或法国，20 世纪 20 年代，机印棉布，家用装饰，比例 32%

2. 英国，20 世纪 20 年代，机印棉布，家用装饰，比例 65%

3. 英国，20 世纪 20 年代，机印棉布，家用装饰，比例 70%

克雷顿印花棉布原是克雷顿的诺曼底镇生产的一种大麻亚麻交织物，20 世纪 20 年代演变为一种结实的中等重量的棉布，因其耐用、价格合适（当时在美国每码仅售 19 美分），被广泛用于家用装饰。多种元素组合营造出克雷顿印花的独特风格。由于克雷顿印花棉布手感僵硬、质地普通，所以通常会印上鲜艳的颜色和醒目的图案来引人注目。这种棉布大为流行的 20 世纪 20 年代是设计界极其重要的一段时期，当时俄罗斯芭蕾舞团的热度尚未冷却，现代艺术如火如荼。克雷顿印花棉布以其低廉的价格、鲜艳大胆的设计成功为大众市场注入了一种"附庸风雅"的流行风格。

1.

2.

3.

锦缎风格纹样

锦缎是一种装饰用双面织物，通常为单色，最初用丝绸、羊毛制成，1295 年从当时陆上贸易的中心大马士革进口到欧洲。当时，马可·波罗回到威尼斯，带来了成捆的深红色锦缎长袍。下面两张图展示的是廉价版本的锦缎。印花和提花锦缎传统上都用于帷幔和窗帘，也一度被富裕人家作墙纸使用。常见的花型是以花卉图形为特色、文艺复兴风格的大面积整齐印花纹样。

1. 法国，20 世纪 20—40 年代，水粉纸样，家用装饰，比例 35%

2. 法国，20 世纪 40—50 年代，水粉纸样，家用装饰，比例 50%

1.

2.

仿绣花纹样

1. 法国，1882 年，机印棉布，家用装饰，比例 80%

2. 法国，约 20 世纪 20 年代，水粉纸样，家用装饰，比例 25%

3. 法国，1880 年，水粉纸样，衣料，比例 100%

4. 法国，1914 年，水粉纸样，家用装饰，比例 50%

仿绣花织物也是一种用机械生产以实现手绣效果的替代织物——在印花布的平面上表现绣花的立体感，成本相较手绣大为降低。附图如下，图 1 仿绒线绣，图 2 仿伯林绒绣，图 3 仿贴线缝绣，图 4 效果更为逼真，使用了缎纹刺绣针脚和仿若银线的嵌边来勾勒图案。

1.

2.

3.

4.

花圃纹样

1. 法国，约20世纪40年代，水粉纸样，家用装饰，比例25%

2. 法国，1800—1824年，水粉纸样，家用装饰（地毯纹样），比例100%

3. 法国，1800—1824年，水粉纸样，家用装饰（地毯纹样），比例100%

花圃呈几何块状，体现了人类思维的条理性，同时也展现了柔和的自然之美。这类花圃纹样一般不作衣料图案，或许是人们不愿被花圃中的泥土弄脏衣服，抑或原本踩在脚下的东西骤然与视线齐平令人目眩。换个角度来说，花圃纹样如果用于地毯设计那就再适合不过了，如图2和图3。

1.

2.

3.

花彩纹样

1.法国,19世纪中期,木版印花丝绸,衣料(头巾边饰),
比例50%

2.法国,1910—1920年,水粉纸样,衣料,比例62%

古代庆典之日会在寺庙门前挂上花彩装饰,以示热情好客。图为花彩边饰纹样,印花布设计中也使用花彩纹样将图案串联起来以营造上下起伏的动感。花叶色彩鲜丽,却并不妨碍其达到规整的效果。

1.

2.

麦穗小草纹样

1. 法国，约 1820 年，水粉纸样，衣料（头巾边饰），比例 66%

2. 法国，1888 年，机印棉布，衣料，比例 64%

3. 法国，19 世纪中期，机印研光棉布，家用装饰，比例 50%

4. 法国，19 世纪下半叶，机印棉布，衣料，比例 68%

5. 法国，约 1860 年，机印棉纱，衣料，比例 70%

6. 法国，19 世纪下半叶，水粉纸样，衣料（缎带纹样），比例 64%

7. 法国，1810—1820 年，水粉纸样，衣料，比例 110%

麦穗古寓丰收、繁荣和多产。20 世纪的设计师们几乎不采用麦穗图案，他们或许过多地将它与"下地务农"的形象或标志政党形象的麦穗束联系起来。顾客也有意避开任何会让人感到刺痛、瘙痒或扎人的东西。此外，无论是在织物纹样中还是在现实生活中，野草都十分适宜作花束的陪衬，因为它不具有特殊的象征意义。

1.

2.

3.

4.

5.

6.

7.

半丧服花布：巧克力色、灰紫色、夏克式灰碎花

1、4、8、9、19、21、25—27、30—33. 美国，约1880—1900年，机印棉布，衣料，比例100%

2、6. 法国，1879年，机印棉布，衣料，比例100%

3. 法国，约1860年，机印棉布，衣料，比例100%

5. 英国或法国，约1870年，机印棉布，衣料，比例100%

7. 美国，约1800—1900年，机印棉布，衣料，比例120%

10—18、22—24、28、29、34—39. 法国，约1900年，水粉纸样，衣料，100%

20. 美国，约1900—1920年，机印棉布，衣料，比例100%

巧克力色碎花（图1、图4、图7）、灰紫色碎花（图2、图3、图5、图6、图8、图9）、夏克式灰碎花（图10—图39，亦称银灰色碎花），是19世纪纺织业深色印花布生产的专用花布，寡妇居丧穿黑丧服之后，就穿这种深色花布。它们和相对活泼点的肉桂粉花布常见于农妇穿着（不一定是寡妇），因为深色碎花比较耐脏，不用常洗。

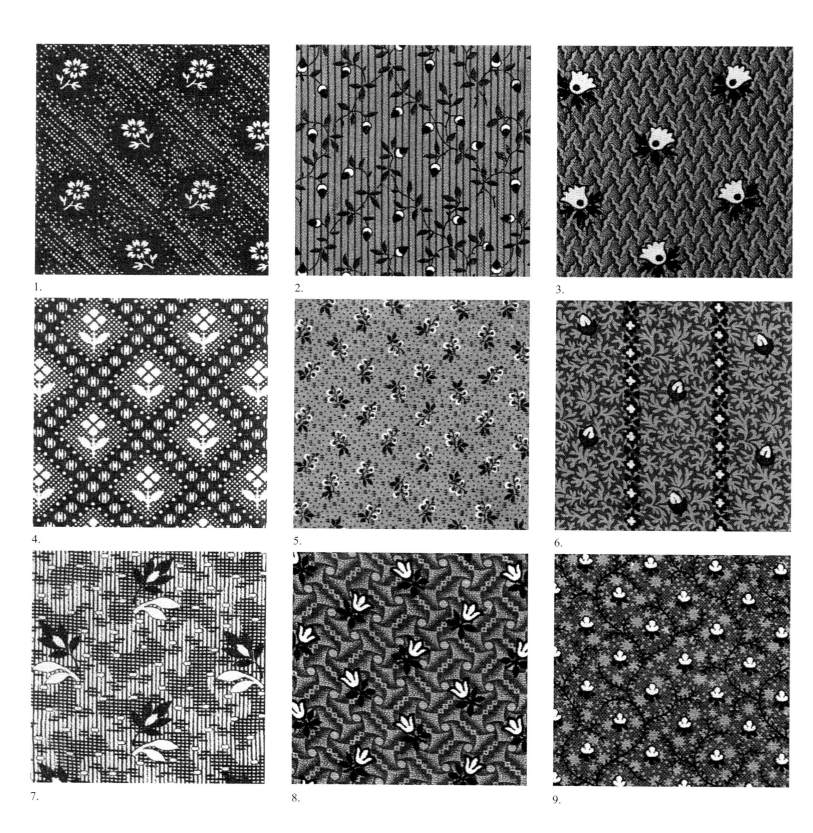

1.

2.

3.

4.

5.

6.

7.

8.

9.

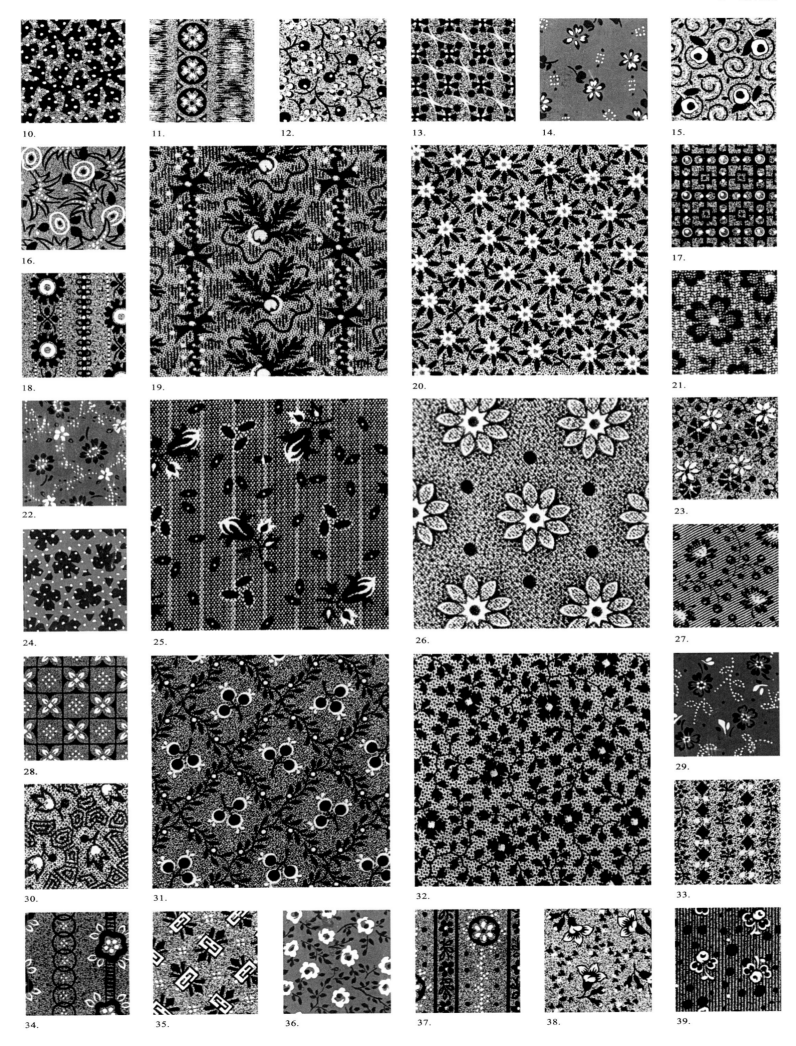

10.　11.　12.　13.　14.　15.
16.　17.
18.　19.　20.　21.
22.　23.
24.　25.　26.　27.
28.　29.
30.　31.　32.　33.
34.　35.　36.　37.　38.　39.

印花手帕纹样

1. 美国，约 20 世纪四五十年代，网印棉布，衣料，比例 68%

2. 美国，约 20 世纪四五十年代，网印棉布，衣料，比例 40%

3. 美国，约 20 世纪四五十年代，网印棉布，衣料，比例 58%

4. 美国，约 20 世纪四五十年代，网印棉布，衣料，比例 37%

5. 美国，约 20 世纪四五十年代，网印棉布，衣料，比例 64%

　　20 世纪四五十年代印花手帕风靡美国，其设计风格甜美，深受年轻女性的喜爱。手帕无疑独具魅力，尽管其装饰性重于实用性。就像男士们喜欢在衣柜里挂上许多领带一样，女孩们也喜欢将每年生日和圣诞节时收到的绸缎手帕叠得整整齐齐地放在梳妆台的抽屉里。

1.

2.

3.

4.

5.

印象派画风的纹样

1. 法国，约 20 世纪 50 年代，网印棉布，衣料，比例 50%

2. 法国，约 20 世纪三四十年代，网印丝绸，衣料，比例 74%

画家与设计师在许多方面会相互影响，相互借鉴。画家们总想创造一种新的画派，却很难如愿。举一个例子，20 世纪 60 年代光学艺术（OP Art）中的运动视错觉图案，早在 19 世纪初就出现在纺织纹样中了。然而这种轮廓模糊、半抽象且色彩混合的印象派画风的印花纹样，到 20 世纪 30 年代才出现，比真正的印象主义时代晚了 50 多年。这类纹样呈现在丝绸或其他织物上，产生了一种柔和流动的感觉，至今仍在流行。

1.

2.

印度手绘花布纹样

1. 法国，18 世纪末—19 世纪初，木版印花棉布，衣料，比例 50%

2. 法国，1790—1791 年，水粉纸样，衣料，比例 100%

3. 法国，约 1880 年，水粉纸样，家用装饰，比例 50%

4. 法国，约 1880 年，机印棉布，家用装饰，比例 50%

　　这是一种极其珍贵的印花，说来有一段坎坷的历程。印度手绘花布纹样是法国人对印度手绘花布的诠释。17 世纪，几家东印度贸易公司向欧洲大量输入这种纺织品，却因严重危及欧洲本地的纺织业而受到抵制。法国在 1686—1759 年期间，英国在 1700—1764 年期间，均禁止进口、穿戴印度手绘花布制品。据说，当时印度手绘花布非常流行，即使在法国违反禁令者会被严惩，甚至处死。法国马赛是贸易自由港，免受进口法的约束，因此这种手绘花布照样被买卖和仿造，甚至在整个国家暗中流传。当然，人们不敢在大庭广众之下穿戴此类制品，只能在一些私人场合穿戴，这也给家庭生活带来了一些违反法律的刺激和愉悦感。禁令时限一过，需求量依旧很大。这种手绘花布成为克里斯托弗·菲力浦·奥勃卡姆印染厂的特色产品（图 2 即该厂产品），在法国大革命之后仍有市场，可以说，上至拿破仑和约瑟芬，下至普通老百姓，无人不喜爱印度手绘花布纹样。

1.

2.

3.

4.

靛蓝花布纹样

1. 英国或法国，约 1800—1820 年，木版印花棉布，衣料，比例 110%
2. 法国，19 世纪末，机印棉布，衣料，比例 80%
3. 英国，19 世纪末，机印棉布，衣料，比例 80%
4. 英国或法国，约 1810—1820 年，木版印花棉布，衣料，比例 100%
5. 法国，1875—1899 年，机印棉布，衣料，比例 68%
6. 英国或法国，约 1800—1820 年，木版印花棉布，衣料，比例 110%
7. 美国，约 1860—1880 年，机印棉布，衣料，比例 100%
8. 法国，约 1810—1820 年，木版印花棉布，衣料，比例 100%
9. 法国，19 世纪末，机印棉布，衣料，比例 100%
10. 英国或法国，约 1810—1820 年，木版印花棉布，衣料，比例 110%

与其说靛蓝是一种图案，不如说它是一种染料。用靛蓝染料印制的花布叫蓝印花布，或雕印、或防印，别具一番风味。早在公元前 3000 年，印度已开始采集槐蓝属植物，用来制作不易褪色的靛蓝染料。自 16 世纪中期传入欧洲，槐蓝属植物取代了不易上染的菘蓝，尽管遭到了当地菘蓝种植者和经营商的强烈反对。由槐蓝属植物制成的靛蓝染料至今仍是最广泛使用的植物染料之一。加勒比海沿岸及美国南部的气候适宜种植此类植物。1740 年，槐蓝属植物开始成为首批利润丰厚的殖民地出口商品之一。30 年后，每年有百万磅由奴隶采摘的槐蓝属植物，从佐治亚州和南北卡罗来纳州一带销往英国。早些时候，许多美国人会在家中的壁炉旁摆放一口靛蓝染料缸。目前，在商业用途中，靛蓝植物染料已被大量的合成染料替代，但是几百年来，靛蓝布一直是制作男女工作服的主要材料。也正是因为这种靛蓝染料的存在，牛仔裤才能在今天随处可见。（参见第 42 页花卉纹样：蓝印花布）

1.

2.

3.

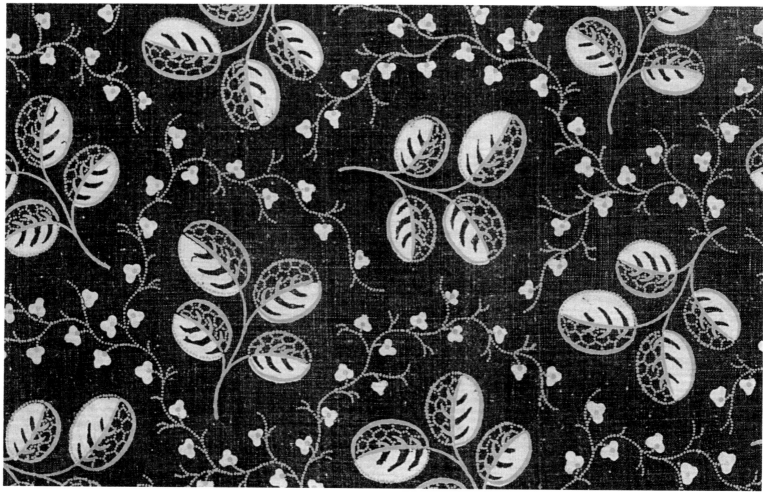

4.

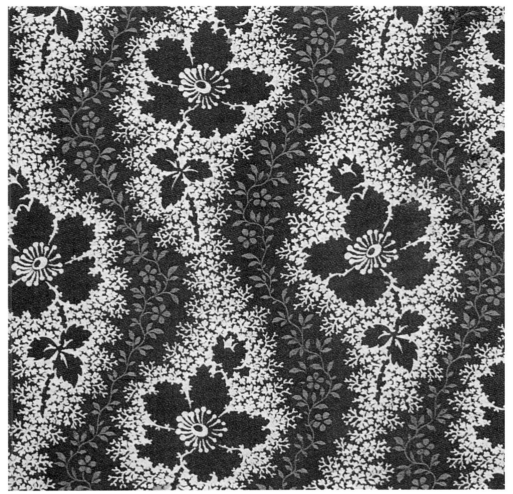

5.

6.

7.

8.

9.

10.

栅栏底纹花样

1. 法国，1876 年，机印棉布，家用装饰，比例 100%
2. 法国，20 世纪下半叶，水粉纸样，家用装饰，比例 38%
3. 法国，20 世纪下半叶，水粉纸样，家用装饰，比例 50%
4. 法国，约 1880 年，机印棉布，家用装饰，比例 50%

这种题材借鉴了花圃栅栏的设计，用格子增加纹样的立体层次感。格子可作底纹，也可作主纹，上面攀附花叶藤蔓。这种花样多用于家居织物中，而不常用在服装上。毕竟衣服上的花样只是装饰人的，这种花样如做衣着，反而喧宾夺主，抢了人的风头。

1.

2.

3.

4.

叶子纹样

自从亚当与夏娃诞生以来，人们就用树叶遮蔽身体。织物上的叶子繁茂，貌似抽象但仍富有生机。

1. 法国，1880—1884 年，水粉纸样，衣料，比例 100%

2. 法国，1848 年，机印毛织物，衣料，比例 100%

3. 法国，约 1820 年，水粉纸样，衣料（头巾边饰），比例 60%

4. 法国，19 世纪下半叶，机印棉布，衣料，比例 70%

5. 法国，约 1890 年，机印棉布，衣料，比例 84%

6. 法国，约 1820 年，水粉纸样，衣料，比例 66%

7. 法国，约 1890 年，水粉纸样，衣料，比例 100%

8. 法国，19 世纪，机印棉布，衣料，比例 80%

9. 法国，约 1810—1820 年，水粉纸样，衣料，比例 100%

1.

2.

3.

4.

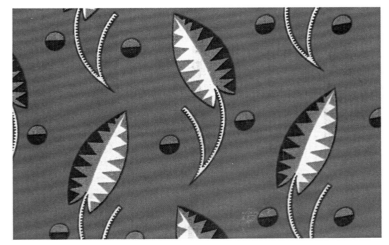

5.

6.

7.

8.

9.

利伯蒂"自由风格"纹样

1. 英国，20 世纪 70 年代，网印棉布，衣料，比例 70%
2. 法国（未确定），20 世纪二三十年代，机印丝绸，衣料，比例 100%
3. 美国，20 世纪二三十年代，机印棉布，衣料，比例 100%
4. 英国，20 世纪 70 年代，网印棉布，衣料，比例 100%
5. 美国，20 世纪二三十年代，机印棉布，衣料，比例 100%
6. 美国，20 世纪二三十年代，机印棉布，衣料，比例 115%

伦敦的自由百货是摄政街的标志性建筑，由阿瑟·拉赞比·利伯蒂（Arthur Lazenby Liberty）于 1875 年创立。自由百货的创立与 19 世纪晚期的新艺术运动（Art Nouveau）密不可分，因此意大利人把新艺术运动从服装到建筑等各方面的风格称为"自由风格"（Stile Liberty）。爱德华·威廉·戈德温（E. W. Godwin）、林赛·巴特菲尔德（Lindsay Butterfield）、哈里·纳珀（Harry Napper）、C. F. A. 沃塞（C. F. A. Voysey）、阿瑟·西尔弗（Arthur Silver）和当时其他英国名家为自由百货设计印花衣料。然而如今，"自由风格"更局限于指自由百货在 20 世纪 20 年代推广流行的满地印花衣料，即花式甜美、自由的轻柔棉布。目前这类纹样仍有仿样。图 1 和图 4 为正宗的利伯蒂纹样。

1.

2.

3.

4.

5.

6.

钢笔画纹样

钢笔画的阴影和清晰优雅的线条用于纺织纹样设计，赋予了单色图案新的结构和趣味。这种技术很有实用价值，因为单色印花削减了印花成本。

1. 法国，20 世纪 40 年代，水粉纸样，衣料，比例 50%
2. 法国，约 20 世纪 50 年代，钢笔画纸样，家用装饰，比例 50%
3. 法国，1877 年，机印棉布，家用装饰，比例 38%

1.

2.

3.

茜草媒染印花纹样

1、18. 法国，1861 年，机印棉布，衣料，比例 100%

2、4、10、15. 美国，约 19 世纪七八十年代，机印棉布，衣料，比例 100%

3、9、19、20. 法国，约 1850—1860 年，机印棉布，衣料，比例 80%

5、7、13、14. 法国，约 1850 年，机印棉布，衣料，比例 100%

6、12. 美国，约 19 世纪七八十年代，机印棉布，衣料，比例 80%

8. 法国，1851 年，机印棉布，衣料，比例 80%

11. 法国，1848 年，机印棉布，衣料，比例 80%

16. 法国，约 1860 年，机印棉布，衣料，比例 100%

17. 法国，约 1860 年，水粉纸样，衣料，比例 100%

21. 法国，约 19 世纪七八十年代，机印棉布，衣料，比例 100%

古埃及时代人们就开始用茜草根提炼出染料来染色。其色牢度极好，而且可以通过不同的媒染剂染成深浅不同的多种颜色：大红、锈红、橘红、黑、棕、紫。染色工艺并不复杂。茜草染料是 18、19 世纪的纺织印花中最常用的染料，但如今基本不再使用，因为 1869 年从煤焦油中提炼出了蒽素染料，可以代替其活性成分茜素。19 世纪下半叶的日常着装大多用茜草染料加工。如同蓝印花布、加里科小花布和简洁小花布一样，茜草媒染印花布也曾盛极一时，但最后都不可避免地变成了 19 世纪美国乡村拼缝被套的边角料。

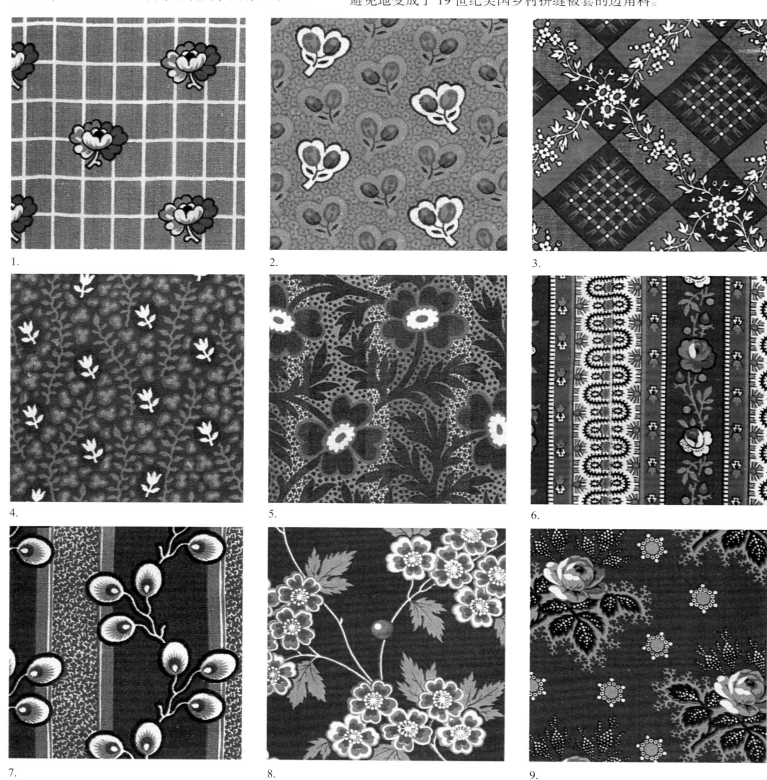

1.

2.

3.

4.

5.

6.

7.

8.

9.

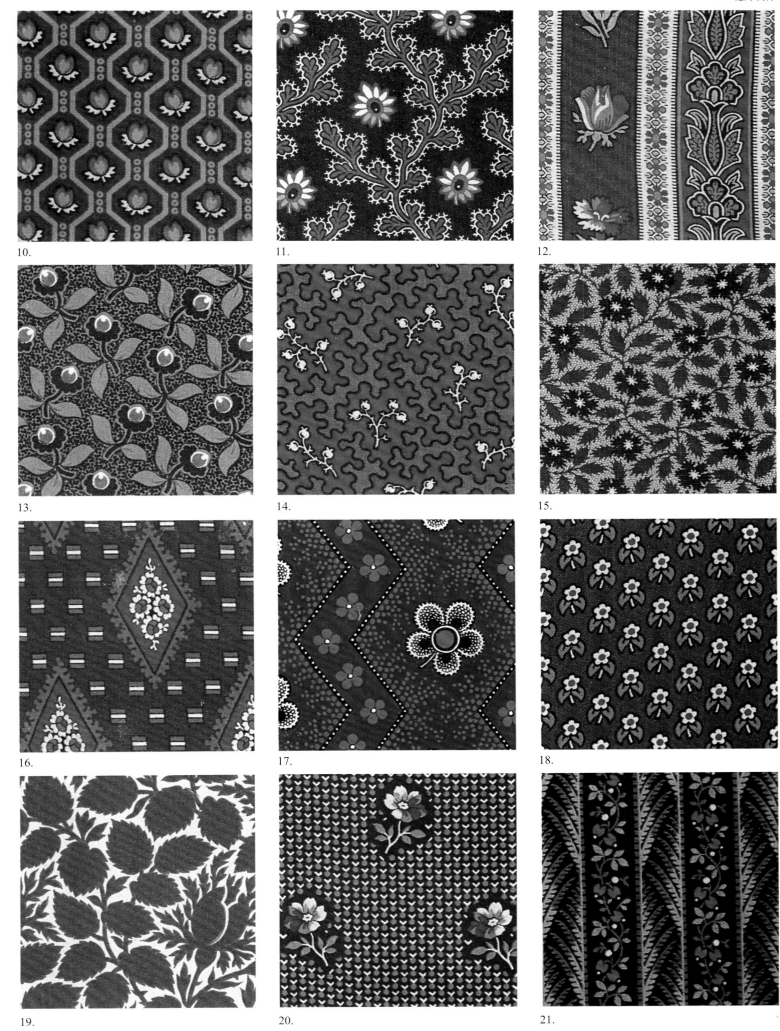

10.

11.

12.

13.

14.

15.

16.

17.

18.

19.

20.

21.

轧纹印花纹样

1、3—5、7、9、12、13、15、17—20、24、28、29、31、34、40、
42、45.法国，约1810—1820年，机印棉布，衣料，比例100%

2、10、11、14、16、21—23、25、30、32、35、37、39、41、43.法国，
约1810—1820年，水粉纸样，衣料，比例100%

6、27.法国，约1810—1820年，机印棉布，衣料，比例120%

8、33、38.法国，约1820—1825年，机印棉布，衣料，比例100%

26.法国，约1820—1830年，水粉纸样，衣料，比例100%

36.英国，约1810—1820年，机印棉布，衣料，比例100%

44.法国，1829年，机印棉布，衣料，比例100%

若纹样花型细小，刻画精细，则可用轧纹辊筒印花机来印制。19世纪，印花厂利用金属特性，雕刻花辊进行轧印。虽然钢辊很硬，难雕，但是适宜制作清晰精细的花纹，并且耐久性好；而铜辊较软，易刻，却也易磨损。制版师傅先在一根软的小钢辊上凿刻花纹，经淬火强化处理，制成"钢芯"，安装在翻刻机上，对准另一根同样尺寸的软钢辊将花纹拷贝上去，经雕刻、淬火复制成第二个钢模。在刻花机上对铜芯加压转动刻录花纹至整根铜辊，即制成花筒可以印花了。使用久了铜辊花纹会磨损，此时可以将其翻新磨平（习称"光底"），随后用原刻花机刻制花纹，或是刻制新的花纹。

1.

2.

3.

4.

5.

6.

7.

8.

9.

10.

11.

12.

13.

14.

15.

16.

17.

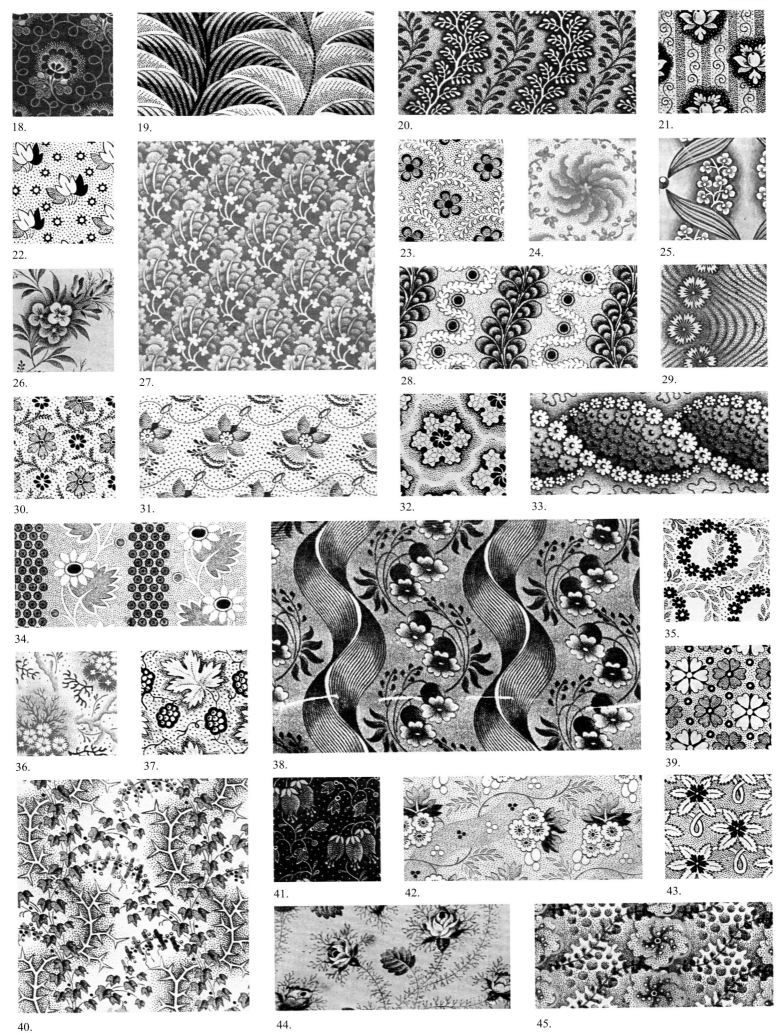

18.

19.

20.

21.

22.

23.

24.

25.

26.

27.

28.

29.

30.

31.

32.

33.

34.

35.

36.

37.

38.

39.

40.

41.

42.

43.

44.

45.

波纹花样

1. 法国，约 1920 年，水粉纸样，家用装饰，比例 50%
2. 法国，1909 年，机印棉缎，家用装饰，比例 29%
3. 法国，1900—1920 年，水粉纸样，衣料，比例 100%
4. 法国，约 1920 年，水粉纸样，家用装饰，比例 46%

确切一点讲，波纹效果并非是一种印染产生的效果，而是织物（通常是丝绸）经辊筒轧出一种类似提花的、耐久的、反光炫目的波纹。这种织物也称作水波纹丝绸。但是波纹效果可以通过传统的印花手段印刻在任何织物上，赋予廉价的棉布和人造丝昂贵织物的样貌。既然如此，为何不在花筒印制纹样的过程中将波纹添作花卉图案的底纹呢？美化的需求难以抵挡，而且"丰富"后的图案也更有销路。

1.

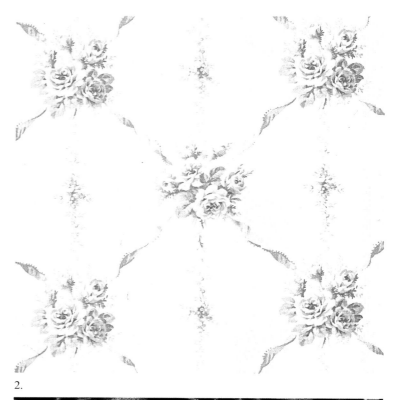

2.

3.

4.

单套色纹样

1. 法国，20 世纪三四十年代，水粉纸样，衣料，比例 50%

2. 法国，约 1900 年，机印棉布，衣料，比例 80%

3. 法国，约 1840 年，纸上印样，衣料，比例 60%

4. 法国，约 1890—1900 年，水粉纸样，衣料，比例 50%

5. 法国，20 世纪 30 年代，水粉纸样，衣料，比例 70%

多套色印花织物要考虑到着色的连续操作，不仅每一套色的印样中不能有差错，而且不论是机印还是网印都必须一套跟着一套精确排列。单套色纹样仅需一套色，因而只要用一只筛网或辊筒，可以削减成本。这种花样大多数直接印在白地或浅地上，以此节约成本。深地浅花印起来则要更复杂，成本更高，需要采用防印或雕印才能生产。

1.

2.

3.

4.

5.

简约小纹样

1、15. 法国, 约 1870 年, 水粉纸样, 衣料, 比例 100%

2、11、17、20. 美国, 约 1880—1890 年, 机印棉布, 衣料, 比例 100%

3、14. 法国, 约 1880—1890 年, 机印棉布, 衣料, 比例 100%

4. 英国, 约 1900 年, 机印棉布, 衣料, 比例 100%

5、9、10. 法国, 1861 年, 机印棉布, 衣料, 比例 100%

6、19、21. 法国, 约 1860 年, 机印棉布, 衣料, 比例 100%

7、18. 法国, 1899 年, 机印棉布, 衣料, 比例 100%

8. 法国, 1887 年, 机印棉布, 衣料, 比例 100%

12. 法国, 1896 年, 机印棉布, 衣料, 比例 100%

13. 法国, 1892 年, 机印棉布, 衣料, 比例 100%

16. 法国, 约 1870—1880 年, 机印棉布, 衣料, 比例 100%

19 世纪下半叶, 纺织印花中最常见的是一类由小花卉或小几何图形构成的纹样, 它们排列稀疏, 显得素净, 被称为简约小纹样, 言下之意, 印花成本也较低。通常是白地印上黑、红、蓝的花样, 或黑地、棕地、红地、紫地和蓝地印上白色纹样。由于这类织品经济实用, 往往一家人都用它来做衣服, 花卉纹样做女装, 几何纹样做男装和男童装。

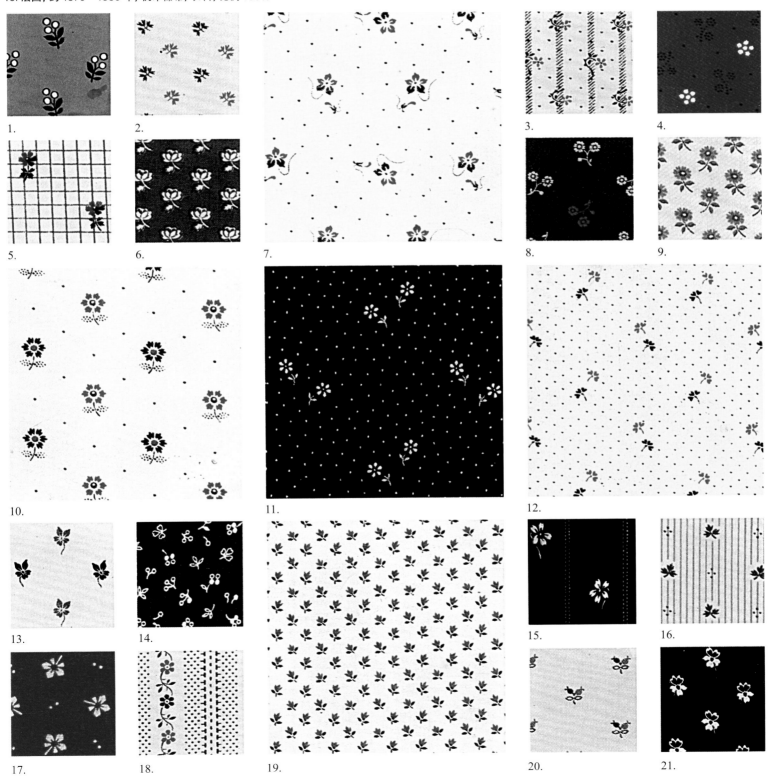

1.　2.　3.　4.

5.　6.　7.　8.　9.

10.　11.　12.

13.　14.　15.　16.

17.　18.　19.　20.　21.

晕染纹样

1. 法国，1840—1855 年，木版机印毛织物，衣料，比例 70%
2. 法国，1840—1855 年，木版机印毛织物，衣料，比例 110%
3. 法国，1882 年，机印棉布，衣料，比例 80%
4. 法国，约 1820 年，水粉纸样，衣料，比例 68%
5. 法国，约 1820—1830 年，水粉纸样，衣料（头巾），比例 66%
6. 法国，约 1820—1830 年，水粉纸样，衣料（头巾），比例 80%
7. 法国，1840—1855 年，木版机印毛织物，衣料，比例 100%

这类纹样特征鲜明，表现为色泽的逐渐过渡。晕染花纹最初见于印刷品上，19 世纪初，阿尔萨斯的祖贝尔（Zuber）墙纸印刷厂即以生产晕染花纸出名。而后，这种技术很快应用于纺织品的木版印花，虽然很费时，很难印。这种印花在 19 世纪四五十年代尤为盛行，多印在棉布和毛织物裙衫衣料上。这种印花因其工艺复杂、成本高，19 世纪中期以后就很少见了。

1.

2.

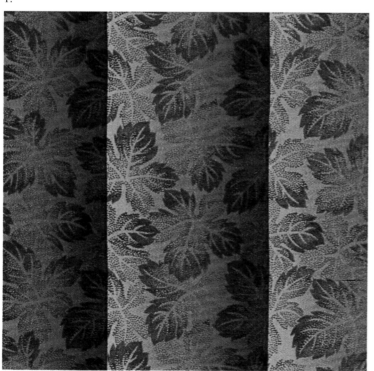

3.

4.

5.

6.

7.

露台装饰印花纹样

1. 美国，约 20 世纪 40 年代，网印棉布，家用装饰，比例 24%
2. 美国，约 20 世纪 40 年代，网印棉布，家用装饰，比例 30%

露台装饰印花，是一种产生于 20 世纪四五十年代的大面积花卉纹样，常印于结实的重量级棉布——树皮布，树皮布因其表面粗糙的质地而得名。第二次世界大战期间及战后一段时期，精纺布匮乏，不得不用树皮布等织物替代，通过印上明亮、大胆的印花来提升其吸引力。具有热带气息与异域风情的印花很适合用来装饰露台、阳光房、门廊，因此，战后物质短缺时期过去之后，这些粗糙的布料仍然很受欢迎。事实上，在 20 世纪 80 年代，过去以价格为主要优势的露台装饰印花产品再度受到热捧的时候，其售价变得非常昂贵。曾经一点也不稀奇的东西一旦成为人们怀旧的窗口再度流行起来，就会被当成宝贝。

1.

2.

印花底纹：格纹

1. 法国，20 世纪 20 年代，纸上印样，衣料，比例 50%

2. 法国，20 世纪 30—60 年代，水粉纸样，衣料，比例 100%

3. 法国，20 世纪 20 年代，木版印花或网印毛织物，衣料，比例 100%

4. 法国，20 世纪 20 年代，木版印花或网印棉布，衣料，比例 70%

从纺织印花工业诞生之日起，底布带有印花的纹样就已存在。底纹上套印花样增添了布面的趣味、层次感和丰富度。现代设计师喜欢将这种设计运用于成套的产品上，比如，床单、裙子只在底布上印花，而配套的枕套、上衣在同种印花底纹的基础上再印一种纹样。一块布上有两种纹样而价格不变，相当划算。格纹印花底纹的虚幻之感能与鲜明的花卉图案形成强烈的对比，因此格纹印花底纹常与花卉纹样搭配使用。

1.

2.

3.

4.

印花底纹：圆点纹

圆点纹印花底纹可能是世界上使用最广泛的底纹——能营造出活泼之感，却不会喧宾夺主。

1. 美国，20 世纪 20—40 年代，机印棉布，衣料，比例 100%

2. 美国，20 世纪三四十年代，机印人棉布，衣料，比例 100%

3. 法国，20 世纪 30 年代，水粉纸样，衣料，比例 80%

4. 英国（未确定），约 1900 年，机印砑光棉布，衣料，比例 76%

1.

2.

3.

4.

印花底纹：花卉纹

在花卉底纹上叠加花卉纹样能营造出饱满绽放的层次感，底纹花卉能将主体花卉图案衬托得更为娇艳多姿。

1. 法国，约 20 世纪 20 年代，机印棉布，衣料，比例 80%

2. 法国，约 1910 年，机印棉布，衣料，比例 90%

3. 英国或法国，约 1860—1870 年，机印棉布，衣料，比例 100%

4. 法国，约 1820—1830 年，机印棉布，衣料，比例 100%

1.

2.

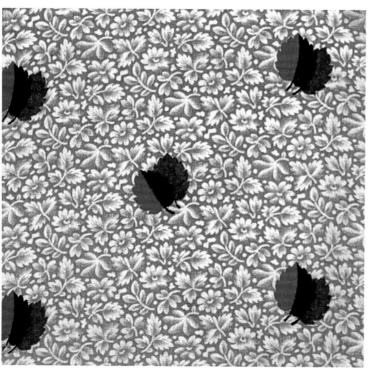

3.

4.

印花底纹：几何纹

1. 法国，约 20 世纪 40 年代，水粉纸样，衣料，比例 100%
2. 法国，约 1830—1840 年，木版印花丝绸，衣料，比例 75%
3. 法国，约 1900—1910 年，水粉纸样，衣料，比例 100%
4. 法国，约 1870—1880 年，机印棉布，衣料，比例 100%

花卉图形叠放在几何底纹上组成的纹样非常适合用于研究对比效果。这两种纹样虽然截然不同，组合起来却可以相得益彰（如图 1、图 3、图 4），此外，也可通过图案对抗性表现出强烈的视觉张力（如图 2）。

1.

2.

3.

4.

印花底纹：条纹

条纹底纹上叠加花卉图案组成的纹样，常被设计师用来制造反差巨大的视觉效果，比如，将柔美的花卉图案随意地排列在直条底纹上面。

1. 法国，约 1910—1920 年，水粉纸样，衣料，比例 64%

2. 法国，1888 年，机印绒布，衣料，比例 90%

3. 法国，约 1900 年，水粉纸样，衣料，比例 86%

4. 法国，约 1850 年，水粉纸样，衣料，比例 70%

1.

2.

3.

4.

印花底纹：纹理

有纹理的底纹衬于花卉纹样之下不会喧宾夺主，在起补充作用的同时，使布料看起来更加厚实。

1. 法国，20 世纪 30 年代，水粉纸样，衣料，比例 70%

2. 法国，20 世纪 30 年代，水粉纸样，衣料，比例 100%

3. 法国，19 世纪末，水粉纸样，衣料，比例 100%

4. 法国，20 世纪三四十年代，机印丝绸，衣料，比例 110%

1.

2.

3.

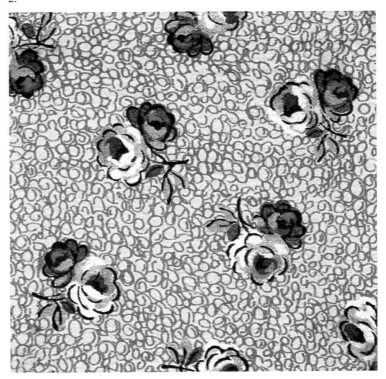

4.

针头小点纹样

1. 法国，1840—1845 年，木版印花棉布，衣料，比例 95%

2. 法国，约 1900—1920 年，水粉纸样，衣料，比例 64%

3. 法国，约 1840 年，机印棉布，衣料，比例 80%

4. 法国，1830—1840 年，水粉纸样，衣料，比例 50%

针头小点（pinning），英语意为大头针的针点，可以追溯到 18 世纪时的木版印花。雕版师傅无法刻出又细又清晰的针点，于是想到用多种规格的黄铜大头针在木版上刻出表现浓淡层次的针点。原来的这种雕版工艺现在虽已不用，但这种风格的纹样仍保留在现在的纹样设计中。如今这种针头小点效果最常见于传统风格的花卉砑光布上，以营造老式木版印花风格。

1.

2.

3.

4.

皮勒蒙风格纹样

1. 法国，19世纪上半叶，水粉纸样，家用装饰，比例70%

2. 法国，约1830—1840年，铅笔水彩纸样，衣料，比例80%

3. 法国，约1910年，水粉纸样，家用装饰，比例50%

法国人让·巴蒂斯特·皮勒蒙（Jean Baptiste Pillement）系玛丽·安托瓦内特 (Marie Antoinette) 皇后的宫廷画师，他擅长于画一些虚构的中国风光。为博皇后的欢心，他曾在各处宫殿的墙上作画。他会画一些寺庙宝塔加几个东方打扮的人物来表现中国风貌；他的风景画则是在法国风光的基础上加入个人对中国的幻想糅合而成的，人物站在巨型伞状植物下，花卉则被画上了蝴蝶翅膀和羽毛。皮勒蒙的壁画广为流行，在18世纪晚期时连法国里昂丝织业的织工都开始仿造，之后印花布工人也紧随这股风潮。皮勒蒙式优雅又不失趣味的纹样，现在仍有需求，主要是用作装饰布纹样。

1.

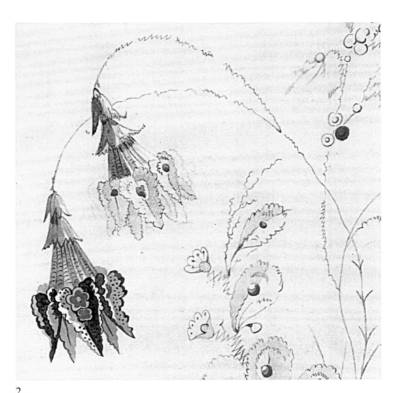

2.

3.

乡土风格纹样

1. 法国，约 1820—1830 年，水粉纸样，衣料，比例 50%
2. 法国，约 1820—1830 年，水粉纸样，衣料，比例 58%
3. 法国，约 1820—1830 年，水粉纸样，衣料，比例 90%
4. 法国，约 1820—1830 年，水粉纸样，衣料，比例 100%
5—16. 法国，约 1815—1820 年，水粉纸样，衣料，比例 100%
17、18. 法国，约 1815—1820 年，水粉纸样，衣料，比例 70%

乡土风格纹样设计的由来与普罗旺斯有一定联系，普罗旺斯天气晴热，当地人们传统服装中有一部分就是用这类鲜艳的印花棉布制成的。乡土纹样实际上标志着大规模商业化织物印花的开始。19 世纪初，一种名为"mignonettes"的法国细丝花边纹样被成千上万地生产（最初通过繁重的手工木版印花方式生产），成为织物印花这个新行业的主要收入来源。克里斯托弗·菲力浦·奥勃卡姆在茹伊设有一家工厂，虽以用铜版印花生产的精致风景亚麻布而闻名，但该厂靠设计和出口这种乡土风格的印花布取得了巨大的成功。据说拿破仑曾视察该厂并对厂长奥勃卡姆说道："你和我都打败了英国，你用你的工业产品取胜，我用我的军队取胜，不过你的方式更胜一筹。"

1.

2.

3.

4.

5.

6.

7.

8.

9.

10.

11.

12.

13.

14.

15.

16.

17.

18.

乡土风格边纹

1.法国，约1810—1820年，水粉纸样，衣料（头巾纹样），比例45%

2.法国，约1810—1820年，水粉纸样，衣料（头巾纹样），比例50%

3.法国，约1810—1820年，水粉纸样，衣料（头巾纹样），比例50%

4.法国，约1810—1820年，水粉纸样，衣料（头巾纹样），比例50%

5.法国，约1810—1820年，水粉纸样，衣料（头巾纹样），比例50%

一条带花边的棉方巾或手帕是普罗旺斯传统女性服装的一部分。围巾中间的图案只占据一小部分，重点放在四边的装饰纹样上。这种设计一般都采用木版印花的方式。像这类围巾花边纹样现仍大批量生产，而且是法国乡土风格纹样中的大类，当然这种纹样不仅用在围巾上，床单、床罩、窗帘和桌布上都可运用。

1.

2.

3.

4.

5.

缎带花边纹样

1. 法国，约 1850 年，水粉纸样，衣料，比例 100%
2. 法国，约 1850 年，水粉纸样，衣料，比例 100%
3. 法国，约 1850 年，水粉纸样，衣料，比例 100%
4. 法国，约 1850 年，水粉纸样，衣料，比例 80%
5. 法国，约 1850 年，水粉纸样，衣料，比例 100%
6. 法国，约 1850 年，水粉纸样，衣料，比例 100%
7. 法国，约 1850 年，水粉纸样，衣料，比例 80%
8. 法国，约 1850 年，水粉纸样，衣料，比例 115%
9. 法国，约 1850 年，水粉纸样，衣料，比例 80%
10. 法国，约 1850 年，水粉纸样，衣料，比例 100%

丝绸缎带是 19 世纪必备的流行物。这种丝带通常会用大提花机织入各类纹样，不过更便宜的印花缎带也有市场。这些华丽的装饰用作腰带或饰带时宽度可达 12 英寸，但大多数时候会被设计成窄条的点缀以吸引顾客注意。它们是衬衫、礼服和帽子上的一大亮点，引人注目。以下别致的附图来自圣埃蒂安，法国主要的缎带生产中心。现在这类设计已是一门几近消失的艺术，装饰性缎带也是如此。

1.

2.

3.

4.

5.

6.

7.

8.

9.

10.

玫瑰纹样

1. 英国，1902 年，机印棉布，家用装饰，比例 74%

2. 法国，约 1910—1920 年，水粉纸样，衣料（缎带纹样），比例 50%

3. 法国，约 20 世纪 20 年代，水粉纸样，家用装饰，比例 35%

4. 法国，约 1920 年，水粉纸样，衣料，比例 60%

5. 法国，20 世纪 20 年代，水粉纸样，衣料，比例 60%

6. 法国，约 1920 年，水粉纸样，衣料（缎带纹样），比例 74%

7. 法国，1881 年，机印棉布，家用装饰，比例 38%

8. 法国，约 1900 年，水粉纸样，衣料，比例 80%

在纺织品印花中花卉纹样是最常见的，其中最受欢迎的要数玫瑰纹样。在古花语中，玫瑰花象征着爱与美，也许对玫瑰纹样的偏爱有意无意地反映了人们的追求。在各式的玫瑰纹样中，有一些图案是值得研究的。织物上最著名的玫瑰纹样要属 16 世纪作为英国王室徽记的都铎玫瑰（图 1）。这种平涂、图案化花朵的变体常见于威廉·莫里斯（William Morris）和其他工艺美术运动艺术家的设计中。而更加逼真的作品大多出自法国花卉图谱画家皮埃尔·约瑟夫·雷杜德（Pierre-Joseph Redouté）之手（图 7），他遵皇后约瑟芬之命，在她的玫瑰园中用水彩画各种玫瑰花。其所画的作品于 1817 年至 1824 年间陆续出版，雷杜德也因此被誉为"花之拉斐尔"。这些画作对纺织设计的影响从 19 世纪一直延续至今。第一次世界大战前至 20 世纪 20 年代期间，法国时装设计师保罗·波烈（Paul Poiret）设计的玫瑰纹样图案风格独特，个性鲜明，是 20 世纪此类图案中最著名的作品（图 2 和图 4）。面料上的纹样，有些是波烈聘请的名画家设计的，如拉乌尔·杜飞（Raoul Dufy），有些则是他画室中招收的未受培训的农村姑娘所作，如阿黛勒·马蒂妮（Atelier Martine），因此有些纹样设计精致优雅，有些则自然艳丽。

1.

2.

3.

4.

5.

6.

7.

8.

印花口袋布纹样

1. 美国，约 20 世纪 30 年代，机印棉布，比例 100%
2. 美国，约 20 世纪 30 年代，机印棉布，比例 70%
3. 美国，约 20 世纪 30 年代，机印棉布，比例 80%
4. 美国，约 20 世纪 30 年代，机印棉布，比例 70%
5. 美国，约 20 世纪 30 年代，机印棉布，比例 80%
6. 美国，约 20 世纪 30 年代，机印棉布，比例 100%

印花口袋布是美国独有的一种产物。大萧条时期，有些聪明的商人发现了在装鸡饲料的口袋布上印花的商机。在此之前，贫穷的农妇将装面粉和粮食的布袋漂白后再制成衣服，印花口袋布对她们而言无疑是更好的选择。购买某品牌的鸡饲料意味着免费得到几码印花口袋布，可以直接用来缝制衣服。由于这一类花型很像乡村杂货铺出售的印花布上的纹样，孩子们穿上这种衣服去上学，便不用担心被人认出自己的衣服是用口袋布做成的。

1.

2.

3.

3.

5.

6.

印花头巾纹样

1. 法国，1938 年，纸上印样，衣料（头巾角饰），
比例 38%

2. 法国（未确定），19 世纪中期，纸上印样，衣料（头巾角饰），比例 25%

3. 法国，约 1810—1820 年，木版印花棉布，衣料（头巾角饰），比例 50%

设计师在设计正方形或长方形头巾的纹样时，不必像往常那样创造出不断重复的图案，因为头巾的边饰好似画框，可以框出一整幅图像。由于丝绸头巾高贵华丽的装饰性超过其实用性，这就为设计师提供了一个更好地发挥绘画才能的机会。作为装饰品，头巾可以使女士不必破费去购买一套套的服装来塞满衣柜，但照样能把自己打扮得很有品位。小小的一方头巾同样为印花厂带来可观的经济效益，因为头巾的用料少，成本低，而价格却相对较高。

1.

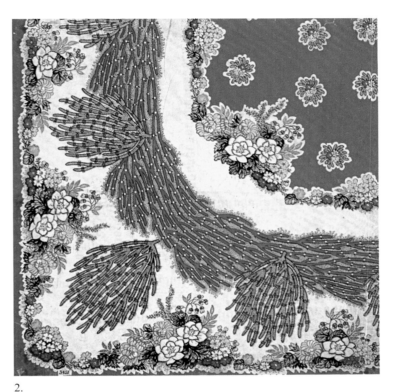

2.

3.

深底色清地纹样

1. 法国或美国，约 1900—1930 年，水粉纸样，衣料，比例 50%

2. 法国，1880—1890 年，水粉纸样，衣料，比例 50%

3. 法国，1880—1890 年，水粉纸样，衣料，比例 56%

所谓清地设计，即露底色的面积大于花纹的面积，花纹周围有较多的空间。清地纹样在色底上显得相对零散，比满地纹样及密实纹样更引人注目，因此必须仔细构思和绘制。深底色织物一般供秋冬使用，浅底色织物供春夏使用。

1.

2.

3.

浅底色清地纹样

1. 法国，20世纪三四十年代，机印双绉，衣料，比例50%

2. 法国，1888年，机印毛织物，衣料，比例80%

3. 法国，20世纪二三十年代，水粉纸样，衣料，比例80%

4. 法国，约1890年，机印丝绸，衣料，比例86%

浅底色和深底色的选择不仅受到季节的影响，还须考虑技术和成本因素。通常将花样印在比其颜色更浅的底色上更容易，而在深底色上印浅色花样，则往往要用化学雕印工艺，这就增加了印花成本。

1.

2.

3.

4.

放射状花束纹样

1. 法国，19 世纪末，水粉纸样，家用装饰，比例 25%

2. 法国，约 1860—1880 年，水粉纸样，衣料，比例 70%

3. 法国，1888 年，机印羊毛薄纱，衣料，比例 88%

4. 法国，约 1880 年，机印棉布，衣料，比例 86%

花束由一簇紧实的花朵构成，而散花的排列则更自由、更随意，有花有叶，有茎有梗，富有乡村气息。散花的布局看起来像是偶然组合的，或者也可能是一根枝条上零星分散着几朵花，好像设计师并未插手安排花朵的方向。

1.

2.

3.

4.

折枝小花纹样

所谓折枝小花纹样，即每一朵小花带有一小截花枝，通常为满地布局。该纹样休闲而不失优雅，充满女性美，18、19世纪常用于夏季女装衫裙，深受青睐。这种衣料被称为折枝小花印花布。

1. 法国，约1880—1890年，机印棉布，衣料，比例100%
2. 法国，约1880—1890年，机印棉布，衣料，比例90%
3. 法国，约1880—1890年，水粉纸样，衣料，比例70%
4. 法国，约1850年，纸上印样，衣料，比例100%
5. 法国，1899年，机印棉布，衣料，比例100%
6. 法国，1895年，机印棉布，衣料，比例100%
7. 法国，1895年，机印棉布，衣料，比例100%
8. 法国，约1860—1870年，机印棉布，衣料，比例100%
9. 法国，1888年，机印羊毛薄纱，衣料，比例100%

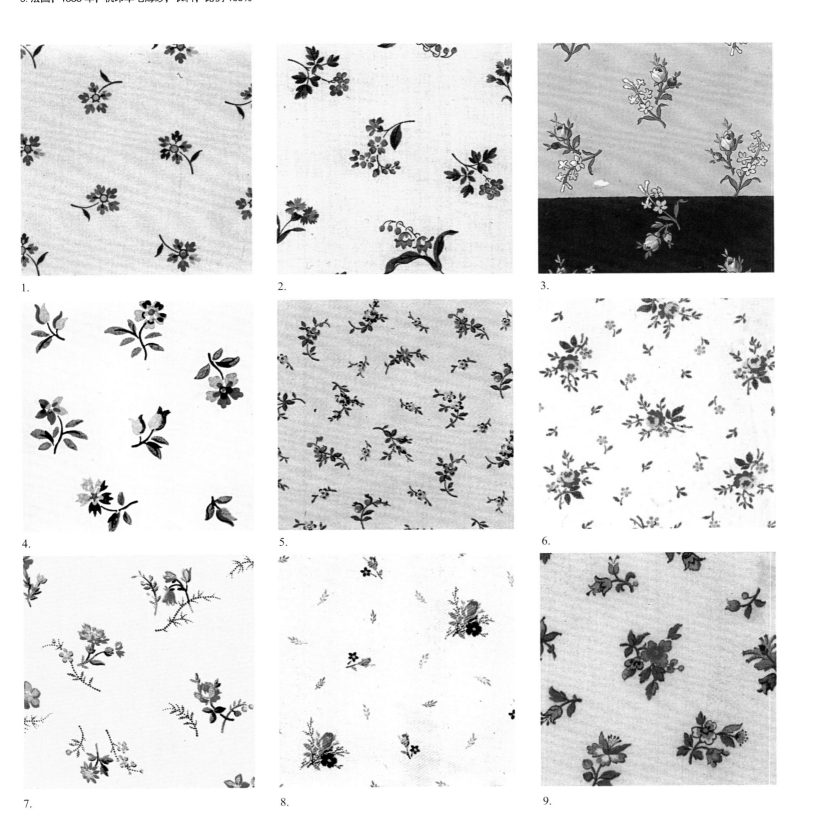

1.

2.

3.

4.

5.

6.

7.

8.

9.

直条状纹样

1. 法国，约 1870—1880 年，机印棉布，衣料，比例 86%

2. 法国，1845 年，机印毛织物，衣料，比例 86%

3. 法国，约 1830—1840 年，水粉纸样，衣料，比例 100%

4. 法国，19 世纪上半叶，机印波纹绸，衣料，比例 66%

5. 法国，20 世纪 30 年代，水粉纸样，衣料，比例 70%

6. 法国，20 世纪 30 年代，机印或网印双绉，衣料，比例 100%

直条是一种基本的几何形排列法，可以将花卉点缀其上，也可以直接由花卉构成。直条状纹样常用在服装和家具装饰织物上，在 19 世纪比现在更常见。该类纹样虽然可以在整匹布上排列成横条、竖条或斜条，但一旦选择了其中一种，那么该纹样最多只有两个走向。因开料裁剪受到限制，20 世纪的服装厂避免采用带方向性的图案。而且，条状图案面料缝衣时要仔细接合纹样。满地花纹样不易看出缝接处的错位，而直条花样则暴露得清清楚楚。

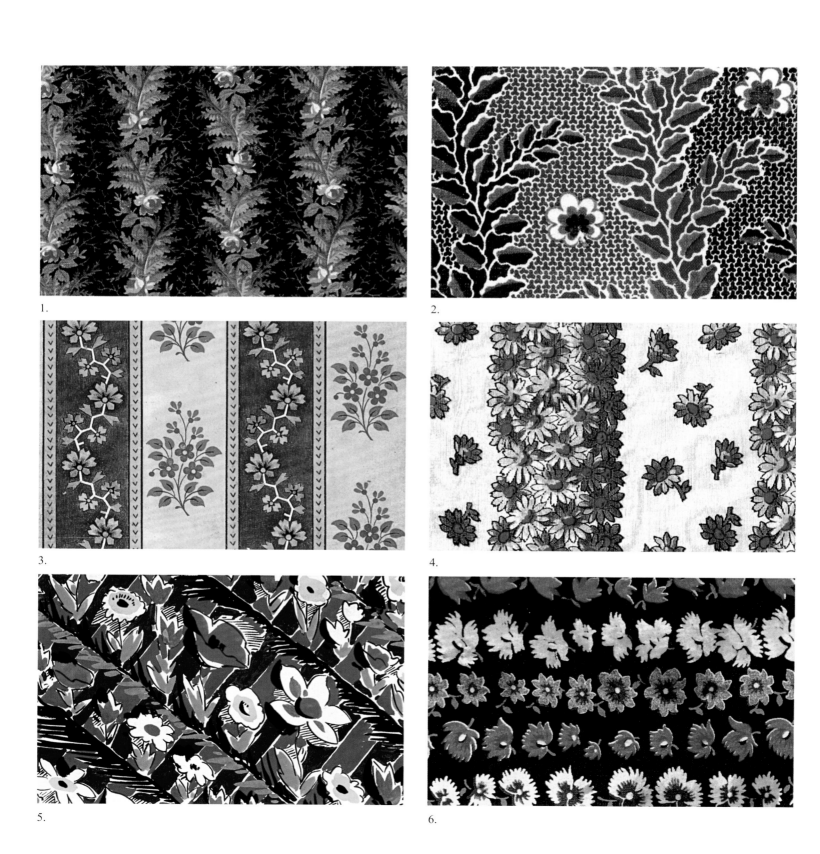

1.

2.

3.

4.

5.

6.

曲线条状纹样

1. 法国，约 1820 年，水粉纸样，衣料，比例 66%
2. 法国，约 1830 年，机印棉布，衣料，比例 100%
3. 法国，约 1830 年，机印棉布，衣料，比例 100%

波浪形或卷曲状的条纹是产生于 18、19 世纪的纹样。20 世纪时人们对这种蛇形的纹样抱有偏见，因此这种纹样现在已不常用。其强烈的动感令人不安。本页附图 1 的复杂图案由多种素材组成，设计师的设计稿表现了主题的多样性。

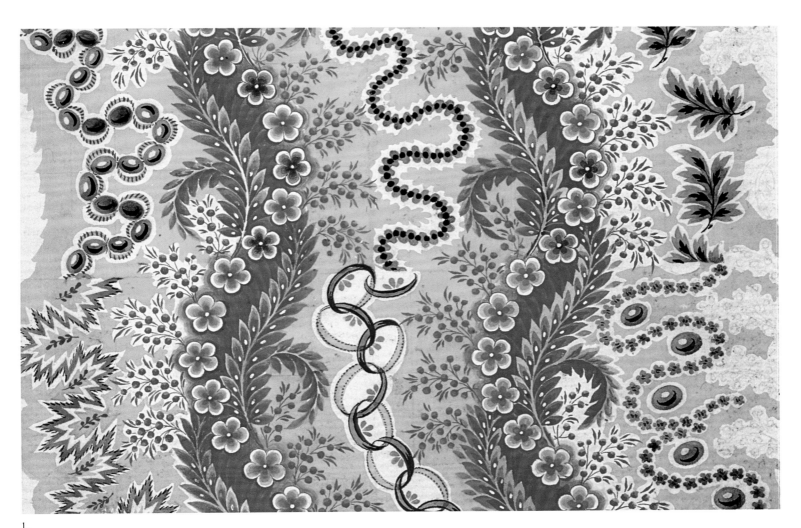

1.

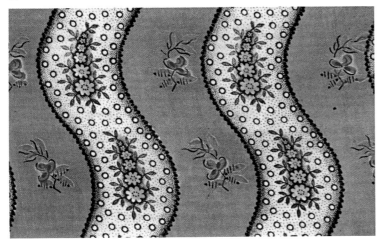

2.

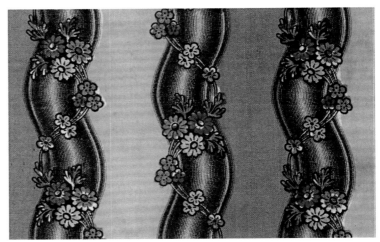

3.

仿织毯印花纹样

1. 法国，1884 年，机印棉布，家用装饰，比例 50%

2. 法国，约 1900 年，机印棉布，家用装饰，比例 80%

3. 法国，约 1880 年，机印棉布，家用装饰，比例 50%

4. 法国，1901 年，机印棉布，家用装饰，比例 50%

许多印花的设计初衷都是为了模仿更昂贵的织物，所附 4 幅图即为仿制手织挂毯的例子。真正的挂毯是精工细作的手工艺术品，它们是有钱人的专属。对于希望创造奢华印花效果的设计师来说，挂毯的贵族气质有着非凡的吸引力。印在机织坯布上的织毯纹样简直可以乱真。18、19 世纪，织毯主要用作家用挂毯，所以仿织毯印花布仅限于家用装饰，但近来发现也有用来做服装的。

1.

2.

3.

4.

仿织纹肌理纹样

1. 法国，约 1920 年，水粉纸样，衣料，比例 105%

2. 美国，1950 年，水粉纸样，衣料，比例 88%

3. 法国，1928 年，机印或网印丝绸，衣料，比例 88%

4. 法国，19 世纪末，机印棉布，衣料，比例 88%

5. 美国，20 世纪 30 年代，机印或网印人棉绉布，衣料，比例 50%

6. 法国，1895 年，水粉纸样，衣料，比例 88%

这种印花让平面的布料似有织纹肌理。但与许多仿制设计不同的是，这种肌理仿制并不在于模仿更昂贵的布料，而是赋予印花布凹凸不平的触觉。肌理遍布于底子和花纹上，就好像一块表面粗糙的布上印着花。

1.

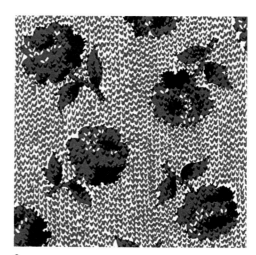

2.

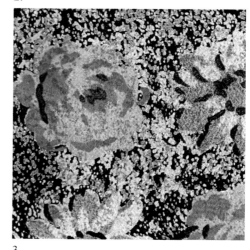

3.

4.

5.

6.

尖刺纹样

1. 美国，20 世纪 30 年代，水粉纸样，衣料，比例 50%
2. 法国（未确定），19 世纪中期，水粉纸样，衣料，比例 110%
3. 法国，约 1850 年，机印毛织物，衣料，比例 110%
4. 美国，约 1880 年，机印棉布，衣料，比例 90%
5. 法国，1843 年，木版印花棉布，衣料，比例 80%
6. 法国，1895 年，机印棉布，衣料，比例 100%

这类纹样出现在 18 至 19 世纪，现今已很少见。尖刺纹样，顾名思义，带尖刺，带尖角，视觉上就给人以不适感，何况用作衣料纹样。一枝带刺的玫瑰花按西俗解释含双重寓意，即欢乐与苦难，所以玫瑰纹样一般取其花朵而舍弃带刺的枝梗。图 1 是 20 世纪难得一见的尖刺纹样，或许是因为它线条流畅，构图巧妙，具有装饰艺术派的风格。带尖刺的荆棘在一百多年前可能具有鲜明的宗教含义——基督头上的荆棘圣冠。

1.

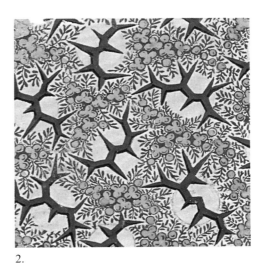

2.

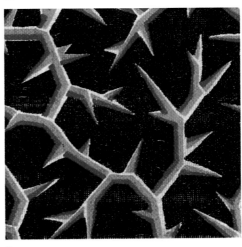

3.

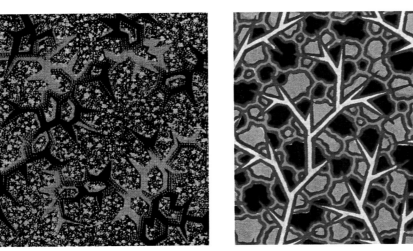

4.

5.

6.

蔓草花卉纹样

1. 法国，约 1820—1830 年，水粉纸样，衣料，比例 100%

2. 法国，约 1830—1840 年，水粉纸样，衣料，比例 110%

3. 法国，约 1830—1840 年，水粉纸样，衣料，比例 80%

4. 法国，约 1830—1840 年，水粉纸样，衣料，比例 100%

5. 法国，约 1830 年，木版印花棉布，衣料，比例 100%

6. 法国，约 1820 年，机印棉布，衣料，比例 100%

7. 法国，约 1850—1860 年，机印毛织物，衣料，比例 100%

蔓草托衬着花卉图案，使纹样更清新雅致。流动的线条覆盖整体空间，但又不乏留白和精致感。这种风格的纹样多见于 18 至 19 世纪的女装上，20 世纪有所减少，主要原因是这类纹样往往是单向排布的，裁剪时受限制。

1.

2.

3.

4.

5.

6.

7.

土耳其红棉布纹样

1. 法国，1810—1815 年，水粉纸样，衣料（头巾纹样），比例 88%
2. 法国，1810—1815 年，水粉纸样，衣料（头巾图形），比例 70%
3. 法国，1810—1815 年，水粉纸样，衣料（头巾图形），比例 70%
4. 法国，约 1810—1815 年，水粉纸样，衣料，比例 80%
5. 法国，1810—1815 年，水粉纸样，衣料，比例 80%
6. 法国，1815 年，水粉纸样，衣料（头巾边饰），比例 40%
7. 法国，1810—1815 年，木版印花棉布，衣料（头巾边饰），比例 36%
8. 法国，1810—1815 年，木版印花棉布，衣料（头巾边饰），比例 90%
9. 法国，1815 年，水粉纸样，衣料（头巾纹样），比例 54%

土耳其红（Turkey reds）又称为阿德里安堡红（Adrianople reds），它或许是所有织物印花中最花哨的一种设计。即便以茜草为原料，土耳其红染料的制作也比其他染料的制作复杂、耗时。1801 年版的《大英百科全书》（Encyclopaedia Britannica）中就提道："那种鲜红的染料是奥斯曼土耳其帝国棉纺织品的象征。"但是，这种媒染技术可能在 18 世纪中期才传入欧洲。起初，土耳其红染料因其色彩太过浓烈，无法叠加印花纹样，而仅用于染单色布。到了 1810 年，法国阿尔萨斯的染色专家丹尼尔·科埃克林（Daniel Koechlin）发明了以化学方法在土耳其红底子上雕印的工艺，使花纹印上蓝色或黑色，不久又可以印上黄色。于是出现了这种繁星闪耀的纹样，犹如一只万紫千红的色轮在转动。这种新出现的染料色谱，可以使印花的设计更加大胆，也在一定程度上反映出法兰西一世帝国的奢侈浮华风气。土耳其红除了在印度班丹纳印染布上仍有应用，现已很少见。这种鲜艳的红会让人在潜意识里产生激情或愤怒的强烈情感，令人不禁感叹"太红了"。

1.

2.

3.

4.

5.

6.

7.

8.

9.

经纱印花纹样

1. 法国，约 1900 年，经纱印花丝绸，衣料（缎带），比例 100%

2. 法国，19 世纪晚期，经纱印花丝绸，衣料（缎带），比例 70%

3. 法国，约 1900—1910 年，经纱印花丝绸，衣料，比例 50%

4. 法国，约 1860 年，经纱印花丝绸，衣料，比例 80%

经线是缠绕在织布机上的纱线，纬线从经纱的上方或下方横向穿过。在事先印好纹样的经纱上织纬纱会得到一种模糊失焦的设计，图形边缘会被虚化。这种纺织方式常用于丝绸，所以经纱印花产品又被称作"闪光绸"。法国人则称之为"chinés"，含有斑驳之意。法国里昂的特产之一就是闪光绸，特别是塔夫绸中的闪光绸。19 世纪下半叶非常流行经纱印花女装，但到 20 世纪就很少见到经纱印花布了。这种工艺费工费时、价格高昂：先要把经纱固定在经轴上，在经纱上印花，然后要将经轴装到织机上，再开机投纬。经纱印花工艺与传统的扎染技术有相似之处，不同之处在于经纱印花必须先在经纱上印上设计好的纹样，然后才将经纱缠到织机上。

1.

2.

3.

4.

野花纹样

1. 法国，1886 年，机印羊毛薄纱，衣料，比例 80%

2. 法国，约 20 世纪 20 年代，水粉纸样，家用装饰，比例 38%

3. 法国，1878 年，机印棉缎，衣料，比例 100%

19 世纪时每年生产的野花纹样多达上千张，少说也有几百张。当时人们崇尚自然主义，渴求花样设计的新意，哪怕是微小的蒲公英也在纹样中占据一席之地，见图 1。图 2 和图 3 显示了法国人对三色的钟爱——矢车菊（蓝色花卉）、雏菊（白色花卉）和罂粟花（红色花卉）。这些花卉的蓝、白、红三色象征着法国三色旗。

1.

2.

3.

花环纹样

1. 法国，约 1880 年，水粉纸样，家用装饰，比例 40%

2. 法国，约 1810 年，水粉纸样，衣料，比例 50%

3. 法国，约 1910—1920 年，水粉纸样，衣料，比例 25%

4. 法国，1810 年，水粉纸样，衣料，比例 52%

5. 法国，约 1880 年，水粉纸样，家用装饰，比例 54%

花环纹样蕴含着花与环的双重象征意义。花环用于丧礼最早可追溯到古埃及，在坟墓上放一只花环，让死者进入自然的生命循环。罗马人在宴会上头戴花环，提醒自己人生短暂，须"吃好、喝好、及时行乐"。同时，花环又象征着胜利（因拿破仑而再度流行的希腊罗马式月桂花环）、荣誉与和平（联合国标志）、春天的仪式。描绘少女与仙女围成一圈手牵手跳舞的场面时，常常给她们头上戴上花环。纹样设计师注重体现花环纹样的积极意义，避免让人联想到其阴郁的一面。

1.

2.

3.

4.

5.

二、几何纹样

这一章称为"几何纹样"，这种说法来自纺织业，听上去像是数学课上才会讨论的内容。事实上，本章不仅包括欧几里得几何中的圆形、矩形、三角形，还包括月牙形和涡卷形、螺旋形和星形、风车形、波尔卡圆点及各式方格图案。几何图形是一种抽象、非写实的图案，再现现实事物的形状而非其本身。鸢尾花纹章是一种几何图形，虽然它实际上是一种格式化的鸢尾花图案，但其外形和花朵相差太远，已不能被称为花卉图案。立方体是几何图形，后来艺术家将它们变为情景纹样中儿童积木的形象；篮子的编织纹理也是几何图形，后来艺术家都会在篮子图案中凸显其纹理。

我们生活中总是充满各式各样的几何图案，既有像六角形般规整的图案，也有像光学图案或蛇形线条般富于视觉张力的图案。在历史的进程中，一些几何纹样被赋予了许多含义，会引发特定的联想。以三角形为例，看到这类图案设计时人们多多少少会不自觉地联想到埃及的金字塔，进而又将它与金字塔所象征的永恒不朽联系在一起。还有一类被称为蠕虫式的纹样，这种纹样得名于古典时期的一个拉丁词，意指这类纹样与地下蠕虫扭动的痕迹十分相似。虽说蠕虫纹样自那时起就一直用于抽象设计，有一段悠久而光辉的历史，但当代设计师可能还是会对它避而远之，因为这种纹样看起来太像虫子了。

在现代主义艺术中，抽象风格从一开始引起争议到后来掀起轩然大波，如今依旧让人感到难以理解，或者至少需要极高的才智才能理解，除非它哪天沦为了人们口中"仅仅用来装饰"的艺术。在织物纹样中，抽象风格始终存在且非常适用。纺织品设计师知道抽象图案具有天生的装饰性，并不觉得装饰性有辱其艺术性。几何图案的许多象征意义往往十分陈腐，学究味很浓，现在大多数人很可能不会注意到衣服上的几何纹样是何含义。（一些图案古老的象征意义在下面几章只做简要介绍，因为更深入探讨此内容的文献也无法声称详尽论述了此问题。）然而，这些纹样依旧吸引着人们的注意力，或许是因为它们令人感到亲切，引发了人们无须言表的文化记忆，又或许它们只是充当一块白板，任观众自由解读。不管是上述哪种情况，抽象图案都有其意义。事实上，圆圈纹样可说是除花卉纹样之外最为流行的纹样了。

纹样是否流行至关重要，关乎服装和衣料能否成功销售。至于三角形是否含有金字塔不朽的含义则极有可能不在设计师或生产商的考虑范围之内。对我们来说，这些几何纹样现在的价值取决于它们过去的流行程度。

抽象纹样

1. 美国，20 世纪四五十年代，水粉纸样，衣料，比例 70%

2. 法国，约 20 世纪 30 年代，机印双绉，衣料，比例 100%

3. 美国，20 世纪四五十年代，水粉纸样，衣料，比例 100%

4. 美国，20 世纪四五十年代，染料、水粉纸样，衣料，比例 100%

5. 法国，20 世纪 40 年代，纸上印样，衣料，比例 100%

　　西方的绘画和雕塑艺术历来都是写实的，20 世纪初开始创作抽象艺术的艺术家们认为他们发现了一些全新的事物。其实抽象的图案在各种文化和传统的手工艺品中都存在着，包括纺织纹样在内。例如，点子和条子纹样就是抽象几何形，只不过设计师并未冠以抽象纹样之名，而是称之为点子纹样或条子纹样。纺织印染行业使用"抽象"一词来形容那种非具象的、难以名状的纹样。艺术家在创作抽象派作品时会受设计师的影响，而设计师在风格和纹样的创新过程中也同样会受到艺术家的影响。艺术与设计往往相辅相成，形成特定时期的"风格"。灵感来源于抽象派艺术的纺织品出现在 1915 至 1920 年间，并在第二次世界大战后大行其道，彻底打破了西方的旧秩序。20 世纪四五十年代，人们不再满足于异形咖啡桌的设计，还希望在纺织品上创造出一些抽象纹样（如附图所示），让那些纵然不懂欣赏抽象艺术品的人也能穿上色彩鲜艳、花型抽象的服装。

1.

2.

3.

4.

5.

喷绘纹样

1. 法国，约 1920 年，水粉纸样，衣料，比例 100%
2. 德国，20 世纪 30 年代，水粉纸样，衣料（领带纹样），比例 70%
3. 法国，约 20 世纪 30 年代，水粉纸样，衣料，比例 50%
4. 德国，20 世纪 30 年代，水粉纸样，衣料（领带纹样），比例 50%

除了纹样上创新之外，喷绘纹样柔和的外观还可以使设计师更好地描绘出织物柔软的质感。纺织纹样生产面市之前，设计师需要先在纺织行业内部推销它。喷绘在纸上的图案具有略微模糊的特征，这和将其印在厚厚的绒类织物上产生的效果是相同的，因此给客户提供了一个直观的印象。附图摹写出印在拉毛绒布上的效果。（参见第 28 页花卉纹样：喷绘纹样）

1.

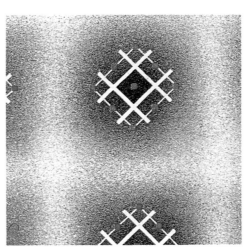

2.

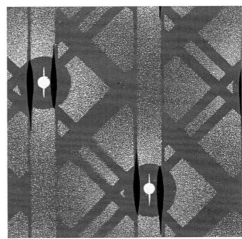

3.

4.

规则排列满地纹样

1. 法国，19 世纪末，机印棉布，衣料，比例 100%

2. 法国或美国，约 20 世纪 30 年代，水粉纸样，衣料，比例 100%

3. 法国，1943 年，机印人棉布，衣料，比例 100%

4. 法国，20 世纪二三十年代，机印丝绸，衣料，比例 100%

5. 法国，约 1840 年，水粉纸样，衣料，比例 100%

6. 美国，20 世纪二三十年代，机印棉布，衣料，比例 100%

7. 法国，20 世纪二三十年代，机印丝绸，衣料，比例 100%

8. 法国，1924 年，水粉纸样，衣料，比例 130%

9. 法国，20 世纪二三十年代，机印棉布，衣料，比例 100%

与满地花卉纹样相同，满地几何纹样的花样图案面积须大于底色面积。附图为基于规则排列（菱形或方格骨架）的无方向性纹样，但满地几何纹样亦如满地花卉纹样，可以排列得松一点或紧一点，可以是单向排列，也可以是双向排列。（抽象纹样相比具象纹样更容易设计成无方向性排列的花样。）每种满地几何纹样都可以铺满整张布料，且其底色都相对晦暗。

1.

2.

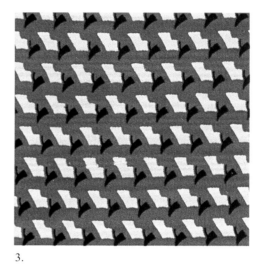

3.

4.

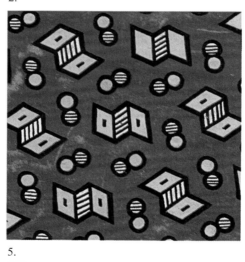

5.

6.

7.

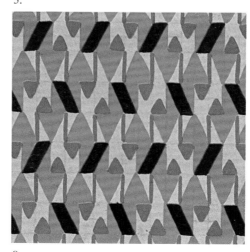

8.

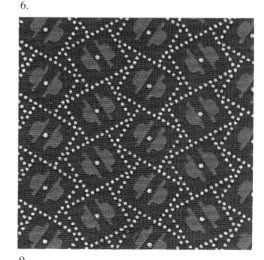

9.

缠绕交叉纹样

1. 法国，约 1850 年，机印砑光棉布，家用装饰，比例 80%

2. 法国，约 1880 年，水粉纸样，家用装饰，比例 25%

缠绕交叉纹样，主要来源于伊斯兰艺术，其图案具有交错纵横、错综复杂的特征。因穆斯林教规禁用动物图案，所以伊斯兰的艺术家创作出了高度风格化、复杂的几何纹样，图 2 就是其中之一。另有一种希腊－罗马装饰纹样，盛行于文艺复兴时期，与这类图案相似。图 1 是带有欧洲风格的缠绕交叉纹样。

1.

2.

仿编织格子纹样

1. 美国，20 世纪 40 年代，机印棉布，衣料，比例 50%
2. 法国，1886 年，机印棉布，衣料，比例 100%
3. 法国，1886 年，机印棉布，衣料，比例 100%
4. 法国，1895 年，机印棉布，衣料，比例 100%
5. 美国，19 世纪八九十年代，机印棉布，衣料，比例 120%
6. 美国，19 世纪八九十年代，机印棉布，衣料，比例 120%
7. 美国，19 世纪 60—80 年代，机印棉布，衣料，比例 120%
8. 法国，1883 年，机印棉布，衣料，比例 100%
9. 法国，约 1900 年，水粉纸样，衣料，比例 90%
10. 法国，1881 年，机印棉布，家用装饰，比例 100%

编织格子天然给人一种心理上的安全感和舒适感。19 世纪的建筑师将这种纹样雕刻在盖房用的石块上，建成的房子使人倍感温馨，能让人联想到古老而又传统的住所。衣服最初用来护体保暖，或许在某种程度上，我们将编织格子纹样视为对编织布的补充。或许其魅力在于纹样秩序井然，虽为手工制成，但仍不失生机。此外，该纹样有错视画的韵味，流畅地展现了常见的纹样。

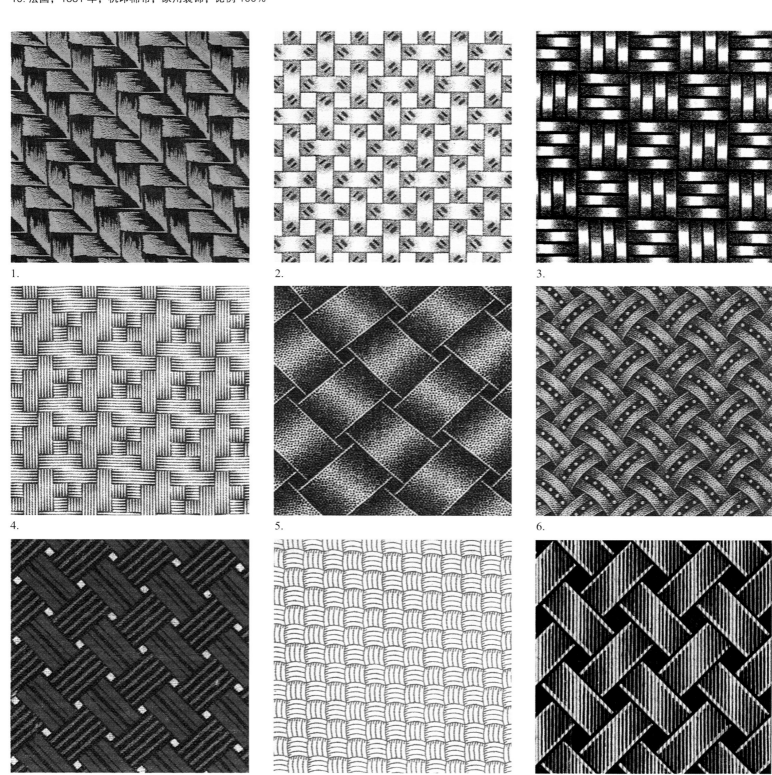

1.

2.

3.

4.

5.

6.

7.

8.

9.

10.

方块和立方体纹样

1. 英国或法国，约 1860 年，机印棉布，衣料，比例 100%

2. 美国（未确定），20 世纪 20—40 年代，机印提花绸，衣料，比例 100%

3. 法国，1886 年，机印棉布，衣料，比例 100%

4. 法国，1889 年，机印棉布，衣料，比例 80%

5. 法国，1887 年，机印棉布，衣料，比例 130%

6. 法国，约 1910 年，水粉纸样，衣料，比例 60%

方块或菱形可以简单地组成一个立方体。立方体是一种几何图形，是正方形的延伸。古时称之为"柏拉图立体"，赋予其与理想世界有关的各种哲学理念；如今的几何学称其为"正多面体"。除了儿童积木之外，立方体这种形状在日常生活中所见不多。家庭器物中，如书本、桌子和床，其长度和高度都不相等。房间以及楼房也是如此。立方体的等距投影中，与图像表面不齐平的平面不会像在透视图中呈现的那样，两边渐窄最后成为消失点，而是保持各边平行——这是基本的装饰图案，例如，可用于小方块巾被纹样。（参见第 224 页几何纹样：正方形纹样）

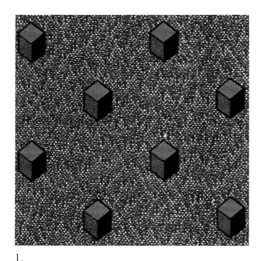

1.

2.

3.

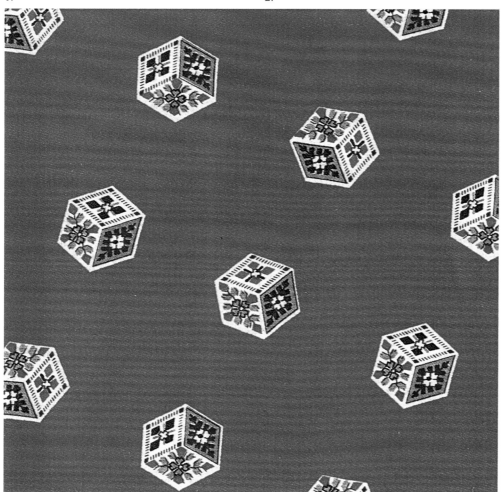

5.

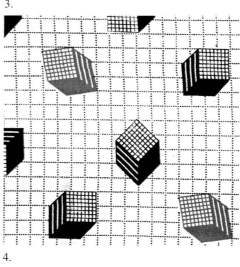

4.

6.

裙边纹样

图案的印花所占空间越小，就越难引人注目。相较布料其余部分，裙边纹样往往更吸引人。

1. 法国，19 世纪下半叶，机印棉布，衣料（头巾），比例 75%

2. 法国，约 1910 年，水粉纸样，衣料，比例 70%

3. 法国，约 1910 年，机印棉布，衣料，比例 115%

4. 法国，约 1910 年，水粉纸样，衣料，比例 55%

5. 法国，约 1920 年，机印棉布，衣料，比例 84%

6. 法国，约 1910 年，水粉纸样，衣料，比例 70%

1.

2.

3.

4.

5.

6.

格子纹样

1. 法国，约 1920 年，水粉纸样，衣料，比例 100%

2. 法国，1820—1840 年，水粉纸样，衣料，比例 60%

3. 法国，约 20 世纪 20 年代，水粉纸样，衣料，比例 140%

4. 美国（未确定），20 世纪 20—40 年代，水粉纸样，衣料，比例 110%

5. 德国，20 世纪 30 年代，水粉纸样，衣料（领带），比例 50%

6. 法国，约 1920 年，水粉纸样，衣料，比例 50%

格子纹样是最简单的纺织纹样，在机械化印花之前早已是纺织物中的经典，而织机的使用使该纹样的生产更加便捷。编织纹样是一种格子纹样。色织格子布生产成本高，且印花设计师精心设计的某些非常复杂的纹样在织机上无法生产，而印花格子布更受大众欢迎，这也加快了探索、开发和改变格子纹样的进程。印花格子纹样是受色织格子布的影响而形成的，一开始试图模仿色织格子布，最后看上去完全像印花了。格子纹样变化无穷，格子相对较小的服装比较畅销，否则格子太大会有一种"框住"身体的感觉。

1.

2.

3.

4.

5.

6.

枯笔效果纹样

枯笔效果花卉纹样可以再现绘画的笔触效果。但既然是刻意仿效布面油画，那还需要花卉吗？其实只要有笔触就可以了。（参见第53页花卉纹样：枯笔效果纹样）

1.法国，20世纪70年代，水粉纸样，衣料，比例100%

1.

靶心造型纹样

1. 法国，1912 年，机印棉布，衣料，比例 100%

2. 美国，20 世纪 30 年代，水粉纸样，衣料，比例 100%

3. 美国，20 世纪三四十年代，机印人棉布，衣料，比例 50%

4. 美国，约 1930 年，水粉纸样，衣料，比例 80%

印度教的坛场中用同心圆来辅助修行时的冥想，但西方人看到同心圆，马上就会联想到武器和靶子，特别是图 2 类纹样中，同心圆与线条结合，这些线条就像是瞄准器的十字准线。这种纹样动感很强，就好像这些圆在眼前转动。

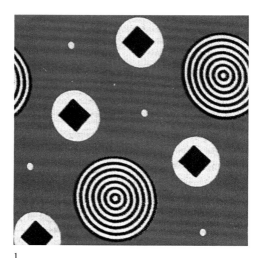

1.

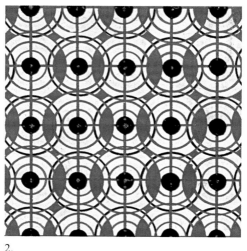

2.

3.

4.

涡卷纹和菱形纹

1. 法国，19 世纪 30 年代，水粉纸样，衣料，比例 100%

2. 法国，19 世纪 30 年代，水粉纸样，衣料，比例 50%

3. 法国，19 世纪 40 年代，机印或木版印花棉布，衣料，比例 50%

4. 法国，19 世纪三四十年代，水粉纸样，衣料，比例 70%

涡卷纹（图 1 和图 4）具有洛可可式的框架曲线，菱形纹（图 2 和图 3）与之相似，但风格更为朴实。相比之下，菱形纹没那么艳丽浮华，图形多以平行对称的风格设计。两者的特点都是除主图案之外，还配有从属图案作为陪衬。涡卷纹受文艺复兴、巴洛克和洛可可风格影响大于菱形纹，并且在 19 世纪三四十年代达到流行的顶峰，不过当时流行的品类风格非常素净朴实。（参见第 57 页花卉纹样：涡卷形嵌花纹样）

1.

2.

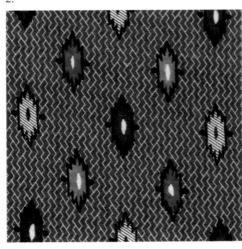

3.

4.

细胞显微纹样

1. 法国，约 1910 年，机印棉布，衣料，比例 100%
2. 法国，约 1910 年，水粉纸样，衣料，比例 115%
3. 法国，约 1920 年，水粉纸样，衣料，比例 80%
4. 法国，约 1920 年，水粉纸样，衣料，比例 90%

这种布满纲纹脉络的细胞显微纹样曾在 19 世纪风靡一时，但到 20 世纪初就已经几乎消失了。这种纹样出现在维多利亚时代，这可能与 19 世纪 40 年代显微镜的普遍应用有关，商店橱窗中都放着显微镜来吸引顾客，让所有过路人都能感受到微观世界。但到 20 世纪显微镜已不稀奇了，这类纹样就没有了新意，而充盈的细胞图案在现代又被视为一种病态。用人体内部的东西来装饰人体的外表，着实令人感觉怪异。

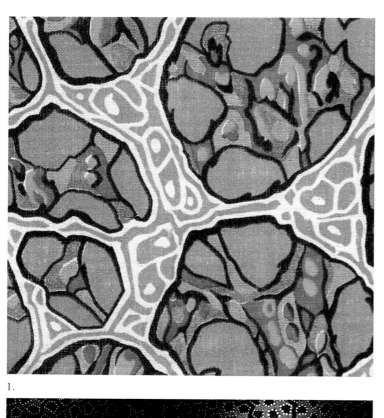

1.

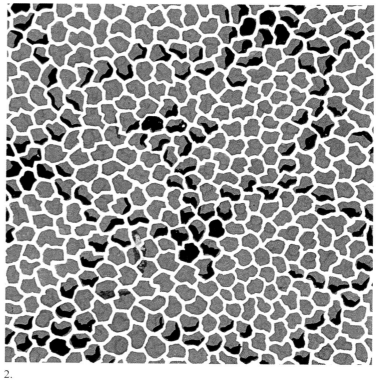

2.

3.

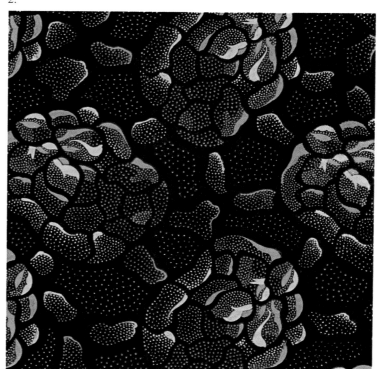

4.

轻质丝毛织物纹样

1. 法国，1855 年，机印毛织物，衣料，比例 50%

2. 法国，1850 年，机印毛织物，衣料，比例 70%

3. 法国，约 1885 年，机印毛织物，衣料（头巾），
比例 70%

某种花型在市场上畅销很长一段时间后往往会成为一种传统。一般情况下，某种纹样如已形成固定的面貌，则其他的这类纹样也应与它相像。不过，附图中的这些 19 世纪中期的轻质丝毛织物纹样相去甚远，各有千秋。唯一相同的地方是这种毛织物都是用色彩浓重的苯胺（阿尼林）染料印染的。但其实在 1856 年苯胺染料引进之前，轻质丝毛织物纹样就已经很出众，甚至比用色更夺人眼球。也许由于这种面料主要用作晨袍，不在室外穿着，有一点私密性，所以设计师可以特别大胆地设计这类纹样。

1.

2.

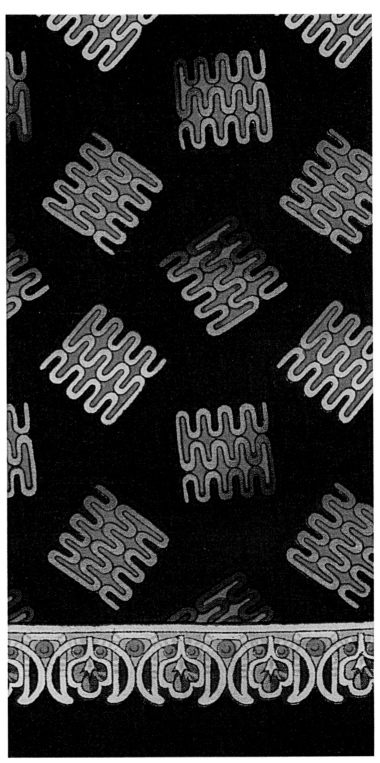

3.

棋盘纹样

1. 法国，约 20 世纪 20 年代，机印人棉绉布，衣料，比例 120%

2. 法国，约 1920 年，水粉纸样，衣料，比例 70%

3. 美国，20 世纪 20—40 年代，机印丝绸，衣料（头巾），比例 64%

4. 法国，1910—1920 年，水粉纸样，衣料，比例 115%

5. 法国，1880—1884 年，水粉纸样，衣料，比例 109%

6. 法国，1861 年，机印棉布，衣料，比例 125%

庞贝的一些古代住房外墙有棋盘记号，这些记号是用来邀请罗马人进屋下棋的。不仅如此，棋盘纹样还普遍出现在世界的其他角落，这可能是因为它明暗交替，显示着一种阴阳对立面之间的平衡，或是像纹章一样显示着理智与精神的二元性；也有可能是因为棋盘纹样的图形排列精准，很大程度上象征着条理与秩序。（还有一种可能是，这种图形排列方式是装饰艺术中最基本的变形方式之一，无论是瓷砖装饰还是织物装饰。）如今，说到棋盘纹样，比较容易联想到的就是赛车比赛中使用的终点旗，以及其中蕴含的勇敢、胜利和青春的含义。图 2 的格纹做了云纹处理，纹样有所柔化；然而通常情况下，棋盘纹样都是线条清晰的，没有丝毫的模棱两可——流露出一种非黑即白的处事态度，更易使人联想到血气方刚的年轻人。

1.

2.

3.

4.

5.

6.

V 字纹与人字纹

1. 法国或美国，20 世纪，水粉纸样，衣料，比例 100%

2. 法国，1840 年，机印毛织物，衣料，比例 100%

3. 美国，20 世纪三四十年代，机印丝绸，衣料，比例 100%

4. 法国（未确定），20 世纪 30 年代，机印丝绸，衣料，比例 70%

5. 美国，约 20 世纪 50 年代，机印棉布，衣料，比例 135%

6. 法国，20 世纪 20 年代，水粉纸样，比例 125%

7. 法国，约 1920 年，水粉纸样，比例 120%

所有这些设计都源自人字纹织物。两条短斜纹相交成人字形，成行的人字形便构成了人字纹样，造型很像鱼骨。有的人字纹印花用不均匀的线条仿制毛线织造的粗糙效果；另一些则标新立异，比如，打破斜纹之间的平衡，将 V 字左右两边拆散。图 1—图 3 里的 V 字被加宽了，形似军装上代表军衔和军兵种的条杠，由此成了一种新的纹样，名为臂章纹样。

1.

2.

3.

4.

5.

6.

7.

圆形纹和圆点纹

1. 美国，约 20 世纪 30 年代，水粉纸样，衣料，比例 25%
2. 法国，约 1890 年，机印绒布，衣料（围巾纹样），比例 100%
3. 法国，约 1910 年，水粉纸样，衣料，比例 100%
4. 美国，约 20 世纪 30 年代，水粉纸样，衣料，比例 100%
5. 法国，约 1910 年，水粉纸样，衣料，130%
6. 法国，1895 年，水粉纸样，衣料，比例 170%
7. 法国（未确定），约 1900 年，机印棉布，衣料，比例 110%
8. 美国或法国，约 1880—1890 年，机印棉布，衣料，比例 100%
9. 美国或法国，约 1890—1900 年，机印棉缎，衣料，比例 155%

圆形是印花布上最常见的一种几何图形——远比它的近亲正方形流行。圆形具有古老而普适的象征意义，它象征永恒，象征合一，象征人的生命循环与自然世界的循环。古希腊哲学家眼中的四大物质元素之一——气的标志就是一个圆，天空也是如此；在一些文化里，圆形也被看作运动、活力等男子气概的象征。天文学家托勒米认为，宇宙是由一系列旋转的天体构成的。现在这种天体理论虽已过时，但我们对宇宙的看法仍然受着圆形的主导，因为我们想象中的行星、太阳、月亮都是圆的。纺织行业对圆形纹和圆点纹做了区分。图 1—图 5 都是圆形纹：图形较大，还可以在其内部填充纹样、变换色彩，而圆形构成了这些纹样的基本要素。圆点纹（图 6—图 9）虽然由圆点组成，但圆形并不一定是整个纹样的基本要素。并且，这些圆点非常小，无法在其内部填充纹样；圆点都是单色，通过变换大小和疏密营造针头小点效果，以此表现光影变化。（参见第 106 页花卉纹样：针头小点纹样，第 212—213 页几何纹样：波尔卡圆点纹样）

1.

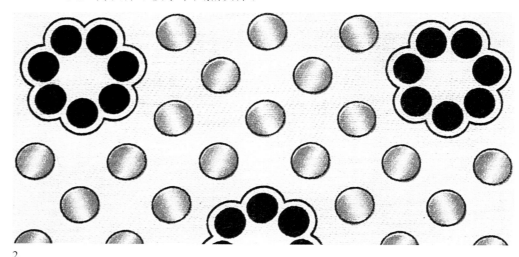

2.

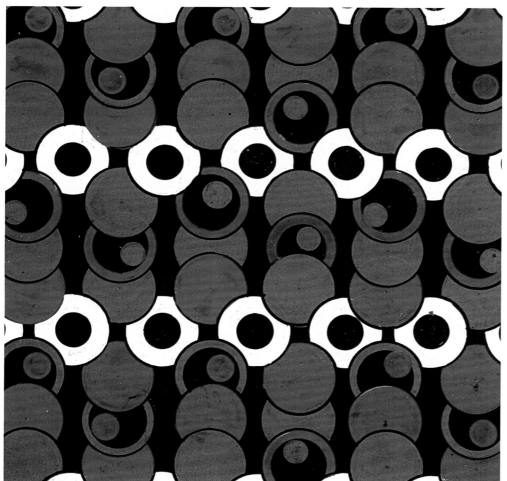

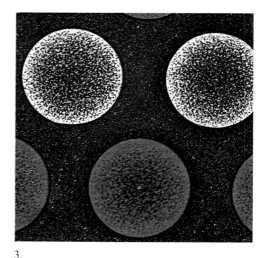

3.

4.

5.

6.

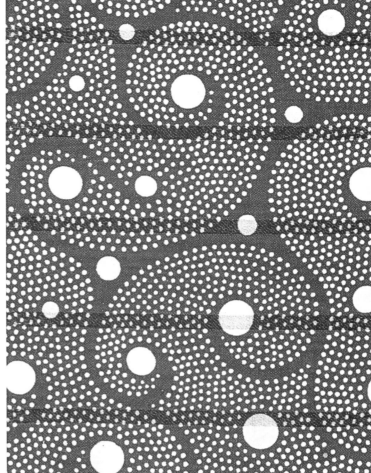

7.

8.

9.

咖啡豆、螺钉帽和小豌豆纹样

分成两半的圆形或圆点称为螺钉帽或小豌豆纹样。利用分割线的平行或交错排列可使纹样具有一定的动态感。如果将对半分的圆形或圆点换成椭圆形，就得到了咖啡豆纹样。

1、9. 法国或英国，约 1800—1810 年，木版印花棉布，衣料，比例 100%

2. 英国，19 世纪下半叶，机印棉布，衣料，比例 100%

3. 法国，1928 年，机印丝绸，衣料，比例 105%

4. 法国，1820—1840 年，水粉纸样，衣料，比例 100%

5. 法国或美国，约 20 世纪 30 年代，水粉纸样，衣料，比例 100%

6. 法国，20 世纪 30 年代，水粉纸样，衣料，比例 100%

7. 法国或美国，约 20 世纪 30 年代，机印或网印丝绸，衣料，比例 100%

8. 法国，约 1860 年，水粉纸样，衣料，比例 100%

10. 美国，约 20 世纪二三十年代，水粉纸样，衣料，比例 100%

11. 美国，20 世纪三四十年代，水粉纸样，衣料，比例 90%

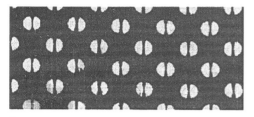

1.

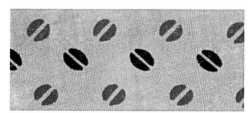

2.

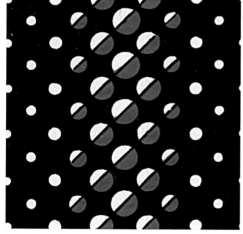

3.

5.

6.

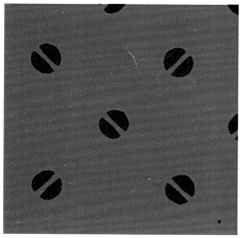

4.

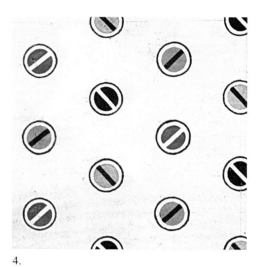

7.

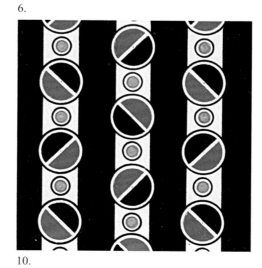

8.

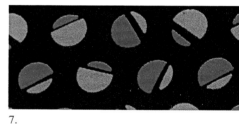

9.

10.

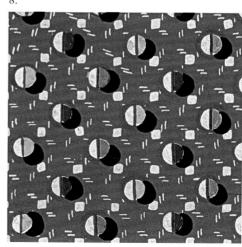

11.

逗点纹样

1. 法国，约 1880—1890 年，机印棉布，衣料，比例 100%
2. 英国，1872 年，机印棉布，衣料，比例 140%
3. 法国，约 1880—1890 年，机印棉布，衣料，比例 110%
4. 法国，约 1910—1920 年，水粉纸样，衣料，比例 62%

古代中国人认为世界万物均可以用阴阳划分，晦暗的、寒冷的属阴，光明的、热烈的属阳，组成太极图的黑白逗点图案则分别对应其哲学概念中的阴与阳。只有黑色逗点图案表示有阴无阳，只有白色逗点图案则表示有阳无阴。图 4 将太极图中合二为一的逗点拆开，排列为波浪状的涡卷纹，赋予它旋转上升的动感。图 1 中包含三个逗点的图案则是日本佛教中的一种符号。这类纹样都带有东方色彩，尤其是图 1 和图 3，模仿了日本传统家族的家纹或企业的纹章设计。不过，西方印花设计中一个图案会反复循环排列，而日本家纹不会，它只会单独印制。图 2 的设计者采取了较为保险的策略：主体图案或许是日本风格，但均匀的布局使其整体呈圆点纹样，从而迎合了不喜欢异族风情的消费者。

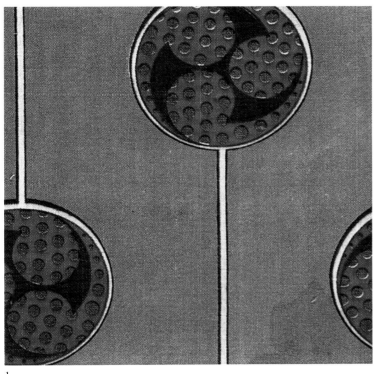

1.

2.

3.

4.

彩点纹样

1. 法国，约 1910 年，纸上印样，衣料，比例 50%

2. 法国，1928 年，机印丝绸，衣料，比例 110%

3. 法国，约 1860 年，机印棉布，衣料，比例 130%

4. 美国，20 世纪 80 年代，毡头笔纸样，衣料，比例 100%

5. 美国，约 20 世纪 20 年代，机印棉布，衣料，比例 110%

6. 美国，20 世纪二三十年代，水粉纸样，衣料，比例 100%

将波尔卡圆点全抛洒在一起就成了彩点纹样。19 世纪时人们把随机印有这些色彩鲜艳的小点或斑块纹样的棉布称为斑点棉布，20 世纪时买家觉得"五彩波点"（confetti）一词更为朗朗上口（或许是因为让人不那么容易联想到麻疹）。

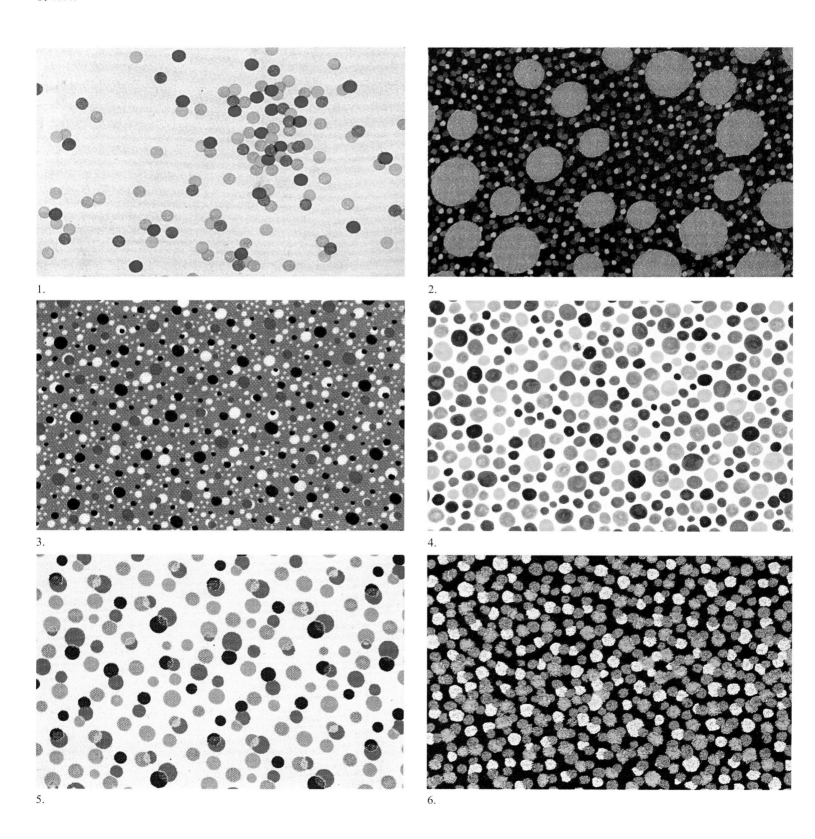

1.

2.

3.

4.

5.

6.

新月纹样

1. 法国，1889 年，机印棉布，衣料，比例 80%
2. 法国，1890 年，水粉纸样，衣料，比例 100%
3. 法国，约 1880—1890 年，机印棉布，衣料，比例 80%
4. 法国，1886 年，机印棉布，衣料，比例 90%
5. 法国，1880—1884 年，水粉纸样，衣料，比例 74%

古时，一轮新月总能让人联想到居于其上的月亮女神，如希腊月神塞勒涅（Selene）和罗马月神狄安娜（Diana），又或者是更早时期中东地区月神亚斯他录（Ashtaroth）。中世纪时，新月则成为基督徒眼中圣母的象征。新月也是君士坦丁堡纹章的一部分，传说是因为马其顿国王菲利浦（Philip），即亚历山大大帝之父，公元前 4 世纪围攻君士坦丁堡（即拜占庭）时，一轮新月向守卫者揭露了他欲密谋破坏墙根。1453 年，君士坦丁堡被奥斯曼土耳其帝国攻克，新月转而成为奥斯曼帝国的标志。因此，新月沦为欧洲人恐惧与厌弃的对象，很少会用作印花纹样，直至 19 世纪晚期，土耳其帝国日益衰落，近东地区发展为维多利亚时代富人们眼中体验异国情调的旅游地，情况才有所改变。或许因为新月纹样古时总是与神话传说有关，现在仍经常有人认为它的确具有不为人知的魔力。正是由于新月纹样与政治和神话存在千丝万缕的联系，现在它已经很少被使用，除非在需要特意表现神话主题的情境下。

1.

2.

3.

4.

5.

菱形及丑角纹样

1. 法国，1845 年，机印棉布，衣料，比例 105%

2. 法国，约 20 世纪 30 年代，网印丝绸，衣料，比例 40%

3. 法国，1890 年，水粉纸样，衣料，比例 56%

4. 法国，1880—1884 年，水粉纸样，衣料，比例 100%

5. 法国，约 1910 年，水粉纸样，衣料，比例 80%

6. 法国，约 20 世纪 20 年代，纸上印样，衣料，比例 70%

　　四边倾斜平行的斜方形是设计师采用的基本纹样，在纺织品印花中不可或缺。如图 3—图 5，在底纹上隔出空间的斜方形称作钻石形或菱形（注意不要与菱形框架的涡卷纹混淆）。将棋盘中的小方格倾斜拉长，变成类似栅栏中紧密排列在一起的菱形，就得到了丑角纹样（图 1、图 2、图 6）。图 6 实际上用不同颜色的色块粗略勾勒出了一个即兴喜剧中丑角的轮廓。不过设计丑角纹样的人初衷可不是让穿着者看上去像一个小丑，谁知道呢？

1.

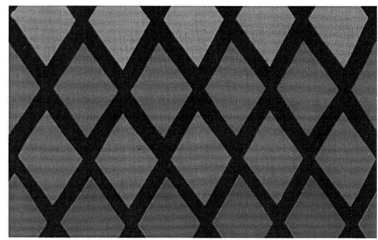

2.

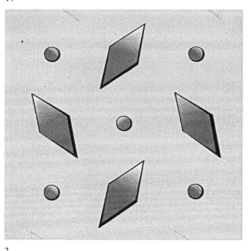

3.

4.

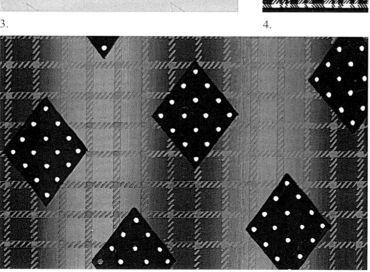

5.

6.

细密网格纹样

1. 法国，1860 年，机印棉布，衣料，比例 100%
2、11、14、17、21、24、26、28. 法国，约 1910—1920 年，机印丝绸，衣料，比例 100%
3、13、31、35. 美国，约 20 世纪 20 年代，机印棉布，衣料，比例 100%
4、9. 英国，约 20 世纪 20 年代，机印棉布，衣料，比例 100%
5、12、20. 美国，约 1880 年，机印棉布，衣料，比例 100%
6、8. 美国，约 20 世纪 20 年代，机印丝绸，衣料，比例 100%
7、33. 法国，约 1920 年，水粉纸样，衣料，比例 100%
10、23. 美国，约 20 世纪二三十年代，水粉纸样，衣料，比例 100%
15. 美国，约 1910—1920 年，水粉纸样，衣料，比例 100%
16. 法国，19 世纪中期，机印棉布，衣料，比例 100%
18、22. 法国，约 1910—1920 年，机印棉布，衣料，比例 100%
19. 法国，1835 年，机印棉布，衣料，比例 100%
25、36. 英国，约 1860 年，机印棉布，衣料，比例 100%
27. 法国，19 世纪中期，机印毛织物，衣料，比例 100%
29、32. 美国，19 世纪中期，机印棉布，衣料，比例 100%
30、34. 美国，约 1910—1920 年，机印棉布，衣料，比例 100%

在纺织词汇中，diaper 一词不止一种解释，但大多数情况下不是指婴幼儿用的围嘴，而是一种纹样类型，即相互交错或紧密排列的格子中嵌入小块几何图案。15 世纪时，这种网格纹样的织物由亚麻线编织而成，价格不菲。如图所示，有些印花还或多或少地保留着最初的菱形纹样。但如今，这个词汇可以指代各种小而密的网眼几何纹样，而不仅仅是菱形纹样。

偏心波纹

1、6、12、13.法国，1820—1825年，机印棉布，衣料，比例135%

2. 法国，1820—1825年，机印棉布，衣料，比例155%

3、9.法国，1810—1820年，机印棉布，衣料，比例130%

4、8.法国，1820—1825年，机印棉布，衣料，比例140%

5. 法国，1810—1820年，机印棉布，衣料，比例100%

7. 法国，1820—1825年，水粉纸样，衣料，比例140%

10. 美国，约1870—1880年，机印棉布，衣料，比例120%

11、14.法国，1820—1825年，机印棉布，衣料，比例100%

　　偏心波纹是19世纪时对细密曲线几何纹样的命名，其特点类似于波动起伏的欧普（光学）艺术曲线。据说这种纹样的出现源于偶然：1820年，英国辛普森公司的一家印染厂在辊筒印花机上印花时，花位没有对准，生产出了一批条纹歪斜、轧皱的疵品。这些产品被打折出售，结果很快售罄。这种纹样即图10和图11的"小网眼纹"，据说所售布料可缝制10万件衣服。此后大量设计纷纷效仿此类纹样，"霍伊尔波浪"纹样是其中最为流行的一中（见图4）。随后设计师们开始运用珀金斯偏心轮车床的原理，借助机械工具来设计偏心波纹。19世纪，尤其在20年代至40年代期间，这类纹样的织物在市场上十分畅销。到了20世纪，偏心波纹很少以原始的形式出现，而是以欧普艺术风格中大幅、醒目的图案出现在印花织物上。

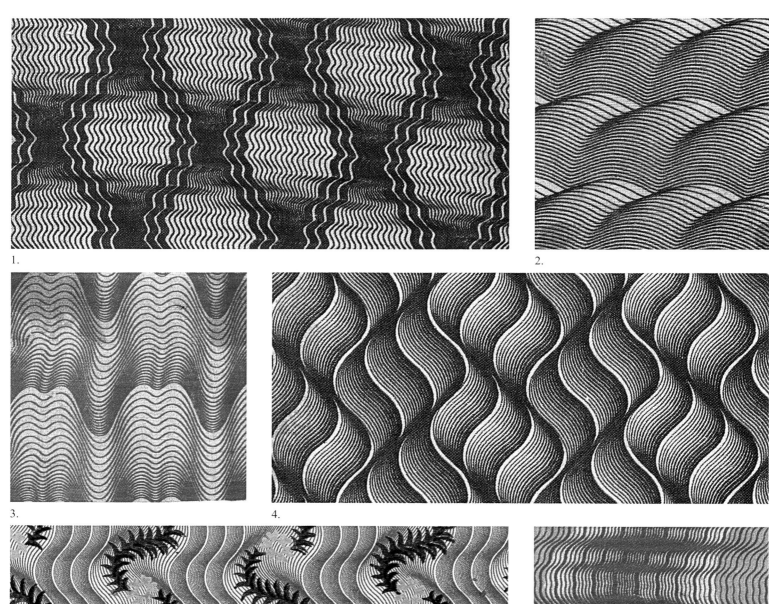

1.

2.

3.

4.

5.

6.

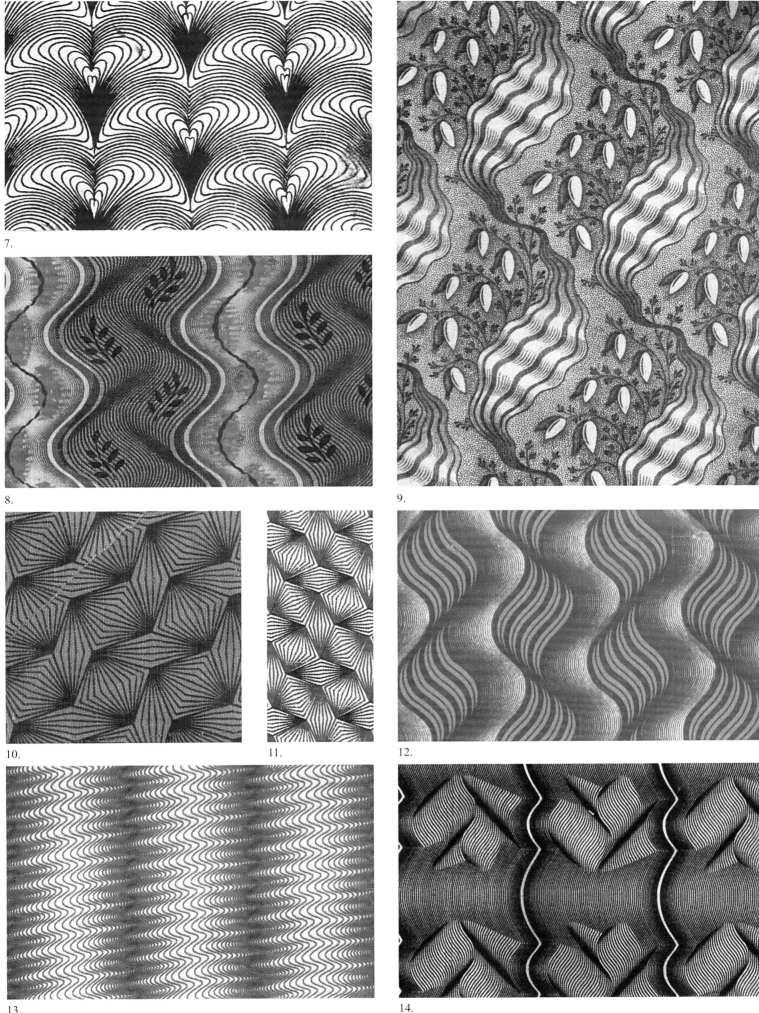

7.

8.

9.

10.

11.

12.

13.

14.

仿绣花纹样

1. 法国，约 1910 年，水粉纸样，衣料，比例 94%

2. 法国，1882 年，机印棉布，衣料，比例 75%

3. 法国，约 1880—1890 年，水粉纸样，衣料，比例 100%

正如花卉仿绣花纹样那样，几何仿绣花纹样的主要特点是模拟手绣效果。

图 1 是金银线手绣的仿制品，价格低廉；图 2 模仿了民间十字绣；图 3 可能是仿照了一块精美的手绣实样。

1.

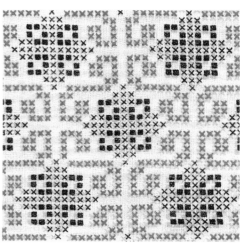

2.

3.

鸢尾花纹样

1. 法国，1887 年，机印棉布，衣料，比例 125%

2. 法国(1890 年，水粉纸样，衣料，比例 88%

3. 美国（未确定），19 世纪末，机印棉布，衣料，比例 100%

4. 法国（未确定），约 1880—1900 年，机印棉布，衣料，比例 100%

5. 美国，约 1880—1890 年，机印棉布，衣料，比例 100%

6. 法国，1880—1884 年，水粉纸样，衣料，比例 80%

法国皇家纹章中图案化处理的鸢尾花纹样是法国王室的象征，这种纹样由来已久，至少可追溯到公元前 1000 年。奥斯丁·亨利·莱亚德（Austen Henry Layard）的《尼尼微发现报道》（*Popular Account of the Discovery of Nineveh*）于 1851 年在英国出版，书中描绘了古代亚述帝国都城尼尼微的一位古代神祇的形象："戴着一顶方形四角帽，上有一帽徽，状如鸢尾花图案"，这种形状的纹样也出现在古埃及王朝的艺术作品中。该纹样呈十字形（中间有一横条与一竖条相叠），其外部的叶形纹样由百合花或鸢尾花演变而来，能让人联想到圣母玛利亚，因此在中世纪时作为圣母的标志在欧洲各国广为流传。如今，鸢尾花纹样成了法式优雅的代名词，但这一蕴意在法国似乎没那么浓郁，这或许与两个世纪以前，鸢尾花所象征的法国王室成员受到处决有关。喜欢鸢尾花纹样的人应该想不到，这种纹样居然一度会与癞蛤蟆有所关联，因为其顶端的花瓣像蛤蟆头，旁边卷曲的四个叶子像癞蛤蟆的四条腿，下垂的枝条像癞蛤蟆的屁股。16 世纪因预言集闻名的法国占星家诺查丹玛斯（Nostradamus）把他的同胞称为癞蛤蟆，之后癞蛤蟆又变成了青蛙，不过英美人把法国人戏称为"青蛙"的说法据说源于法式料理中的一道名菜。

1.

2.

3.

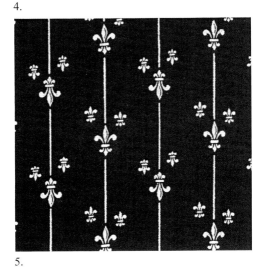

4.

5.

6.

福拉特纹样

1、2、5、16、17.美国，20世纪四五十年代，水粉纸样，衣料，比例100%

3.法国，约20世纪50年代，水粉纸样，衣料，比例100%

4.美国，约20世纪40年代，机印棉布，衣料，比例100%

6、7、9—11、13、15、19、20.英国，约1950—1970年，机印丝绸，衣料，比例100%

8.德国，20世纪30年代，水粉纸样，衣料，比例80%

12.法国，约1860年，水粉纸样，衣料，比例115%

14.法国，20世纪下半叶，水粉纸样，衣料，比例80%

18.美国，约1860年，机印棉布，衣料，比例100%

21.英国，20世纪下半叶，机印呢绒，衣料，比例100%

19世纪时"福拉特"（foulard）这个词专指一种柔软、轻薄的丝绸，通常用来印手帕，通过木版印花制成手帕上的小纹样。现在这个词更常指代一种特有的纹样，不再专指一种织物了。福拉特纹样常见于男士领饰和睡衣，且大部分是机器印花。经典的福拉特纹样是规则的小几何图形，通常排列整齐。其传统配色包括深红色、蓝色、绿色，有时也包括纯正的茜色。当然，根据流行趋势的变化，可以适当调整色彩及纹样大小。

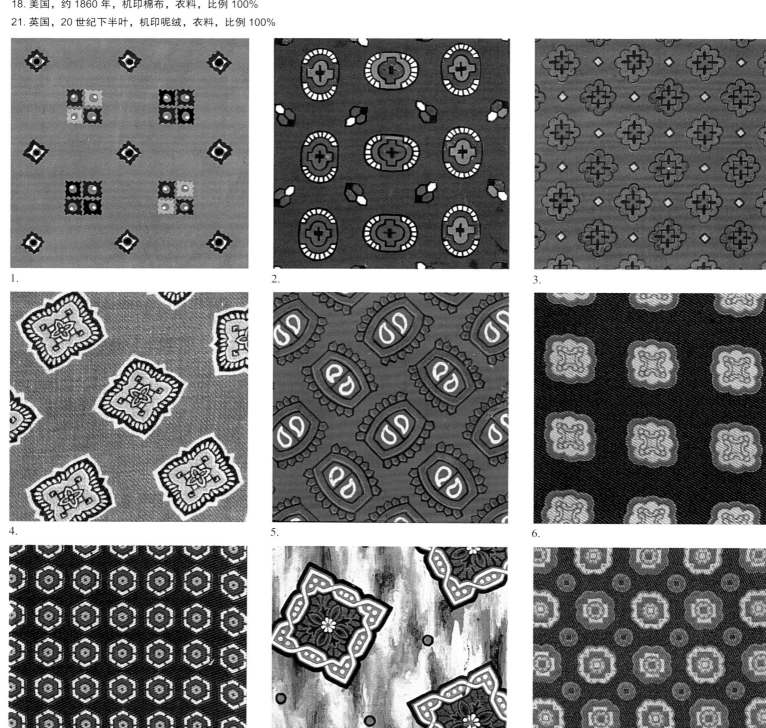

1.

2.

3.

4.

5.

6.

7.

8.

9.

10.

11.

12.

13.

14.

15.

16.

17.

18.

19.

20.

21.

回纹

1. 法国，约 1910—1920 年，水粉纸样，衣料，比例 135%

2. 法国，约 1900—1910 年，机印棉布，衣料，比例 80%

3. 法国，约 1910—1920 年，水粉纸样，衣料，比例 105%

4. 法国，约 1850—1860 年，水粉纸样，衣料（缎带纹样），比例 100%

回纹在西方象征永恒，因其没有起点和终点。回纹中成直角的短线环环相扣，但并不完全相交，构成留有空隙的方块和格子。在满地花样中，棋格纹和格子纹样没有开口，而回纹则有开口，看上去像是跟迷宫一样的死胡同。这种纹样有着浓厚的东方色彩，除非某个特定的民族流行这种纹样，否则设计师一般不会使用。较常见的回纹是条状的裙边纹样，事实上比较著名的是希腊式回纹（见第 381 页图 2），即古典神庙柱子顶部的一排呈"之"字形联结的线条，在现代的装饰画中依然常见。

1.

2.

3.

4.

六角形和八角形纹样

1. 法国，约 1840 年，水粉纸样，衣料，比例 105%
2. 法国（未确定），约 1880 年，机印棉布，衣料，比例 120%
3. 法国，约 1880 年，机印棉布，衣料，比例 120%
4. 法国，约 1820 年，水粉纸样，家用装饰（地毯纹样），比例 80%
5. 法国，约 1910 年，水粉纸样，衣料，比例 110%

正如三角形、四边形、五边形那样，六角形也可以排列成满地纹样，各个六角形相连，不留一点间隙。然而一旦几何图形的边数多于六条，就可以插入其他形状的图形，例如，在图 4 和图 5 的八角形之间插入了正方形或菱形。用基础的六角形可以组成排列紧凑、和谐的细胞组合，如图 1 和图 3 所示。这类纹样的另两个名字——蜂窝和龟壳，体现了它的肌理。六角形纹样可以设计得十分复杂，如图 2，在六角形底纹上覆有一层三角形格子，为了排列出更大的六边形，纹样中的三角形不断向外侧堆叠，形成六芒星，即著名的所罗门封印或大卫王之星。图 4 和图 5 由小的方块与大的八角形以特定形式组合而成，图 4 的设计师利用这一特点将八角形进一步设计成装饰用的团花。

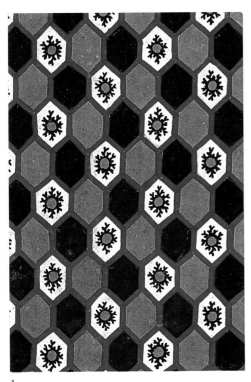

1.

2.

3.

4.

5.

犬牙纹样

1、3、5、6、8. 法国，约 1910—1920 年，水粉纸样，衣料，比例 100%

2、4、7、9. 法国，约 1910—1920 年，水粉纸样，衣料，比例 115%

10. 法国（未确定），约 20 世纪 40 年代，机印或网印丝绸，衣料，比例 100%

11. 法国，1917 年，机印丝绸，衣料，比例 100%

12. 美国，约 20 世纪 20—40 年代，机印棉布，衣料，比例 125%

13、20. 美国，20 世纪四五十年代，机印棉布，衣料，比例 100%

14. 法国，20 世纪 30 年代，水粉纸样，衣料，比例 80%

15、16. 法国，20 世纪 20—40 年代，机印或网印丝绸，衣料，比例 100%

17. 法国，约 20 世纪 20 年代，机印棉布，衣料，比例 125%

18. 法国（未确定），20 世纪，机印棉布，衣料，比例 100%

19、21. 法国，约 1910—1920 年，水粉纸样，衣料，比例 68%

正如人字斜纹那样，提花犬牙纹的出现要比印花犬牙纹早很多，印花犬牙纹突破了提花纹舒适度上的缺陷。这种纹样像是一个方块上伸出四个凸起，与卍字符有点相似。这是一种古典的、保守的纹样，但设计师可以在大小和色彩方面加以变化，赋予其活力。法国人称犬牙纹为小鸡爪纹，大一点的则称之为公鸡爪纹。而英国人则用鸟的爪子来形容，称犬牙纹为"乌鸦爪"，但这都是老话了。

1.

2.

3.

4.

5.

6.

7.

8.

9.

10.

11.

12.

13.

14.

15.

16.

17.

18.

19.

20.

21.

靛蓝花布纹样

1. 美国，约 1880—1900 年，机印棉布，衣料，比例 140%

2. 美国或法国，约 1880—1900 年，机印棉布，衣料，比例 100%

3. 法国（未确定），19 世纪末，机印棉布，衣料，比例 100%

4. 美国，19 世纪中期，机印棉布，衣料，比例 135%

5. 法国，约 1830—1840 年，机印和／或木版印花棉布，衣料，比例 100%

6. 法国，1912 年，机印或木版印花棉布，衣料，比例 90%

7. 美国，约 1860—1880 年，机印棉布，衣料，比例 105%

这种布的基本特征是色彩——靛蓝染色，纹样在深蓝地色的映衬下格外显眼。数百年来靛蓝染色的布匹多用于制作实用的日常衣着用品，不论男女老少都适用，正如 1925 年西尔斯·罗巴克公司（Sears, Roebuck）的产品目录中所写："天然靛蓝印染的棉布，花型适用于男式工作服和妇女家常服。"纯正的靛蓝花布用的是植物染料而非现代的化学染料，因而无论年代有多久远，在汽蒸与熨烫的过程中都会释放出一种特有的水果香气。（参见第 80—81 页花卉纹样：靛蓝花布纹样）

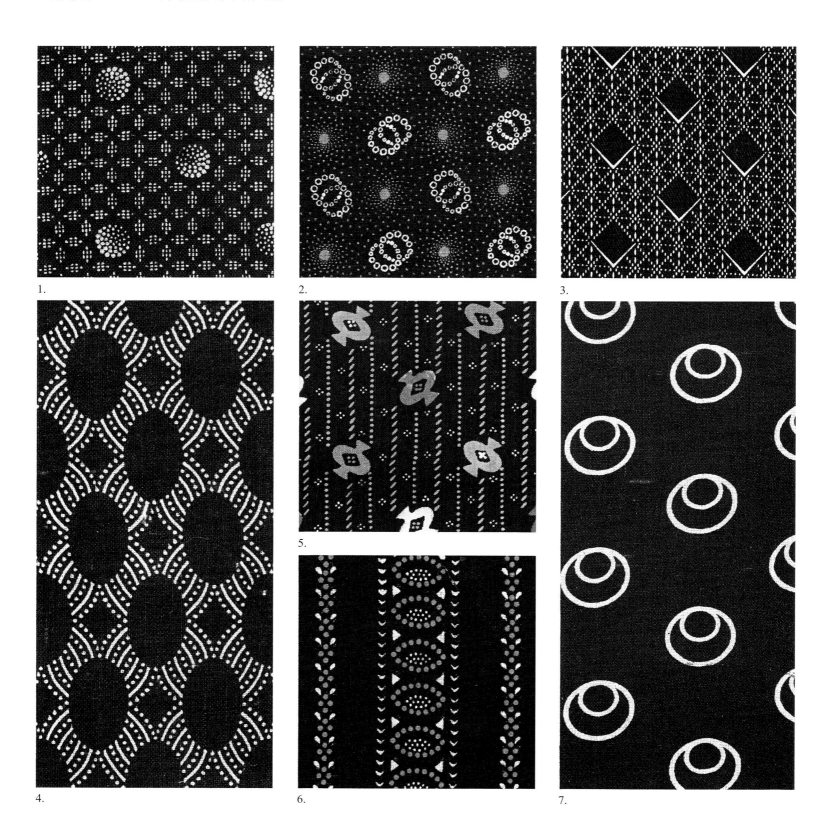

1.

2.

3.

4.

5.

6.

7.

缠绕纹

1. 法国，20 世纪 30 年代，水粉纸样，衣料，比例 64%
2. 法国，约 1910—1920 年，机印棉布，衣料，比例 100%
3. 美国，约 1880 年，机印棉布，衣料，比例 120%
4. 法国，约 1900—1910 年，机印呢绒，衣料，比例 120%
5. 法国，1885 年，机印棉布，衣料，比例 140%

纹样的缠绕有两种形式：一种是往里穿扦，纹样相互叠压缠绕，如图 1、图 4 和图 5；另一种比较简单，纹样相互交接，如图 2 和图 3。圆环扣着圆环表示友谊和团结，最具代表性的就是奥林匹克竞赛的五环标志，以及传统的婚礼双环巾被纹样。但图 1 纹样有点像魔术师的神秘钢环，令人费解。

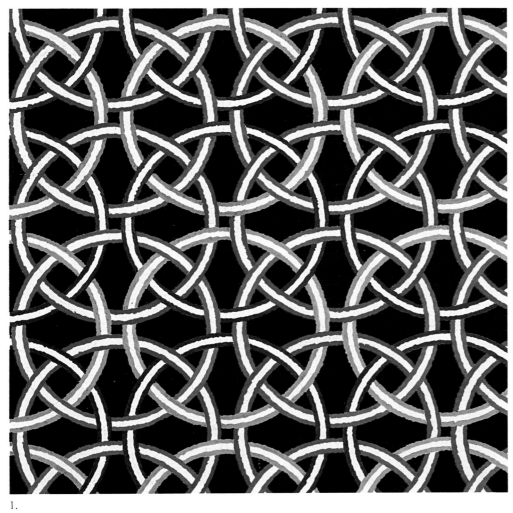

1.

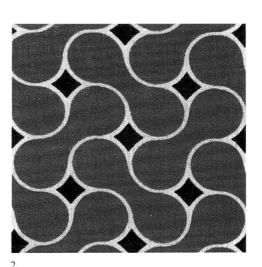

2.

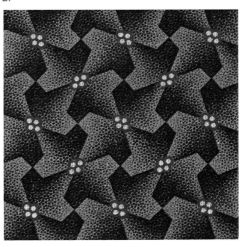

3.

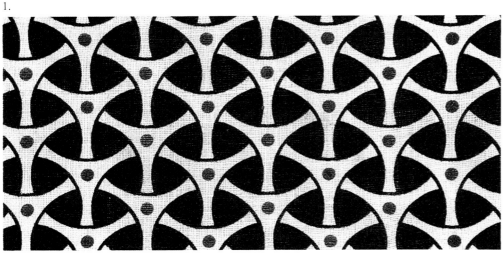

4.

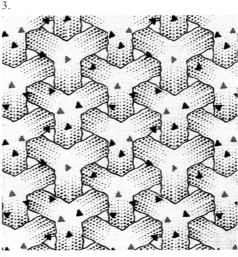

5.

绳环与线圈纹

1. 法国，1890 年，水粉纸样，衣料，比例 100%

2. 美国，20 世纪 40 年代，水粉纸样，衣料，比例 100%

3. 美国，20 世纪 40 年代，机印人棉布，衣料，比例 100%

4. 法国，1929 年，机印丝绸，衣料，比例 70%

5. 法国，约 1840 年，水粉纸样，衣料，比例 86%

6. 美国，19 世纪三四十年代，机印或网印人棉布，衣料，比例 100%

随意乱画的线圈是孩子用蜡笔在纸上乱画的第一幅作品，大部分人直至成年也仍会喜欢这样涂涂画画。这种随意涂画的创作可以追溯到史前时期：新石器时代留传下来的绘画中就有这么一类，被称为"macaronis"，是先民用手指蘸着潮湿的色土绘制而成的。相同的图形一个个重复，整齐排列成图 1 和图 2 的圈状纹；图 3 和图 4 则带有一点书法的味道，只是风格强度有所差异；图 6 的线圈纹样用墨水绘制出织物造型，就好像松散的纺线、纱丝正在缠绕成线团。图 5 是个新奇的组合，在直条底子上缠绕着一条弯弯曲曲的带子。

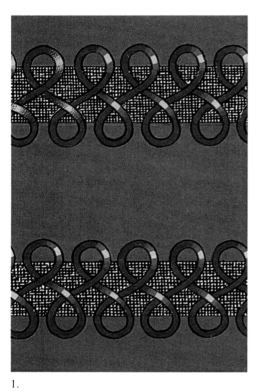

1.

2.

3.

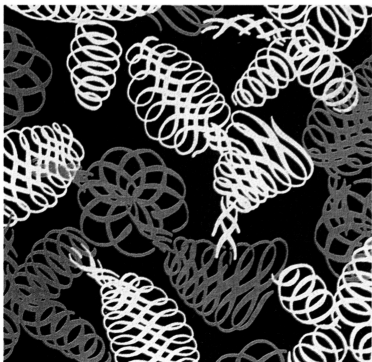

4.

5.

6.

茜草媒染印花纹样

1、5. 法国，约 1860 年，机印棉布，衣料，比例 135%

2. 法国，1843 年，机印棉布，衣料，比例 100%

3、7、13—15. 法国，约 1860 年，机印棉布，衣料，比例 100%

4. 美国，约 1860—1880 年，机印棉布，衣料，比例 100%

6、10. 美国，1873 年，机印棉布，衣料，比例 100%

8. 美国，约 1870—1880 年，机印棉布，衣料，比例 100%

9. 美国，约 1840—1850 年，机印棉布，衣料，比例 100%

11. 美国，约 1870—1880 年，机印棉布，衣料，比例 125%

12. 法国，1861 年，机印棉布，衣料，比例 135%

茜草染料生产的印染布因颜色较深且色泽较浓而非常实用，它既不鲜艳，也不明快，还不显脏。18、19 世纪，这类印染布是制作妇女家常服的主要布料。在此期间，纹样不断在更替，但色彩还是老面孔。从 19 世纪中期到 19 世纪 80 年代，茜草印染的几何纹样花布可能是最广泛生产的欧美印花大类品种。(参见第 88—89 页花卉纹样：茜草媒染印花纹样)

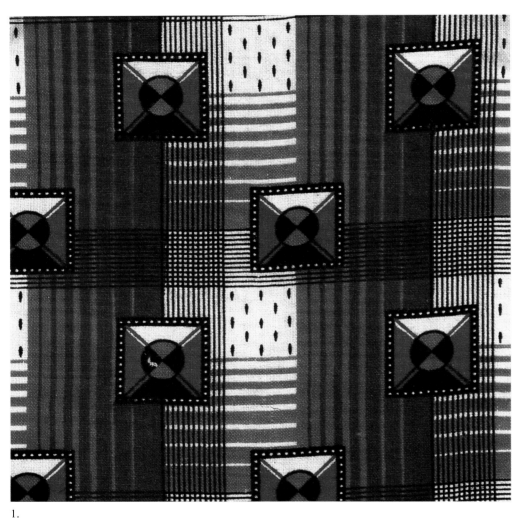

1.

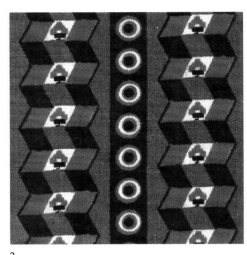

2.

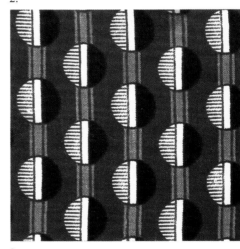

3.

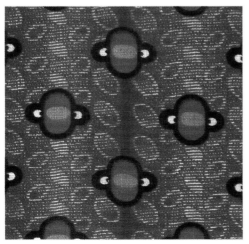

4.

5.

6.

7.

8.

9.

10.

11.

12.

13.

14.

15.

仿大理石纹样

1. 法国，约 1840—1850 年，机印毛织物，衣料，比例 130%
2. 法国，约 1870—1890 年，机印棉布，衣料，比例 110%
3. 美国，约 20 世纪 30 年代，机印丝绸，衣料，比例 110%
4. 美国（未确定），约 20 世纪 40 年代，水粉纸样，衣料，比例 70%
5. 法国（未确定），19 世纪下半叶，机印棉布，衣料，比例 115%
6. 用手工滴色法生产的丝绸
7. 美国，约 20 世纪 30 年代，机印或网印丝缎，衣料，比例 100%
8. 美国，约 20 世纪 30 年代，机印或网印丝缎，衣料，比例 100%
9. 法国（未确定），约 20 世纪五六十年代，机印或网印丝绸，衣料，比例 105%

18、19 世纪常用回旋状的色彩装饰书籍衬页，模仿大理石表面的纹理。为创造出这种效果，需要将不溶于水的各色油墨滴在一桶水的表面，然后迅速将一张纸浸入水中，油墨就附着在纸上形成石纹。图 6 即是一块用此法制作而成的大理石纹样布料。但这种方法无法用于生产大卷的布料，于是，为了仿制这种效果，设计师必须要描摹出大理石那种旋涡般的纹理，而且要解决循环接版的问题。在一张纸上可以仿制出大理石花纹，但在布上却只能仿制出大理石纹纸张的印刷效果。

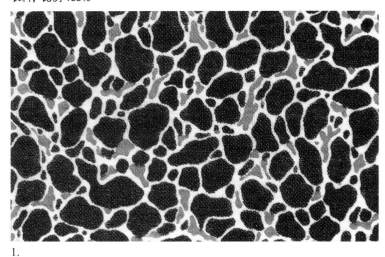

1.

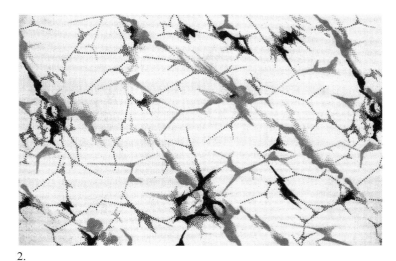

2.

4.

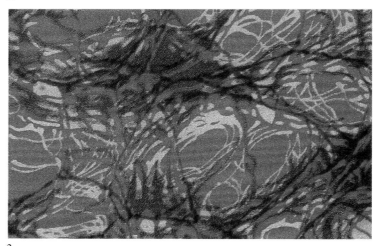

3.

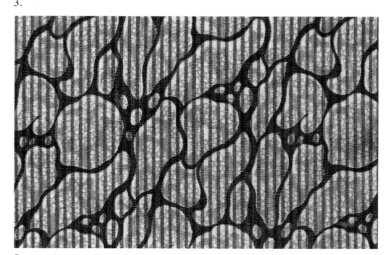

5.

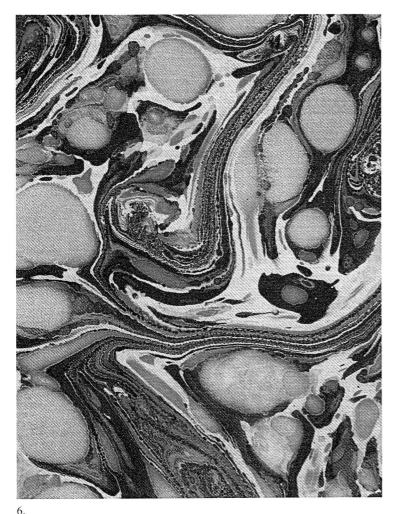

6.

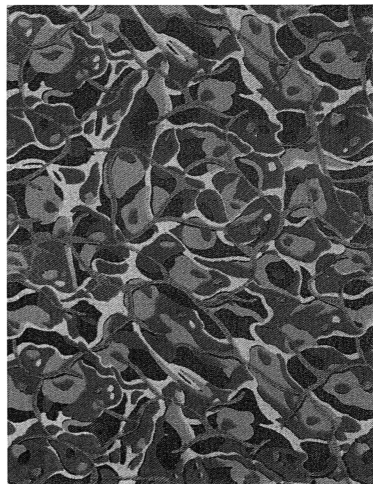

7.

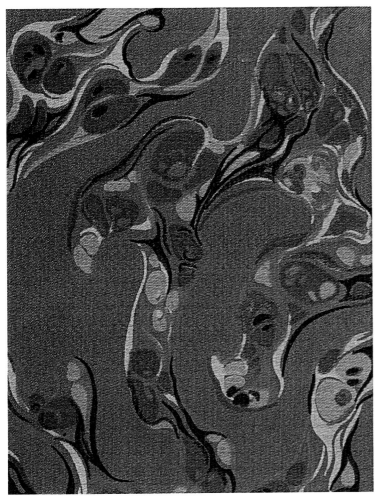

8.

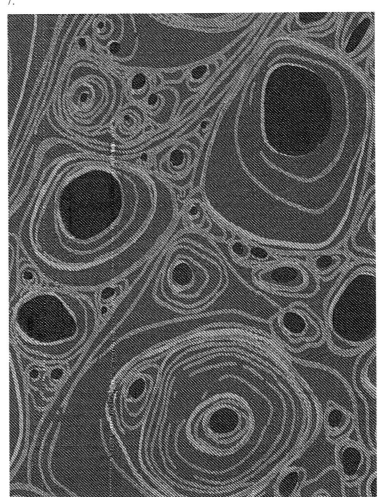

9.

团花纹样

1. 法国，1890 年，水粉纸样，衣料，比例 80%

2. 法国，约 1815 年，水粉纸样，家用装饰（地毯纹样），比例 85%

3. 法国，1815 年，水粉纸样，衣料，比例 100%

4. 法国，约 20 世纪 20 年代，水粉纸样，衣料，比例 70%

5. 法国或英国，19 世纪下半叶，机印棉布，衣料，比例 86%

6. 法国，1810—1815 年，水粉纸样，衣料（头巾纹样），比例 70%

团花是一种有固定形态的圆形纹样，18 世纪晚期至 19 世纪初比较流行，常与贵族新古典主义和帝国风格的装饰风格联系在一起（图 2 和图 6）。星形及玫瑰形等花卉主题的团花较受欢迎，时而也会出现硬币形团花及奖章形团花。图 4 这种团花不常见，带点波斯纹样的风格，也许是受俄罗斯芭蕾舞团服装色彩的启发设计出来的。

1.

2.

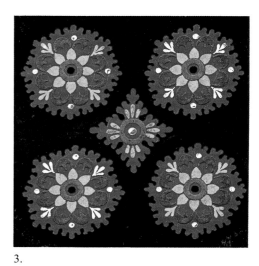

3.

4.

5.

6.

轧纹印花纹样

1. 法国，约 1885 年，水粉纸样，衣料，比例 100%
2. 法国，约 1885 年，机印棉布，衣料，比例 100%
3. 法国，约 1885 年，水粉纸样，衣料，比例 100%
4. 法国，1890 年，水粉纸样，衣料，比例 100%
5. 法国，约 1885 年，水粉纸样，衣料，比例 155%
6. 法国，约 1885 年，机印棉布，衣料，比例 100%
7. 法国，约 1885 年，水粉纸样，衣料，比例 150%
8. 法国，约 1885 年，机印棉布，衣料，比例 110%
9. 法国，约 1885 年，水粉纸样，衣料，比例 135%

这些设计本来是些奇思妙想的抽象创造，但其中许多图形都被做了明暗处理，产生了三维效果。菱形、圆形、方形、六角形，甚至短粗的条形都成了实实在在、各具特色的物体。轧纹印花技艺可以实现精致细节，阴影便是一例。（参见第 90—91 页花卉纹样：轧纹印花纹样）

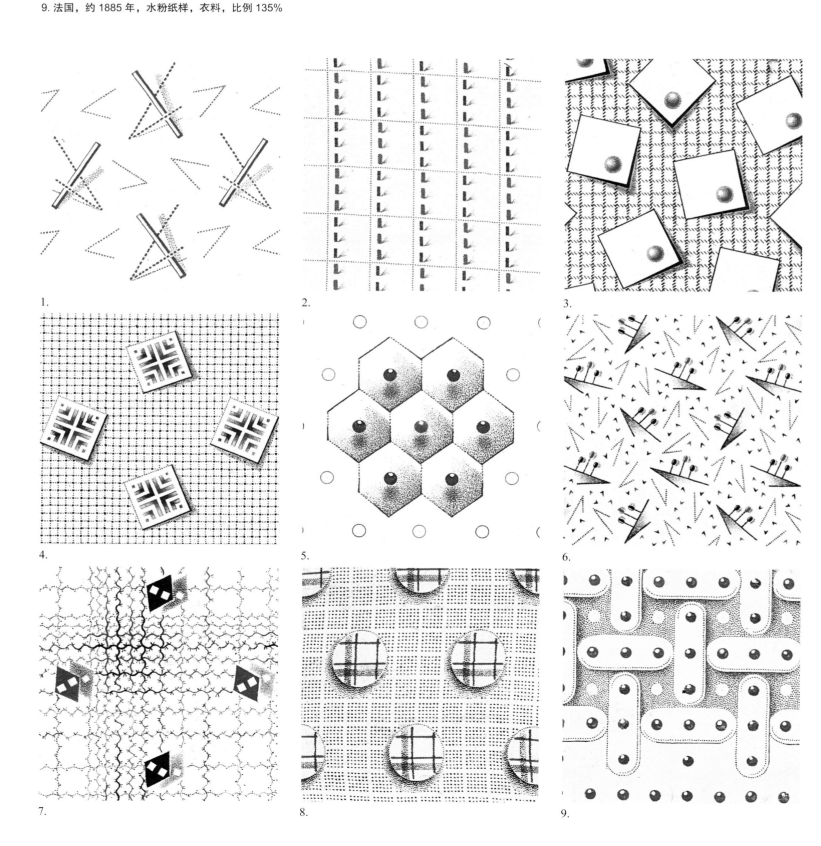

1.

2.

3.

4.

5.

6.

7.

8.

9.

活动雕塑和金属丝雕塑纹样

1. 美国，20 世纪四五十年代，水粉纸样，衣料，比例 50%

2. 美国，20 世纪四五十年代，机印棉布，衣料，比例 50%

3. 美国，20 世纪四五十年代，网印棉布，家用装饰，比例 50%

早在 19 世纪，与亚历山大·考尔德（Alexander Calder）的活动雕塑惊人相似的抽象造型就出现在了纺织品印花中，而此处展示的纹样是用于装饰 20 世纪四五十年代如肾形、回旋镖形桌子这样的家具的。这些纹样都来自 20 世纪中期，装饰的家具本身也是从考尔德、阿尔普、米罗等艺术家那里获得的灵感。钢管和金属丝不仅被广泛地运用在家具和家电设计中，在印花设计中也很常见。

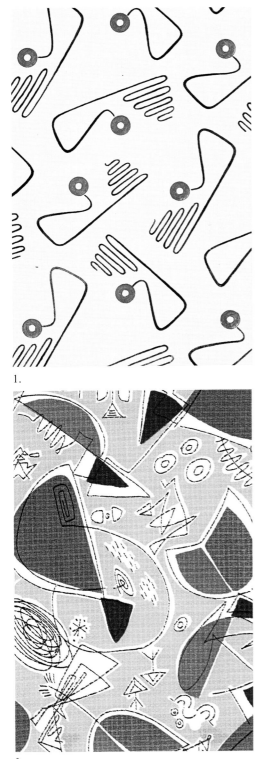

1.

2.

3.

波纹花样

1. 法国，约 1880—1890 年，机印棉布，衣料，比例 110%

2. 法国，1851 年，机印棉布，衣料，比例 70%

3. 法国，1882 年，机印棉布，衣料，比例 86%

4. 法国，19 世纪中期，机印棉布，衣料，比例 160%

5. 法国，1895 年，机印棉布，衣料，比例 160%

波纹印花模仿的是波纹绸（或水波绸）的波浪纹样。而真正的波纹印花本身就是一种模仿水波的产物，布面上好像有溪水流淌。不管是真波纹还是假波纹，归根结底都是风格化的水波图像，所以在这里谈论"真""假"就变得毫无意义了。这种讨论会对哲学批评提出一些问题，但不会对设计师造成任何困扰。设计师们更担心如果波纹描绘得不够细致入微，波纹印花就会变得像一幅地形图。（参见第 92—93 页花卉纹样：波纹花样）

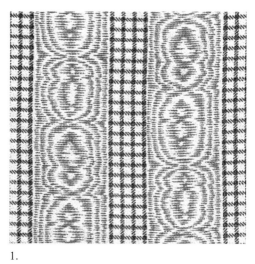

1.

2.

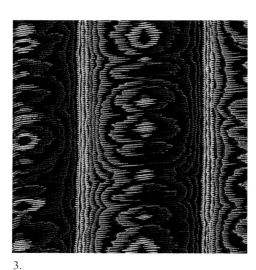

3.

4.

5.

单套色和单色调纹样

1. 美国，约20世纪40年代，机印棉布，衣料，比例100%

2. 美国，1937年，机印棉布，衣料，比例100%

3. 法国，1899年，机印棉布，衣料，比例100%

4. 法国，19世纪末，水粉纸样，衣料，比例100%

5. 法国，20世纪30年代，机印丝绸，衣料，比例100%

6. 法国，1948年，机印或网印人棉绉布，衣料，比例100%

单色调纹样（图2、图4和图6）仅用一种颜色里的一个色调进行印染，其纹样形状通过坯布未经染色的空白部分表现。单色调纹样生产成本较低，只需一只辊筒或一块网版。单套色设计（图1、图3和图5），则采用一种颜色中的不同色调，表现其丰富的明暗层次。然而，辊筒和网版所能表现出来的色调层次是有限的（即半蚀刻技术），如要表现层次差别明显的色调，就要单独列为一种颜色另做处理。从成本角度考虑，两种蓝色色调的单套色设计也可以通过蓝色和红色实现。

1.

2.

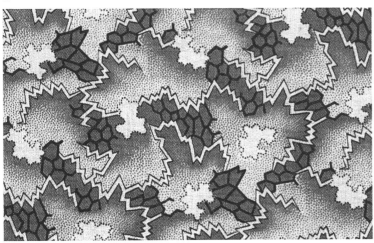

3.

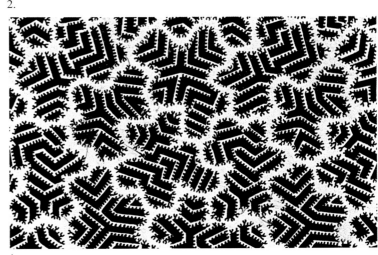

4.

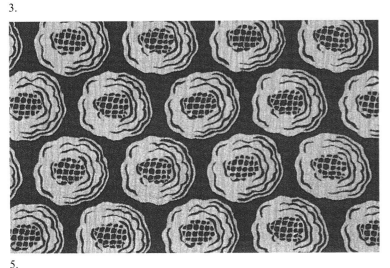

5.

6.

马赛克纹样

1. 法国，约 1900—1930 年，水粉纸样，衣料，比例 125%

2. 法国，约 20 世纪 20 年代，水粉纸样，衣料，比例 80%

3. 法国，约 20 世纪 20 年代，水粉纸样，衣料，比例 100%

4. 美国或法国，20 世纪上半叶，机印棉布，衣料，比例 140%

5. 法国（未确定），约 20 世纪三四十年代，机印或网印丝绸，衣料，比例 100%

6. 法国，20 世纪上半叶，水粉纸样，衣料，比例 100%

说来奇怪，马赛克纹样更常见于服装纺织品，而非家用装饰，但它的灵感来源是建筑装饰，而非服装饰品。马赛克拼图式的镶嵌效果很适合作衣料纹样，无数鲜艳的小碎块，一丝不苟地拼贴在一起，产生一种流动感，让人想要触碰、感受一下，这是在冰冷的建筑物上表现不出的效果。马赛克镶嵌技术从亚历山大大帝时期开始就在欧洲各国文化中流行甚广，因此当代设计师可以从中汲取丰富的营养。图 1 纹样中有黑窗格，该设计看上去既像马赛克图案又像教堂的彩色玻璃。

1.

2.

3.

4.

5.

6.

简约小纹样

1. 法国，约 1860 年，水粉纸样，衣料，比例 100%

2. 法国，19 世纪中期，机印棉布，衣料，比例 100%

3. 法国，19 世纪中期，纸上印样，衣料，比例 100%

4、17、23. 美国，约 1880 年，机印棉布，衣料，比例 100%

5—9、12、14、18—20、22、24. 法国，约 1990 年，水粉纸样，衣料，比例 100%

10、11、13、16. 法国，约 1880 年，机印棉布，衣料，比例 100%

15. 法国（未确定），约 1900 年，机印丝缎，衣料，比例 100%

21. 法国，约 1830 年，水粉纸样，衣料，比例 100%

19 世纪下半叶，简洁的几何小纹样和花卉纹样一样常见。这类纹样生产成本低，一般只用一两套色，图案简单且大小都不超过 1/4 英寸。不仅如此，这些图案排列规律且花回很小，无须费心构思，减少了设计时间，从而降低了设计费用。19 世纪晚期，美国进口这种纹样的棉布每码仅 8 美分，美国本土棉布价格则更低。这种朴素的、排列规整的纹样大人小孩皆宜。

1.　2.　3.　4.　5.　6.
7.　8.
9.　10.　11.　12.
13.　14.
15.　16.　17.　18.
19.　20.　21.　22.　23.　24.

S 形纹样

1. 法国，约 1850 年，机印毛织物，衣料，比例 24%
2. 法国，约 1920 年，机印棉布，衣料，比例 50%
3. 美国，约 1880 年，机印棉布，衣料，比例 100%
4. 法国，约 1900 年，机印棉布，衣料，比例 130%

这种纹样是从建筑装饰上移植过来的，建筑中有一种称为"线脚"的凹凸带形装饰，亦称 S 形线脚或洋葱形顶，线条呈 S 形反复交织延伸，形成一个个眼睛形状的优美椭圆图案。S 形纹样比较好设计，一个单位纹样可以像镜面反射那样反复不断地连续下去，中间隔出的椭圆形空间以团花或其他图案点缀则再合适不过。这种纹样多见于 16 世纪土耳其、波斯、意大利的花缎纹样。当它运用到面积更大且制作更精良的家用装饰织物上时，一般会偏向于表现其传统的中东或文艺复兴时期的风格。

1.

2.

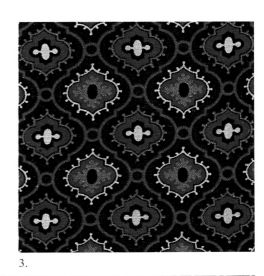

3.

4.

晕染纹样

1. 法国，1927 年，丝绸，衣料，比例 90%

2—4、6. 法国，1855 年，木版机印毛织物，衣料，比例 90%

5. 法国，1855 年，木版机印毛织物，衣料，比例 76%

7—10. 法国，1880 年，水粉纸样，衣料，比例 130%

附图系 19 世纪时设计的色彩复杂而完美的晕染纹样。图 6 的底子运用晕染技术调和两种颜色，形成雅致、含蓄的基础条纹，然后在上面按一贯做法叠加盘旋环绕的蛇形条纹。蛇形条纹亦须融合另一种不同的颜色，实现色彩的明暗渐变，以凸显它与底子之间的层次感。也就是说图 6 的底子和纹样均经晕染加工。如此一来，这种印花布生产必然费时费力，且成本高昂，也就不难理解为何晕染技术在 19 世纪中期渐遭废弃。（参见第 96—97 页花卉纹样：晕染纹样）

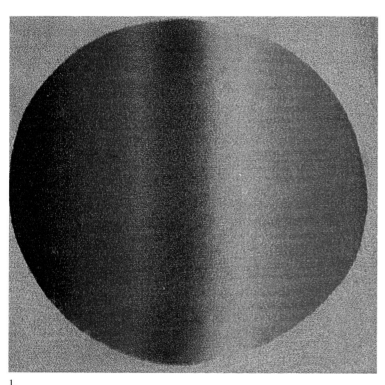

1.

2.

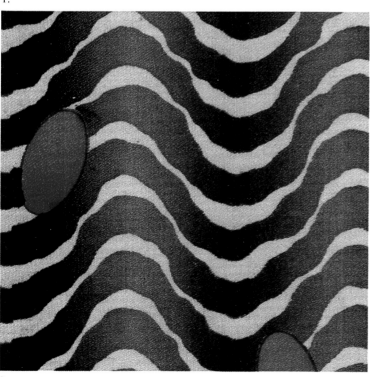

3.

4.

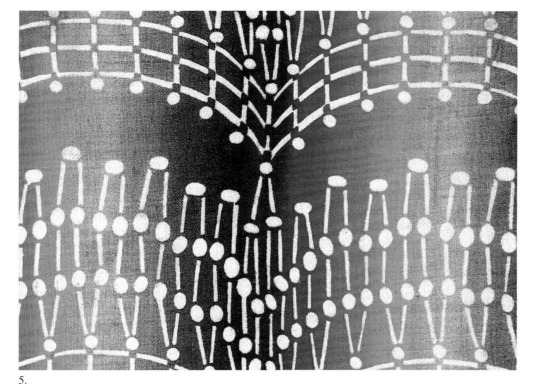

5.

7.

8.

9.

6.

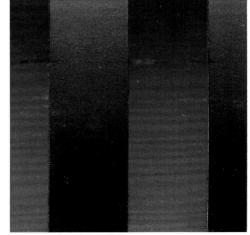

10.

光学艺术纹样

1. 法国（未确定），约 1900 年，机印棉布，衣料，比例 140%
2. 法国（未确定），约 1880—1900 年，机印棉布，衣料，比例 120%
3. 美国，20 世纪 60 年代，墨水纸样，衣料，比例 50%
4. 法国（未确定），约 1880—1900 年，机印棉布，衣料，比例 90%
5. 法国（未确定），约 1900 年，机印棉布，衣料，比例 100%
6. 法国（未确定），约 1900 年，机印棉布，衣料，比例 100%
7. 美国，20 世纪，水粉纸样，衣料，比例 96%
8. 法国（未确定），约 1900 年，机印棉布，衣料，比例 110%
9. 德国，20 世纪 30 年代，水粉纸样，衣料（领带纹样），比例 120%
10. 法国，1912 年，机印棉布，衣料，比例 92%
11. 法国，20 世纪三四十年代，水粉纸样，衣料，比例 100%

这种歪曲变形的光学图样显然是受到布里奇特·赖利（Bridget Riley）和维克托·瓦萨雷里（Victor Vasarely）等 20 世纪艺术家的作品影响，但这里所附的 11 幅图例，除图 3 之外，都产生于此前数十年间。与光学艺术风格相同的纹样，因为极易由小提花织纹产生，事实上在整个现代印花行业出现以前便已存在。图 2、图 7 和图 9 与拥有几百年历史的小提花纹样极其相似。光学艺术在小提花织纹中的运用始于 19 世纪初，并且此类纹样最早是作为被罩上的印花生产于德国和美国的。光学艺术纹样一时成了新潮的东西，但因其十分晃眼，并不符合大众的审美。大多数光学艺术纹样都是从方块或格子纹样衍变而来的，但图 1 是由犬牙纹拉伸和压缩而成的。（参见第 164—165 页几何纹样：偏心波纹）

1.

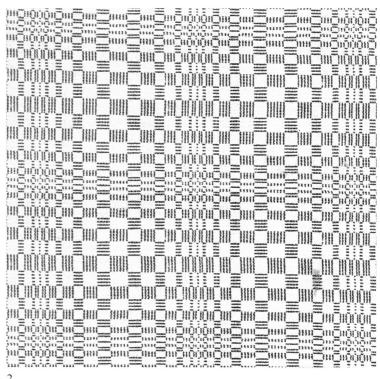

2.

3.

4.

5.

6.

7.

8.

9.

10.

11.

椭圆和种子纹样

1. 法国，1890 年，水粉纸样，衣料，比例 66%

2. 法国，1886 年，机印棉布，衣料，比例 100%

3. 法国，1845 年，机印棉布，衣料，比例 74%

4. 法国，约 20 世纪 30 年代，水粉纸样，衣料，比例 100%

5. 法国，约 1830—1840 年，水粉纸样，衣料，比例 74%

6. 法国或美国，约 1880 年，机印棉布，衣料，比例 100%

7. 法国，1949 年，纸上印样，衣料，比例 50%

8. 法国或美国，约 20 世纪 30 年代，机印丝绸，衣料，比例 130%

9. 法国，约 1830—1840 年，水粉纸样，衣料，比例 100%

椭圆是圆的变体，在纺织纹样中用得不多。将椭圆设计成两头尖的杏仁状或种子形（图 5 和图 9），则形成了一种类似圣像画中带有神秘宗教色彩、寓意天地合一的图形。不过，这种纹样也不是很常见，大概是因为在现代的消费者看来，小椭圆形和药丸的形状相似。图 8 纹样的设计师在椭圆形中加上圆点和条纹，试图让人联想到包装巧克力的箔纸。图 3 实际上不是椭圆，而是由近大远小的圆点所产生的透视变化。

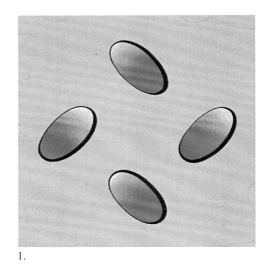

1.

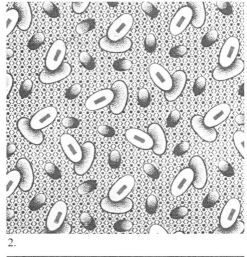

2.

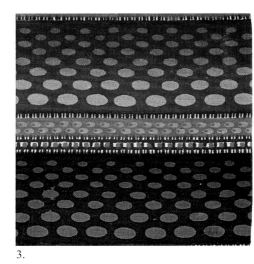

3.

4.

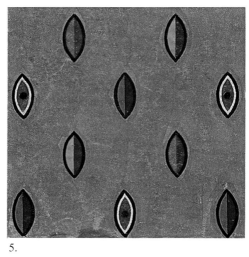

5.

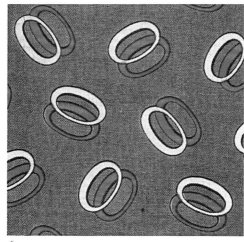

6.

7.

8.

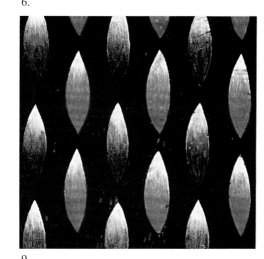

9.

作底纹的小几何纹样

1. 美国，约 20 世纪 30 年代，水粉纸样，衣料，比例 100%

2. 法国或美国，约 1920 年，机印棉布，衣料，比例 100%

3. 法国，约 1840 年，机印和木版印花棉布，衣料，比例 100%

4. 法国，约 1860 年，水粉纸样，衣料，比例 100%

5. 法国，1900—1920 年，水粉纸样，衣料，比例 110%

6. 美国，20 世纪二三十年代，水粉纸样，衣料，比例 80%

格子、圆点和肌理花纹既可以作为花卉图案的底纹，也可以用于衬托几何图形。几何图形与花卉图案的底纹种类差不多，只是花卉图案经常呈现在几何图形背景之上，几何图形却很少叠加在花卉印花之上。这大概暗示了，至少在印花布上，天然产物优胜于人工产物。

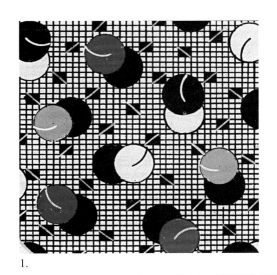

1.

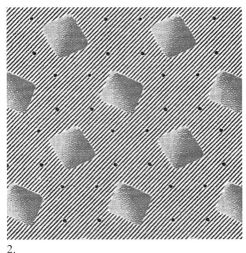

2.

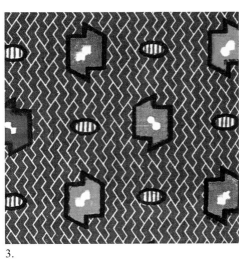

3.

5.

4.

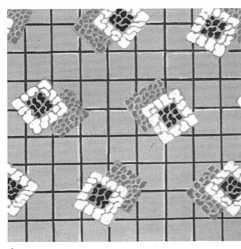

6.

风车和螺旋纹样

1、3. 法国，约 1890 年，水粉纸样，衣料，比例 90%

2、4. 法国，约 1810—1820 年，水粉纸样，衣料，比例 74%

5. 法国，约 1810—1820 年，水粉纸样，衣料，比例 110%

6. 法国，1883 年，机印棉布，衣料，比例 100%

7. 法国，约 1900—1920 年，水粉纸样，衣料，比例 96%

8. 法国，约 1820 年，木版印花棉布，衣料，比例 115%

9. 法国，约 1890 年，水粉纸样，衣料，比例 100%

10. 法国，约 1900—1920 年，水粉纸样，衣料，比例 115%

11. 法国或美国，约 20 世纪 30 年代，水粉纸样，衣料，比例 170%

螺旋形是以一个固定点向外逐圈旋绕而形成的曲线，风车形则是由一个轴心在同一平面上向外伸展而形成的辐条。螺旋形既可以看成向外扩散也可以看成向内收缩，向外似银河里的一团星云，向内则像一个旋涡。图 2 中的螺旋形是静态的，像一只蜗牛壳。作为一种古老的纹样，螺旋纹在史前艺术中就频繁出现了。现如今，螺旋纹有着更广泛的含义，它象征着宇宙的演化。但同时，它又是人类无聊时随手画出的图案，毫无意义可言。风车是旋转运动的象征，弯曲的风车叶片，就像是被自身旋转带动的风吹弯的。风车纹样还包括海星、花朵以及电扇等图案。

1.

2.

3.

4.

5.

6.

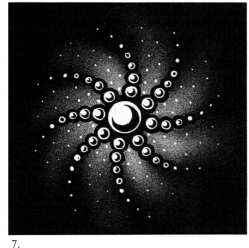

7.

8.

9.

10.

11.

格纹：黑白纹样

1. 法国，约 20 世纪 20 年代，水粉纸样，衣料，比例 400%

2—4、7、8. 法国，约 20 世纪 20 年代，水粉纸样，衣料，比例 130%

5. 法国，约 20 世纪 20 年代，水粉纸样，衣料，比例 110%

6. 法国，约 20 世纪 20 年代，水粉纸样，衣料，比例 94%

格纹是由条纹组成的格子纹样，其横向条纹垂直于纵向条纹。这种简单的定义缺乏描述性，但自现代纺织印花出现以来，格纹种类十分丰富，即使再透彻的定义也无法涵盖全部。格纹最初由织机上的经纬线构成，经线呈纵向排列，纬线呈横向排列。印花设计师以传统的格纹为基础，可以设计出织机上无法生产的纹样。黑白印花格纹可以忽略色彩问题，仅仅通过线条的长短粗细和直角来丰富画面效果。这种单色纹样本质上是单调的，可以用任何单一套色在白地上印花，而其中黑色与白色的鲜明对比更让人印象深刻。

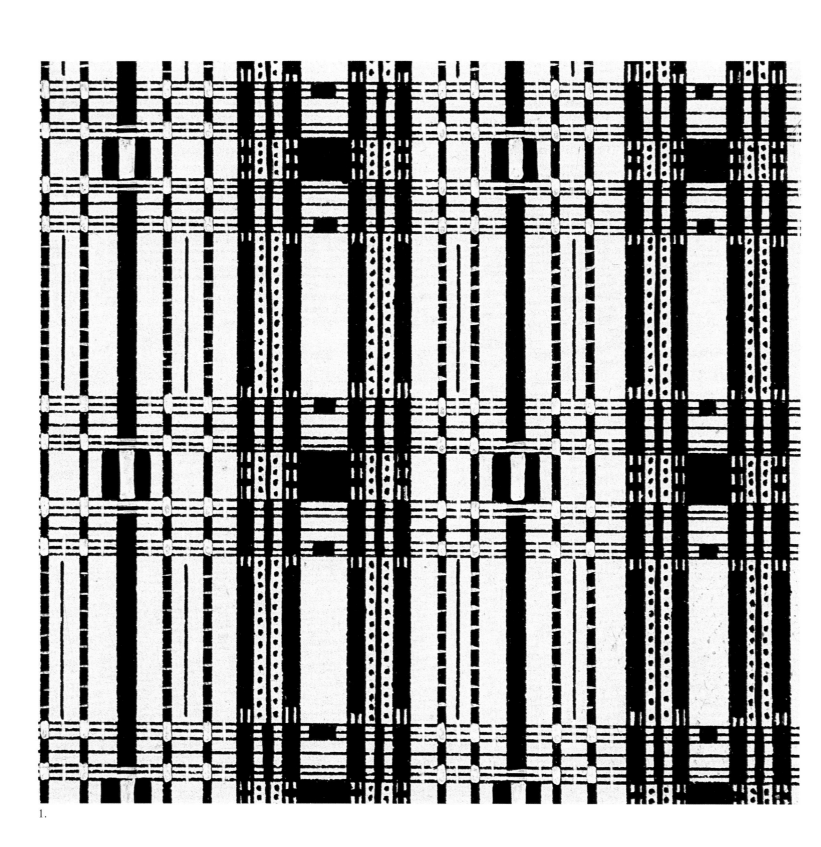

1.

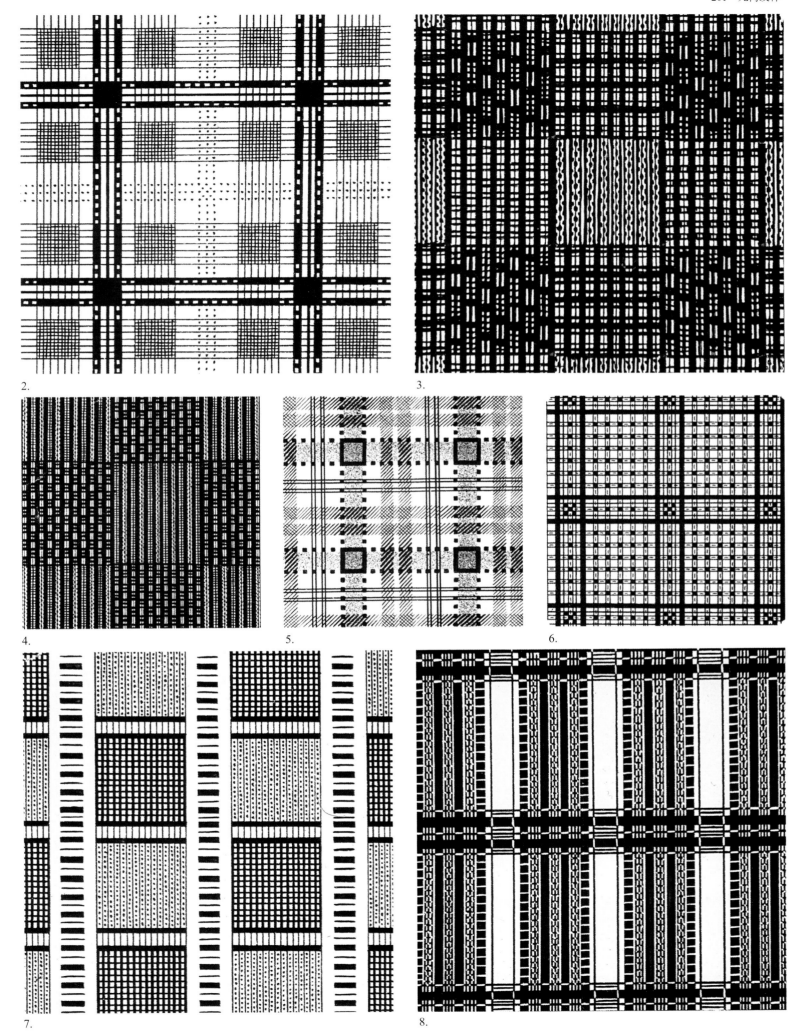

2.

3.

4.

5.

6.

7.

8.

格纹：轻质丝毛织物纹样

1、4.法国，约 1850 年，机印毛织物，衣料，比例 100%

2.法国，1850 年，机印毛织物，衣料，比例 50%

3.法国，约 1850 年，机印毛织物，衣料，比例 80%

　　一般情况下，印花格子的生产成本总是比色织布低，许多格纹印花都极力模仿编织物的视觉纹理效果。利用印花技术是为了让人们能够买得起昂贵的色织布风格的产品，而非为了探索出更多的视觉可能。然而，格纹只是色彩丰富的色织呢绒纹样的基础。色织丝毛织物纹样采用了印花而非编织的传统方法，形成了该纹样自身的风格。（参见第 153 页几何纹样：轻质丝毛织物纹样）

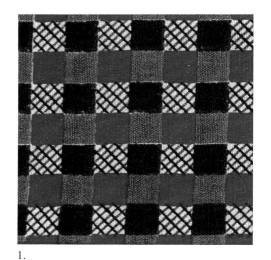

1.

2.

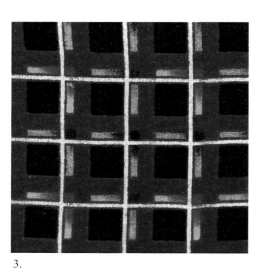

3.

4.

格纹：格子、彩色格子、窗格纹样

1. 法国，约 20 世纪 20 年代，水粉纸样，衣料，比例 100%
2. "加利福尼亚"，法国，1851 年，机印棉布，衣料，比例 86%
3. 美国，20 世纪 60 年代，水粉纸样，衣料，比例 110%
4. 欧洲，20 世纪下半叶，机印平绒，衣料，比例 100%
5. 法国，1883 年，机印棉布，衣料，比例 110%
6. 美国，约 1880 年，机印棉布，衣料，比例 100%
7. 美国，20 世纪 60 年代，机印棉布，衣料，比例 100%
8. 法国，1880—1890 年，机印棉布，衣料，比例 100%
9. 法国，约 1920 年，水粉纸样，衣料，比例 100%

格纹中的条纹有粗有细，将条纹印成四四方方的图案，即成格子纹样（图 1—图 3）。图 2 中的印花布于 1851 年制成，取名为"加利福尼亚"（或许是想趁着加利福尼亚淘金热赚些钱），是法国阿尔萨斯的凯什兰（Koechlin）印染厂生产的。其销售代理人写道："由于颜色的问题，这种印花布恐怕不会取得成功，在巴黎它会销路不畅。"彩色格子纹样（图 4—图 6）是一种满地纹样，其中等宽的重叠条纹组成了一套色的方格（"gingham"这个词源于马来语"ginggang"，意为"条纹"）。如果格子尺寸很大，像从传统的红黑两色的伐木工作服上裁下来的布料，这种格型被称为野牛格子。彩色格子纹样经典而又朴素，易于编织或印花。窗格纹样（图 7—图 9）也是一种格纹，其方格是由细线条组成的，看上去像窗户的框架。

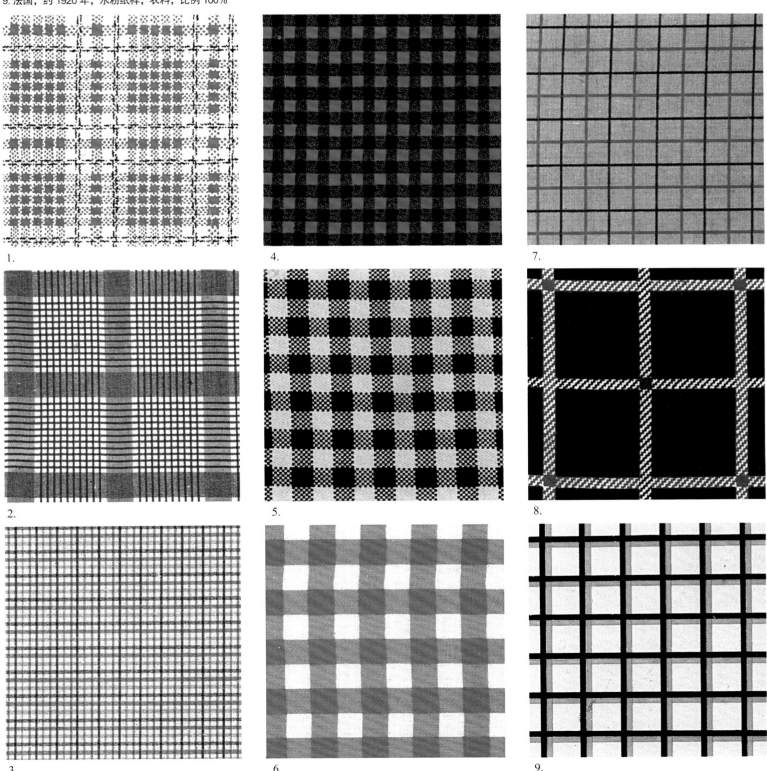

1.

2.

3.

4.

5.

6.

7.

8.

9.

格纹：小礼服衬衫纹样

1、7. 法国，约 1860 年，机印棉布，衣料，比例 100%
2—4、8. 美国，约 20 世纪 20 年代，机印棉布，衣料，比例 100%
5. 法国，1931 年，水粉纸样，衣料，比例 100%
6. 法国或美国，约 20 世纪 20 年代，水粉纸样，衣料，比例 110%
9. 法国，1929 年，水粉纸样，衣料，比例 100%

格纹：小礼服衬衫提花纹样

10、13. 法国，约 1900—1920 年，水粉纸样，衣料，比例 110%
11、12、14. 美国，约 1900—1920 年，机印棉布，衣料，比例 100%

在 19 世纪末 20 世纪初，由于当时的印花技术比当今的技术更注重细节，衬衫印花格子布有时几乎与色织格子布没有什么区别，只有经过仔细的鉴别才会看出是仿制的纹理。现在这种印花纹样反而比色织纹样贵。然而在世纪之交的时候，这种印花格子衬衫布受到新一代底层职员的欢迎，在乡村民间成为制作节日服装的理想衣料。

多臂提花纹样最初是在多臂织机上生产的小几何图形，属于一种纺织纹样。多臂提花纹样成本高，但印花设计师可以仿制印花，且无需额外费用。这类印花纹样可用于多种衣料，一般用于男士衬衫，容易造成双重编织的错觉。

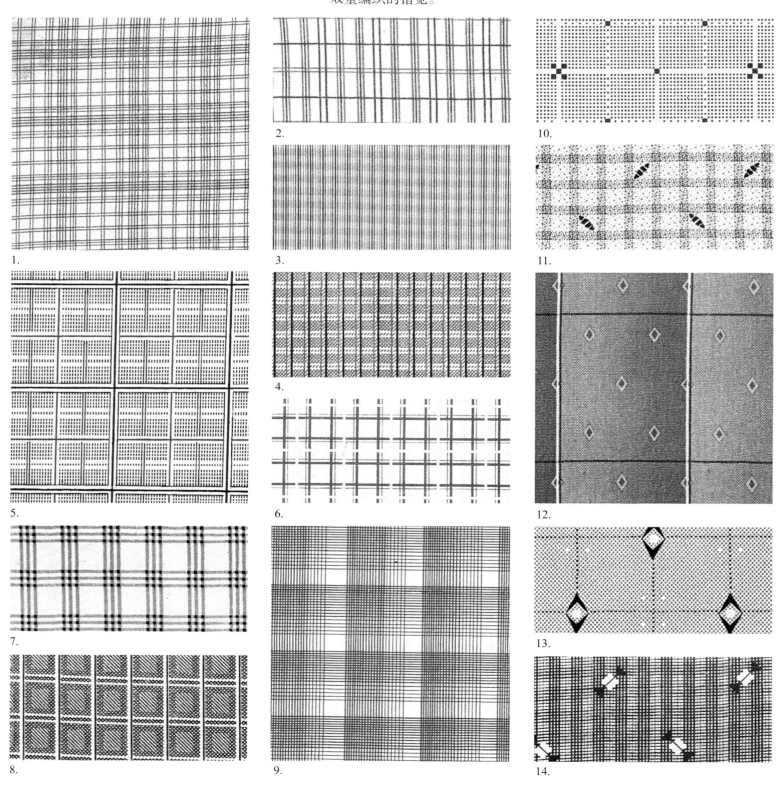

1.
2.
3.
4.
5.
6.
7.
8.
9.
10.
11.
12.
13.
14.

格纹：绒布纹样

格纹绒布纹样风格较粗犷，主要用于男子工作服衬衫及运动型衬衫。印花格纹绒布比色织格纹绒布便宜得多，是20世纪廉价服装市场上的主要品种。

1.20 世纪下半叶，机印或网印绒布，衣料，比例 70%
2.20 世纪下半叶，机印或网印绒布，衣料，比例 70%
3.20 世纪下半叶，机印或网印绒布，衣料，比例 70%
4.20 世纪下半叶，机印或网印绒布，衣料，比例 70%

1.

2.

3.

4.

格纹：茜草媒染印花纹样

茜草媒染印花格纹布的配色极具特色，与色织格纹布有明显的区别。虽然这种纹样极大可能是在色织时设计出来的，却主要出现在印花布上。

1. 法国，1843 年，机印棉布，衣料，比例 80%

2. 法国，1843 年，机印棉布，衣料，比例 100%

3. 法国，1843 年，机印棉布，衣料，比例 90%

4. 法国，1851 年，机印棉布，衣料，比例 100%

5. 法国，1843 年，机印棉布，衣料，比例 100%

6. 法国，约 1840—1850 年，机印棉布，衣料，比例 80%

7. 法国，1843 年，机印棉布，衣料，比例 90%

8. 美国，约 1860—1880 年，机印棉布，衣料，比例 115%

9. 法国，1843 年，机印棉布，衣料，比例 80%

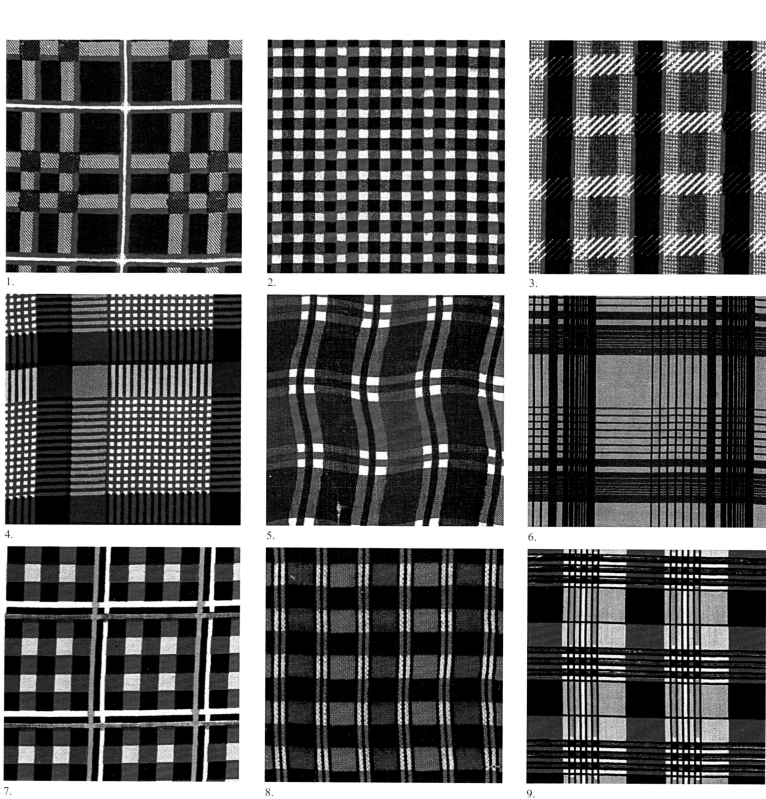

1.

2.

3.

4.

5.

6.

7.

8.

9.

格纹：新潮印花纹样

这种色彩鲜艳、风格俏丽的格子纹样让格纹印花开始流行起来。这类纹样设计奇特，无法在提花机上生产。在 20 世纪 30 年代至 50 年代，新潮印花格纹布常用作廉价的夏季服装，风行一时。

1. 法国，约 1910—1920 年，水粉纸样，衣料，比例 110%

2. 法国，约 20 世纪二三十年代，水粉纸样，衣料，比例 100%

3. 法国，20 世纪 30 年代，水粉纸样，衣料，比例 90%

1.

2.

3.

格纹：乡土风格纹样

1. 法国，约 1810—1820 年，水粉纸样，衣料，比例 100%

2. 法国，约 1810—1820 年，木版印花棉布，衣料，比例 105%

3. 法国，约 1810—1820 年，水粉纸样，衣料，比例 100%

4. 法国，约 1810—1820 年，水粉纸样，衣料，比例 130%

5. 法国，约 1810—1820 年，木版印花棉布，衣料，比例 115%

6. 法国，约 1810—1820 年，木版印花棉布，衣料，比例 115%

7. 法国，约 1810—1820 年，水粉纸样，衣料，比例 110%

8. 法国，约 1810—1820 年，水粉纸样，衣料，比例 88%

这种纹样来自 19 世纪初的法国，其用色就像乡土风格的花卉印花布一样亮丽。事实上，在普罗旺斯传统的服装中，这类风格的格纹纹样和花卉纹样经常搭配着穿。就像格纹毛织物，这类纹样的印花品并不一定要仿照提花布，而可以自成体系。

1.

2.

3.

4.

5.

6.

7.

8.

格纹：运动型衬衫纹样

1. 法国，约 1880—1890 年，机印棉布，衣料，比例 80%

2. 法国，1899 年，机印棉布，衣料，比例 80%

3. 法国，1899 年，机印棉布，衣料，比例 90%

4. 法国（未确定），约 1900 年，机印棉布，衣料，比例 100%

5. 美国，20 世纪 50 年代，机印棉布，衣料，比例 70%

这种印花布价格比较便宜，适用于男女休闲服和工作服，19 世纪时即已流行，现今也仍有生产，只是数量有所减少。一开始美国格子布衬衫销势强劲，但到了 20 世纪 60 年代，进口色织格子布几乎与国内生产的印花格子布一样便宜。在价格方面没有了竞争力，印花格子布一下就失去了市场。与其说流行，还不如说因为价钱便宜而促使流行。在巴黎高级时装商店，哪怕用仿色织的印花格子布缝制的衬衫也能因其高超的仿制水平而照样显得高雅；虽说是相同的格子布，但在折扣商店出售，高雅之气也就消失了。

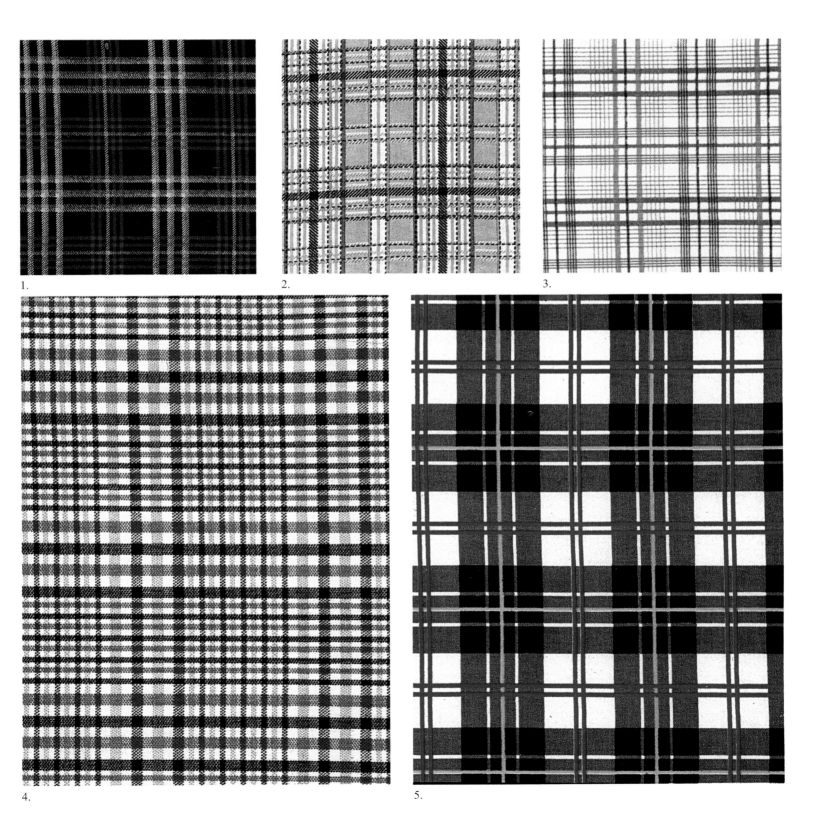

1.

2.

3.

4.

5.

格纹：苏格兰格子呢

1. 美国，20世纪下半叶，机印或网印棉布，衣料，比例94%

2. 美国，20世纪下半叶，机印或网印棉布，衣料，比例105%

3. 美国，20世纪下半叶，机印或网印棉布，衣料，比例90%

4. 美国，20世纪下半叶，机印或网印棉布，衣料，比例84%

这种纹样带有鲜明的苏格兰地方色彩（"plaid"一词来自苏格兰盖尔语，指毛毯）。在历史上，每一个苏格兰氏族内部联系都十分紧密，并以生产苏格兰色织格子毛呢而自豪，包括苏格兰呢裙子和狩猎装。这种格子呢在几何纹样裙料领域独占鳌头，其他的几何纹样虽然悦目，却不能打动人心。有不少颇有新意的印花格子呢，以其逼真的外观吸引消费者，却脱离了凯尔特人的传统。这种印花布做了双重仿制：不仅要仿苏格兰呢这一闻名遐迩的品种，还要仿提花织物的纹理。而同时，这种格纹界新贵，就像悠扬的苏格兰风笛一样会引起人们的遐想和情思。

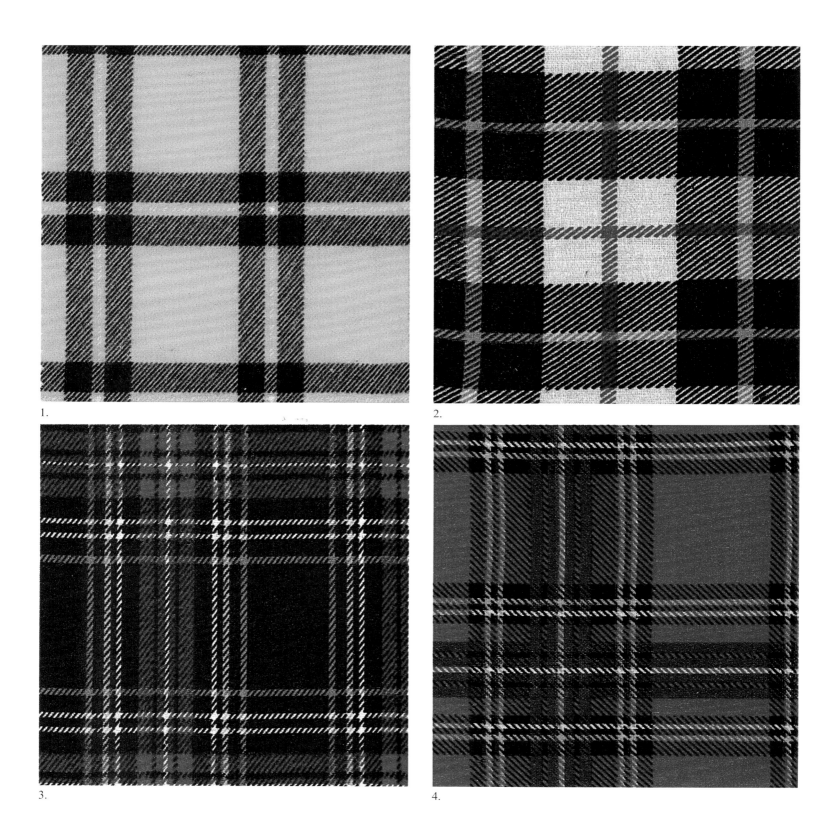

1.

2.

3.

4.

格纹：纹理与粗花呢

1. 法国，约 1900—1920 年，水粉纸样，衣料，比例 100%
2. 法国，约 1900—1920 年，水粉纸样，衣料，比例 100%
3. 法国，约 1900—1920 年，水粉纸样，衣料，比例 80%
4. 法国，约 1900—1920 年，水粉纸样，衣料，比例 100%
5. 法国，约 1900—1920 年，水粉纸样，衣料，比例 68%

这些纹样不仅再现了格子呢的图案，还将这种厚布料的织法、纹理、层叠的效果以及布面的结节疙瘩再现了出来，甚至将粗花呢羊毛的卷曲都描绘得惟妙惟肖。这些设计与印花衬衫布上的纹样不同，并非是为了生产出仿编织布料来替代相对昂贵的编织品，而是为了迎合错视效果的流行趋势。

1.

2.

3.

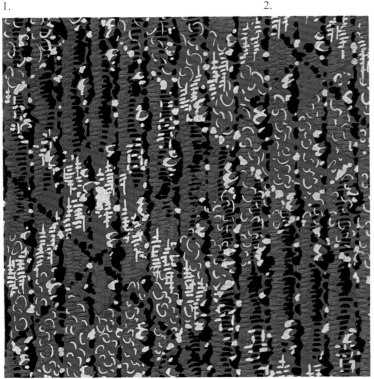

4.

5.

波尔卡圆点纹样

1. 法国，1873 年，机印棉布，衣料，比例 80%
2、3、6、8、11—15、26、29. 法国，1886 年，机印棉布，衣料，比例 100%
4、5. 法国，约 1900 年，机印丝绸，衣料，比例 100%
7、17、19—21. 欧洲，20 世纪，机印或网印丝绸，衣料，比例 100%
9、24、28. 美国，20 世纪，机印棉布，衣料，比例 100%
10. 法国，1932 年，水粉纸样，衣料，比例 110%
16. 法国，1888 年，机印毛织物，衣料，比例 100%
18. 美国，约 20 世纪二三十年代，水粉纸样，衣料，比例 100%
22. 法国，约 20 世纪 30 年代，水粉纸样，衣料（头巾纹样），比例 100%
23. 法国，1829 年，木版印花棉布，衣料，比例 100%
25. 法国，1800—1824 年，木版印花棉布，衣料，比例 70%
27. 法国，1890 年，水粉纸样，衣料，比例 100%

波尔卡圆点纹样总是长盛不衰的。作为一种广受欢迎的基础纺织纹样，它永远不会过时。对印花设计师来说，波尔卡圆点与圆形之间的区别在于，圆形要么内部有图案，要么是空心的，而波尔卡圆点是单色实心圆点。波尔卡圆点与一般的圆点纹样里的单色圆点也不一样，后者被用作组成其他图案的元素，前者自成或随意或固定的布局。最小的波尔卡圆点叫作针尖波点（图 6、图 11、图 13）；最大的标准波尔卡圆点叫作硬币波点（图 22）；还有更大的，被称为超大波点。波尔卡圆点，特别是海军蓝和白色的波尔卡圆点，是一种经典的春季纹样。纹样名称源于一种波希米亚民间舞蹈。1837 年，波尔卡舞在布拉格诞生，随后于 1840 年传入巴黎；到 1845 年，波尔卡舞已经风靡英国、美国，甚至印度。伴随着这股波尔卡热，大量消费品都被冠上了波尔卡的名字——布丁、帽子、鱼饵、装饰布、圆点纹样，希望这些东西也能像波尔卡舞一样流行。

1.　2.　3.　4.　5.　6.　7.　8.　9.　10.　11.　12.　13.

14.

15.

16.

17.

18.

19.

20.

21.

22.

23.

24.

25.

26.

27.

28.

29.

乡土风格纹样

1. 法国，约 1810 年，水粉纸样，衣料，比例 100%

2. 法国，约 1810 年，木版印花棉布，衣料，比例 90%

3. 法国，约 1810 年，水粉纸样，衣料，比例 105%

4. 法国，约 1810 年，水粉纸样，衣料，比例 100%

5. 法国，约 1810 年，水粉纸样，衣料，比例 100%

6. 法国，约 1810 年，水粉纸样，衣料，比例 160%

7. 法国，约 1810 年，水粉纸样，衣料，比例 96%

8. 法国，约 1810 年，水粉纸样，衣料，比例 70%

19 世纪初，法国曾大量生产印有色彩艳丽的乡土风格几何印花的布料，用于制作女装。这种纹样的布料也常被用于制作手帕、头巾，配以另一种纹样的包边。在普罗旺斯，人们有时会同时穿着乡村风格配色的几何纹样服装和花卉纹样服装，用同色系、不同纹样的服装互相搭配，营造出丰富的层次感。图 7 是一幅珊瑚造型的风格化纹样，有着之后 20 世纪 80 年代"后现代主义"的风格。像这样的流行循环，或偶然出现，或有意为之，在纺织品设计中是常有的。（参见第 108—109 页花卉纹样：乡土风格纹样）

1.

2.

3.

4.

5.

6.

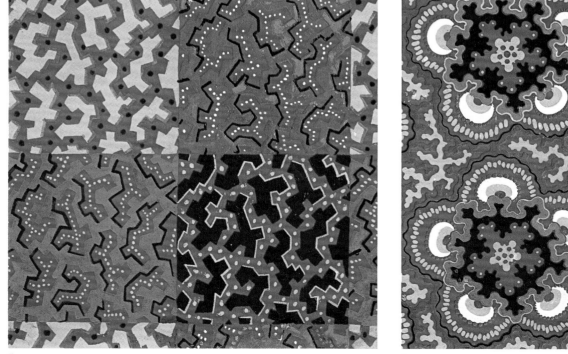

7.

8.

四叶形纹样与三叶形纹样

1. 法国，1850 年，机印毛织物，衣料，比例 100%
2. 法国，1850 年，机印毛织物，衣料，比例 78%
3. 法国，约 1850 年，纸上印样，衣料，比例 100%
4. 法国，1892 年，机印棉布，衣料，比例 100%
5. 法国，1840—1845 年，机印丝绸和呢绒，衣料，比例 90%

在传统的象征意义中，四叶形（图 1、图 3—图 5）刻画的是数字"四"，蕴含"四"的所有固有含义——四大元素、四个方位、四季。四叶形纹样由四个圆形相交构成，呈十字形，也是一种建筑装饰纹样（如用作哥特式教堂的窗饰），亦是一种纹章图形。三叶形（图 2）代表数字"三"，主要象征三位一体（圣父、圣子、圣灵合为上帝）。维多利亚时代的设计师会将三叶形纹样与习俗和宗教信仰相联系（北欧的许多维多利亚教堂都是哥特复兴式建筑），不过三叶形纹样亦被作为一种具有团花风格的边框纹样来使用，极为便利。现在这种纹样比起 19 世纪已很少见，基本只在领带中以小面积印花的形式出现。

1.

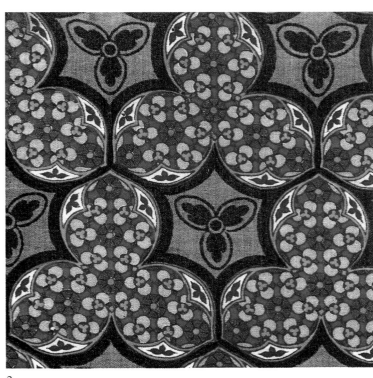

2.

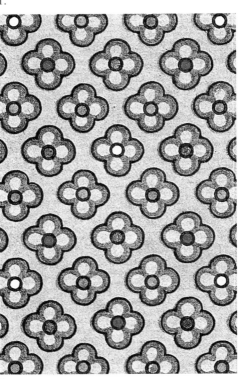

3.

4.

5.

长方形纹样

1. 法国，约 1910—1920 年，机印棉布，衣料，比例 100%

2. 美国，约 20 世纪 30 年代，水粉纸样，衣料，比例 70%

3. 美国（未确定），约 20 世纪四五十年代，机印或网印棉布，衣料，比例 100%

4. 法国（未确定），约 20 世纪二三十年代，机印丝绸，衣料，比例 100%

5. 法国，1873 年，机印棉布，衣料，比例 100%

6. 法国，约 1950—1970 年，水粉纸样，衣料，比例 100%

在现实生活中我们接触到的长方形的东西远比其他形状的东西多，但印花设计师还是更钟情于正方形，长方形纹样在织物中则较为少见。部分原因是这种纹样的设计总是将长方形按一个方向直线排列，也就是说即使将印花布上下颠倒，纹样看上去依旧一样，无法分辨。不过，如果将长方形斜向排列，不固定朝向，效果就完全不同了。有方向性的纹样在服装裁剪排料方面总不如无方向性的纹样来得省料。或许与有方向性的长方形相比，四边相等的正方形更能赋予人们一种心理上的满足感和秩序感。

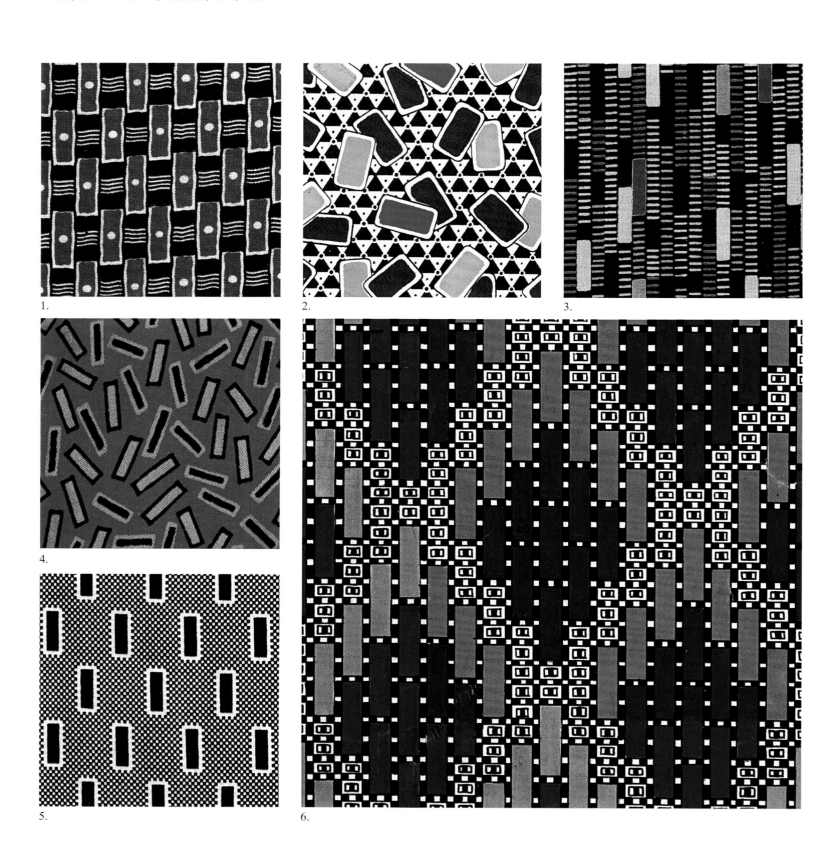

1.

2.

3.

4.

5.

6.

鳞片纹样

1. 法国，1925 年，纸上印样，衣料，比例 100%

2、9. 法国，约 1840 年，水粉纸样，衣料，比例 100%

3、8. 美国，约 1880 年，机印棉布，衣料，比例 115%

4. 法国（未确定），20 世纪二三十年代，机印丝绸，衣料，比例 185%

5. 法国或美国，约 20 世纪 30 年代，水粉纸样，衣料，比例 150%

6. 法国，1928 年，机印丝绸，衣料，比例 125%

7. 法国，约 1800 年，纸上印样，衣料，比例 100%

10、13. 法国，约 1860—1880 年，机印棉布，衣料，比例 100%

11. 法国或美国，19 世纪下半叶，机印呢绒，衣料，比例 155%

12. 法国，20 世纪二三十年代，机印丝绸雪纺，衣料，比例 100%

14. 法国，约 1880—1890 年，水粉纸样，衣料，比例 195%

15. 美国，1873 年，机印棉布，衣料，比例 100%

这种像无数拱形交叠在一起的纹样又称作蛤壳或扇贝纹，这种纹样稍加改变就可以轻松排列出建筑物拱顶式图案或者鱼鳞图案。这种纹样历史悠久，广泛流传，可见于罗马马赛克镶嵌艺术、东方花缎、印度手绘棉布及美国的拼布棉被。若要排列成鱼鳞或爬行动物的甲鳞、鸟类羽毛，或建筑装饰纹样，拱形一般朝下，好比形成一个保护层；若排列成壳类、植物或抽象装饰形状的纹样，则拱形通常朝上，如以下各图所示。

1.

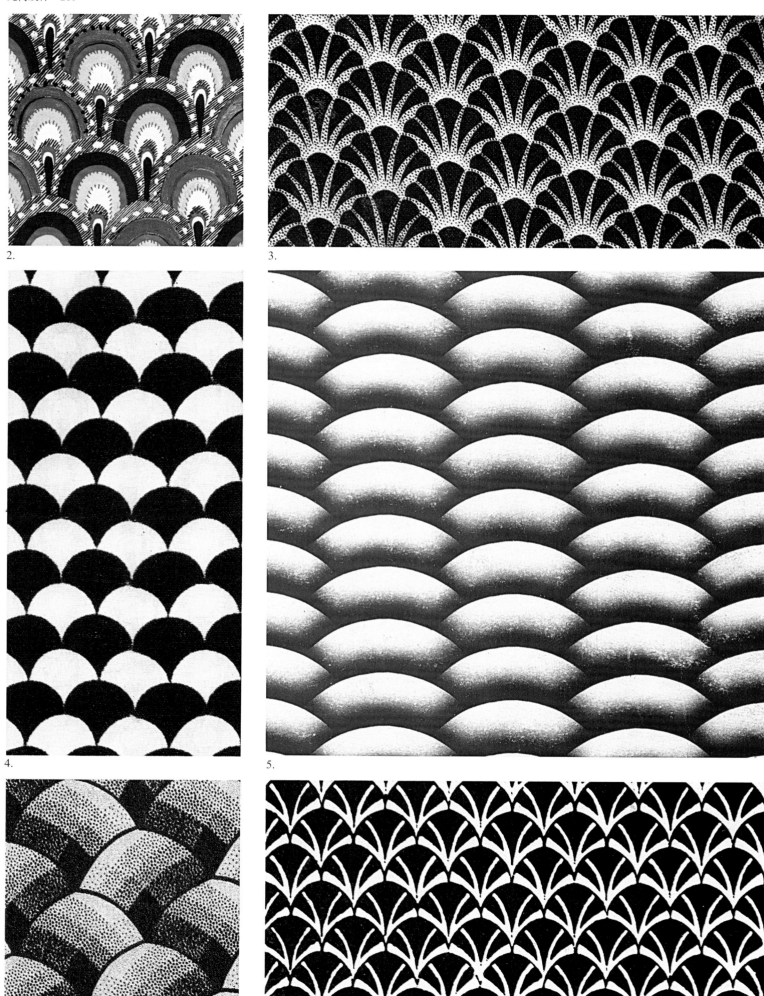

2.

3.

4.

5.

6.

7.

8.

9.

10.

11.

12.

13.

14.

15.

印花头巾纹样

1. 法国，约 1880 年，机印棉布，衣料（头巾角饰），
比例 64%

2. 法国，约 1850 年，木版印花棉布，衣料（头巾角饰），
比例 50%

3. 法国，约 1880 年，机印棉布，衣料（头巾角饰），
比例 50%

一块印花头巾一定会有装饰性的边纹，作为一种边框，收束中间纹样并起到烘托作用，这比直接将中间纹样印到边要好很多。通常头巾边纹图样比中间图样设计感更强，但为了避免边纹图样过于夺目，需要把二者巧妙结合起来。边纹设计可能会从中间图样中选取一些图案，并在此基础上做一些大胆的改变。

1.

2.

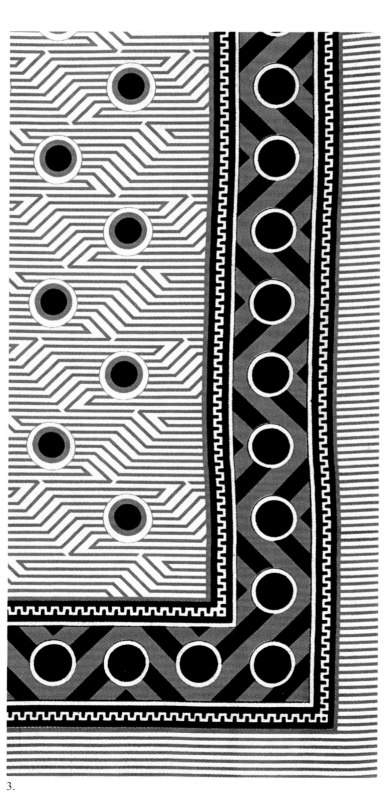

3.

卷草纹样

1. 法国，1849 年，机印棉布，衣料，比例 60%
2. 法国，1898 年，水粉纸样，衣料，比例 210%
3. 法国，约 1855 年，水粉纸样，衣料，比例 50%
4. 美国，20 世纪（仿 19 世纪法国铅笔稿），水粉纸样，衣料，比例 50%

法国杰出平版工人和插画家奥古斯特·拉辛特（Auguste Racinet）在其著作《多彩的装饰》（*L'Ornement Polychrome*）中写道："生命力旺盛的莨苕叶形装饰已存在了 2 200 年并完好无缺地流传至今，它装点着这个世界，并将与之同在。"莨苕卷曲的叶子是众多卷曲纹样中的基本图案。自 18 世纪起，卷草纹样就经常应用于印花织物中，有些是非常写实的莨苕叶纹（图 4），有些则用固定线条抽象表现其卷曲的藤蔓和叶子。这种纹样一般呈无方向性的排列，铺满布面的同时也不失雅致明快。

1.

2.

3.

4.

清地纹样

1. 法国，约 1840 年，木版机印棉布，衣料，比例 76%
2. 美国，约 20 世纪 30 年代，机印或网印人棉布，衣料，比例 100%
3. 美国，约 20 世纪三四十年代，水粉纸样，衣料，比例 100%
4. 法国，约 20 世纪二三十年代，纸上印样，衣料，比例 100%
5. 法国，19 世纪下半叶，水粉纸样，衣料，比例 100%
6. 法国，1890 年，水粉纸样，衣料，比例 76%
7. 法国，1890 年，水粉纸样，衣料，比例 100%
8. 法国，20 世纪 30 年代，水粉纸样，衣料，比例 100%
9. 美国，约 20 世纪 30 年代，机印人棉布，衣料，比例 74%
10. 法国，约 20 世纪 20 年代，纸上印样，衣料，比例 64%

清地纹样的布局特点是花纹所占面积小于底色面积。像花卉图案一样，任何一种几何图案都可以被插入清地纹样的布局中，图案以一定间隔排列，呈现在相对空白的底色上。这类纹样的底色一般是单一的，不过有些纹样也可以充当底纹，用来修饰规则排列的相同图案。因此，清地纹样可以看成是纹样底子上间隔排列的几何图案。（参见第 197 页几何纹样：作底纹的小几何纹样）

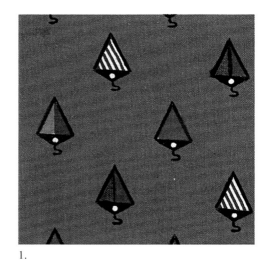

1.

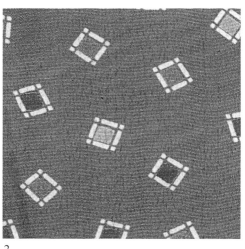

2.

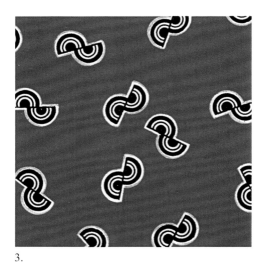

3.

4.

5.

6.

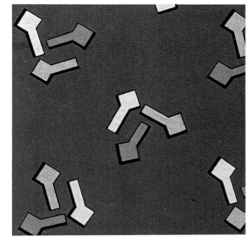

7.

8.

9.

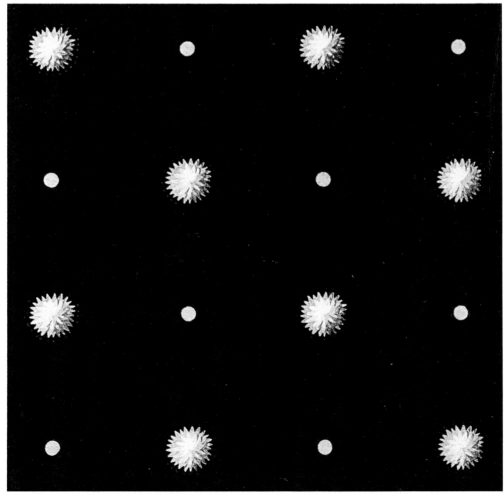

10.

正方形纹样

1. 德国，约20世纪二三十年代，水粉纸样，衣料（领带纹样），
比例100%

2. 德国，约20世纪二三十年代，水粉纸样，衣料（领带纹样），
比例130%

3. 法国，约20世纪二三十年代，水粉纸样，衣料，比例150%

4. 法国，约20世纪30年代，水粉纸样，衣料，比例50%

5. 法国，约1910—1920年，水粉纸样，衣料，比例200%

6—8. 法国，1886年，机印棉布，衣料，比例100%

9. 法国，1830年，木版印花棉布，衣料，比例100%

10、13. 美国，约20世纪30年代，水粉纸样，衣料，比例
120%

11. 法国，约1910—1920年，水粉纸样，衣料，比例100%

12. 法国，1885年，机印棉布，衣料，比例100%

在纺织品的几何纹样中，继圆形纹样之后最常见的要数正方形纹样了。正方形比例均等，给人留下稳定、坚固以及合理的印象——设计师需要对正方形进行精准的测量，否则容易画成长方形。在中国、印度和其他国家的传统文化中，正方形象征宇宙四大元素中的土元素或者大地，也象征着女性阴柔的特质；而圆形则象征着气元素或者天空，也象征着男性阳刚的特性。方块套方块、格子套方块、散点方块、方块叠方块、方块斜向排列——设计师在这个最简单的几何形状中找到了无数种排列组合。附图仅列举了用正方形本身作纹样的例子，还不包括构成盒式布局、方格或格纹之类的图例。

1.

2.

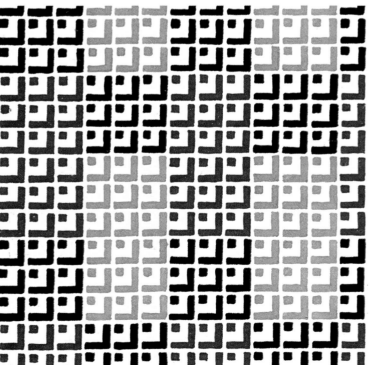

3.

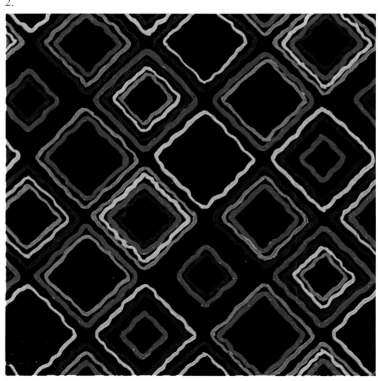

4.

5.

6.

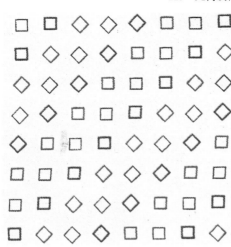

7.

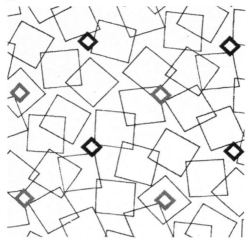

8.

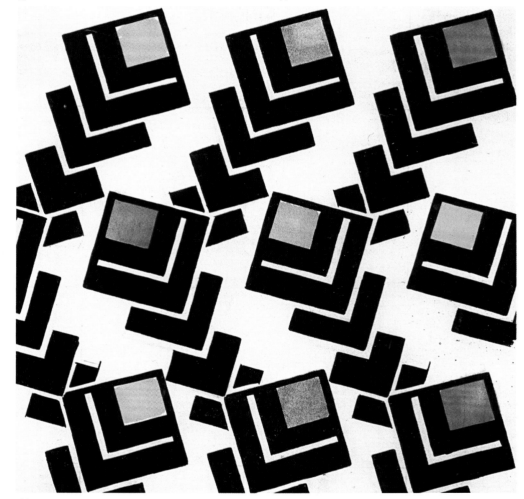

10.

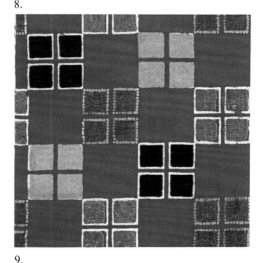

9.

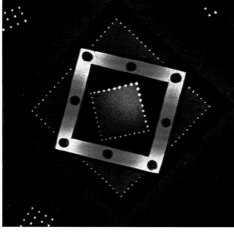

11.

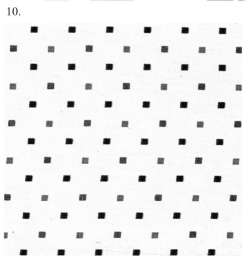

12.

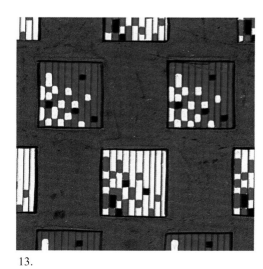

13.

星形纹样

1. 法国，约 1880 年，水粉纸样，衣料，比例 92%

2. 法国，1887 年，机印棉布，衣料，比例 115%

3. 法国（未确定），19 世纪末，机印绒布，衣料，比例 36%

4. 法国，约 1880 年，机印棉布，衣料，比例 100%

5. 法国，约 1810—1820 年，水粉纸样，衣料，比例 100%

6. 法国，约 1810—1820 年，纸上印样，衣料，比例 90%

7. 法国，约 1810—1820 年，水粉纸样，衣料，比例 200%

8. 法国，19 世纪中期，机印棉布，衣料（班丹纳印花大手帕纹样），比例 100%

情景纹样中的天体纹样里通常包含着星星的图案，但本页所示的星形纹样并无夜空的衬托。把它们从银河的背景中提取出来，星星亦如新月形一样，只是一种几何图形。星形一般有 5 到 8 个角，角数多的则被称为星爆。过去，人们曾认为星星具有强大的力量，能够影响人类活动（如吉祥语"福星高照"）。星形不仅象征着高贵——作为英国骑士勋章的一部分，它还寓意着光明与黑暗的斗争。星形作为纺织品上的装饰纹样始于 1777 年。在美国独立战争时期，星形象征着推翻暴政、争取自由。当时的美国国旗上就有 13 颗五角星。此外，星形纹样还常与航海花纹相结合。

1. 　2. 　3. 　4.

5. 　6. 　7.

8.

条纹

1. 法国，约 20 世纪三四十年代，水粉纸样，衣料，比例 100%

2. 法国，约 1850—1860 年，水粉纸样，衣料，比例 100%

3. 法国，约 1840 年，水粉纸样，衣料，比例 120%

4. 法国，约 1920 年，水粉纸样，衣料，比例 100%

5. 美国，20 世纪，水粉纸样，衣料，比例 105%

在纺织行业，"striped" 这个词不是指一种有色直线，而是指一种排列成直条状的纹样。例如，图 4 如果没有有序排列的方格，就会是一种规则的条纹；图 5 则由三角形堆叠组成条纹。不论何种条纹，一般都是纵向的，尤其是服装上的纹样。纵向条纹使人看起来更高，横向条纹则会使人显得臃肿。

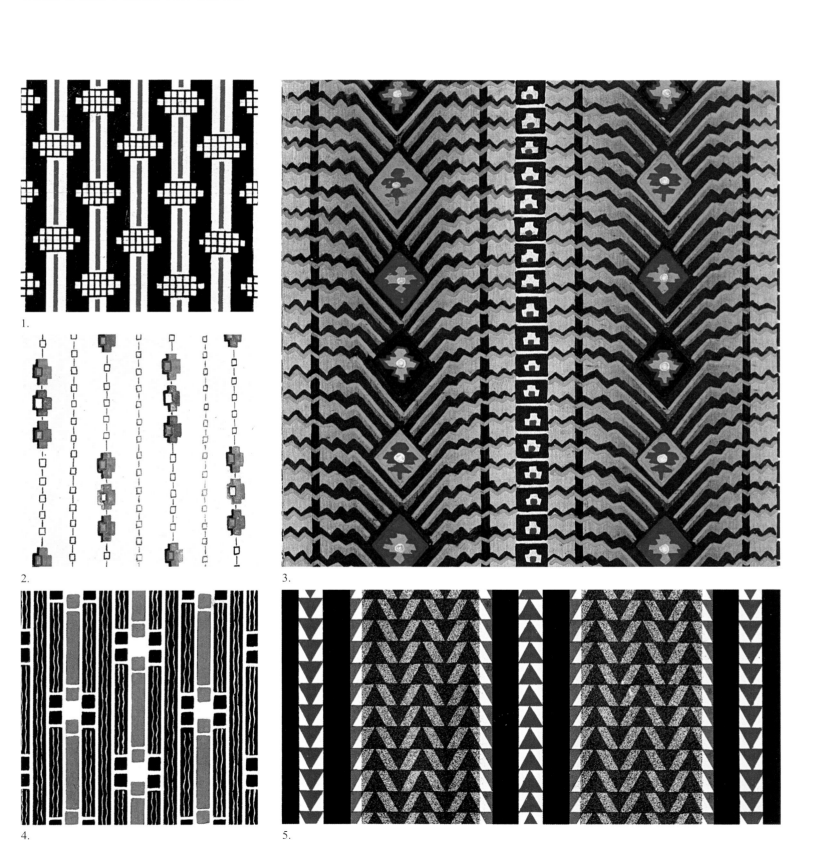

1.

2.

3.

4.

5.

条纹：小礼服衬衫纹样

1、9、11. 美国，约 1880—1900 年，机印棉布，衣料，比例 100%

2、8. 美国，约 20 世纪 20 年代，水粉纸样，衣料，比例 100%

3、7. 法国，1885 年，机印棉布，衣料，比例 100%

4. 英国（未确定），约 1880—1920 年，机印棉布，衣料，比例 100%

5、6、12. 英国，约 20 世纪 20 年代，机印棉布，衣料，比例 100%

10. 法国，1895 年，水粉纸样，衣料，比例 100%

条纹：小礼服衬衫提花纹样

13、14、17. 法国，1899 年，机印棉布，衣料，比例 100%

15、16、18. 美国或英国，约 1920 年，水粉纸样，衣料，比例 100%

这种条纹不受流行时尚的限制，不过在 19 世纪和 20 世纪之交的前后 20 年间，是非常流行的印花样式。当时欧美国家的大量男性劳动力从农场转移到工厂或办公室，他们有了更多的休闲时间。因此这些人无论在上班时间还是下班之后都要穿得整洁、时髦一点，于是就需要用一定的收入来买几件这样的衬衫。当时的印花衬衫布非常细致地模仿编织纹样的纹理，只有仔细观察才能发现不同之处。尽管艺术家们在这些纹样上倾注了无数心血，但这些纹样仍以低成本大批量生产，其精细的线条完全依赖于轧纹印花技术。（参见第 90—91 页花卉纹样：轧纹印花纹样）

多臂提花纹样几乎都是小几何纹样，穿插在基础的条纹之间，使整体纹样更为活泼，同时也能模仿更为昂贵的多臂提花织物。在衬衫纹样中，多臂提花纹样通常精美而又朴素，因而一般为白色或与条纹同色。这种纹样可以为衬衫增添趣味，添加纹理，而不与基础的条纹冲突。

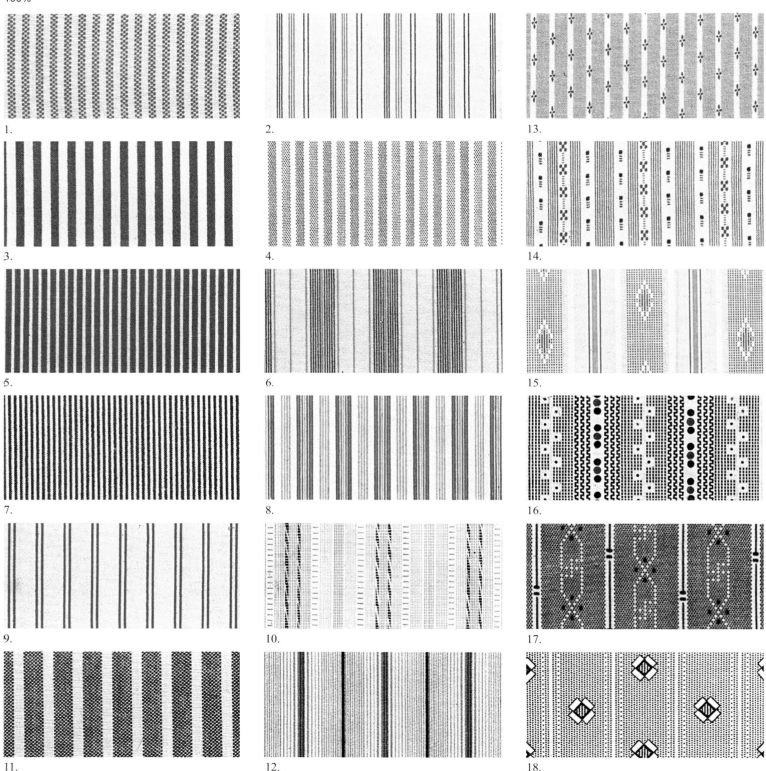

1.

2.

13.

3.

4.

14.

5.

6.

15.

7.

8.

16.

9.

10.

17.

11.

12.

18.

条纹：茜草媒染纹样

这些纹样表现了天然茜草染料浓郁而阴沉的颜色。用茜草媒染工艺印染的条纹和格纹一般不会模仿编织纹样，反而像印花轻质丝毛织物格纹和条纹一样自成一派。

1、5、8、9. 法国，1858 年，机印棉布，衣料，比例 100%

2. 法国，约 1850—1860 年，机印棉布，衣料，比例 115%

3. 法国，约 1850 年，机印棉布，衣料，比例 100%

4. 法国，1842 年，机印棉布，衣料，比例 100%

6. 美国，1873 年，机印棉布，衣料，比例 100%

7. 美国，约 1860—1880 年，机印棉布，衣料，比例 100%

10. 法国，约 1850 年，机印棉布，衣料，比例 100%

11. 美国，约 1880 年，机印棉布，衣料，比例 105%

12. 美国，约 1880 年，机印棉布，衣料，比例 110%

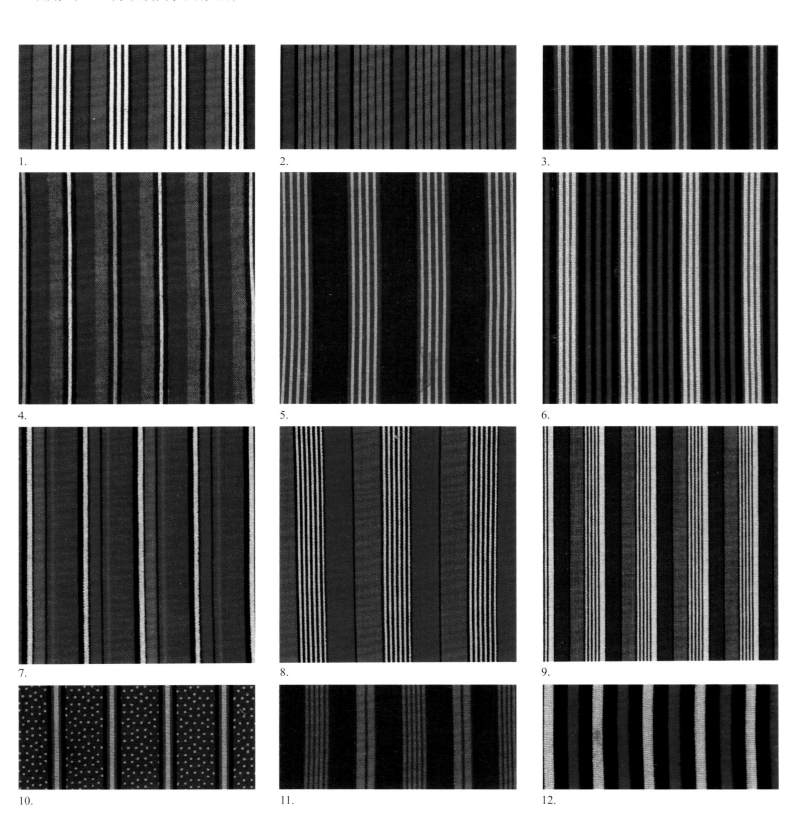

1.　2.　3.

4.　5.　6.

7.　8.　9.

10.　11.　12.

条纹：乡土风格纹样

1—5、7、9—11、13、15—18. 法国，约 1820 年，水粉纸样，衣料，比例 100%

6、8、14. 法国，约 1820 年，水粉纸样，衣料，比例 110%

12. 法国，约 1820 年，机印棉布，衣料，比例 100%

　　法国乡土风格的花卉纹样、格纹、条纹和其他几何纹样曾在 19 世纪一二十年代广为流行，成功取代了更为庄重的帝王风格服装纹样。这种纹样的灵感最初源于普罗旺斯的民俗服装，当它风靡全法国的时候也依然保持了乡村风格。虽然这种纹样现已不再流行，但仍作为普罗旺斯独特的地域性纹样流传了下来。

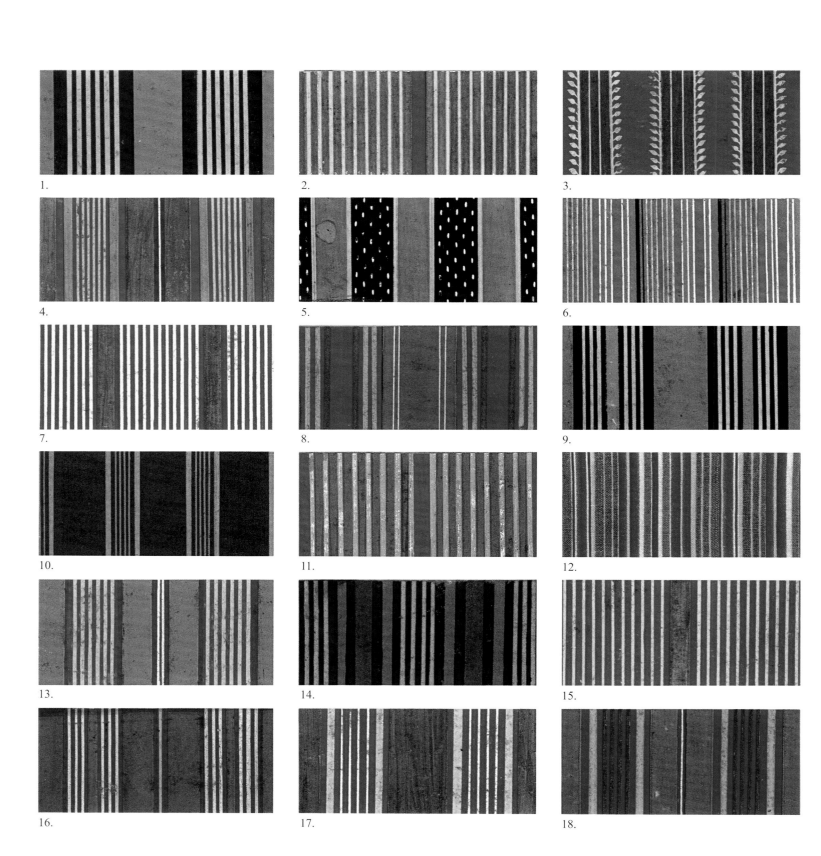

1.

2.

3.

4.

5.

6.

7.

8.

9.

10.

11.

12.

13.

14.

15.

16.

17.

18.

条纹：蛇形和波浪形纹样

1. 法国，1888 年，机印棉布，衣料，比例 100%

2. 法国，约 1840 年，机印毛织物，衣料，比例 56%

3. 法国，1820—1825 年，木版印花棉布，衣料，比例 170%

4. 法国，1895 年，机印棉布，衣料，比例 100%

5. 法国，约 1840 年，机印毛织物，衣料，比例 100%

这种弯弯曲曲的条纹在 18 世纪及 19 世纪初使用较为频繁，如今人们觉得大多数这类纹样太像"蛇"了。其实，这类纹样虽以"蛇"命名，却也同样能使人联想到起伏的波浪、固定好的褶裥花边或抽象的光学艺术。

1.

2.

4.

3.

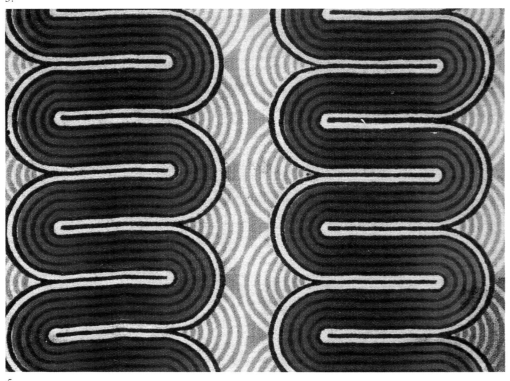

5.

条纹：运动型衬衫纹样

1. 法国，1899 年，机印棉布，衣料，比例 100%

2、4、5、10、11. 美国，20 世纪六七十年代，水粉纸样，衣料，比例 100%

3. 法国，约 20 世纪 30 年代，水粉纸样，衣料，比例 100%

6. 法国，1880—1890 年，机印棉布，衣料，比例 100%

7. 美国，1899 年，机印棉布，衣料，比例 100%

8. 美国，约 20 世纪二三十年代，机印棉布，衣料，比例 100%

9. 美国，约 20 世纪二三十年代，机印棉布，衣料，比例 100%

12. 美国或法国，19 世纪上半叶，机印棉布，衣料，比例 100%

19 世纪的时候，这类纹样主要是做女装的，第二次世界大战后运动型衬衫制造业蓬勃发展，这类纹样也受到了男士的关注。比起小礼服条纹衬衫布来，运动型衬衫布色彩更为丰富，风格更为粗犷，适用于非正式的场合（大多不适合配领带）。

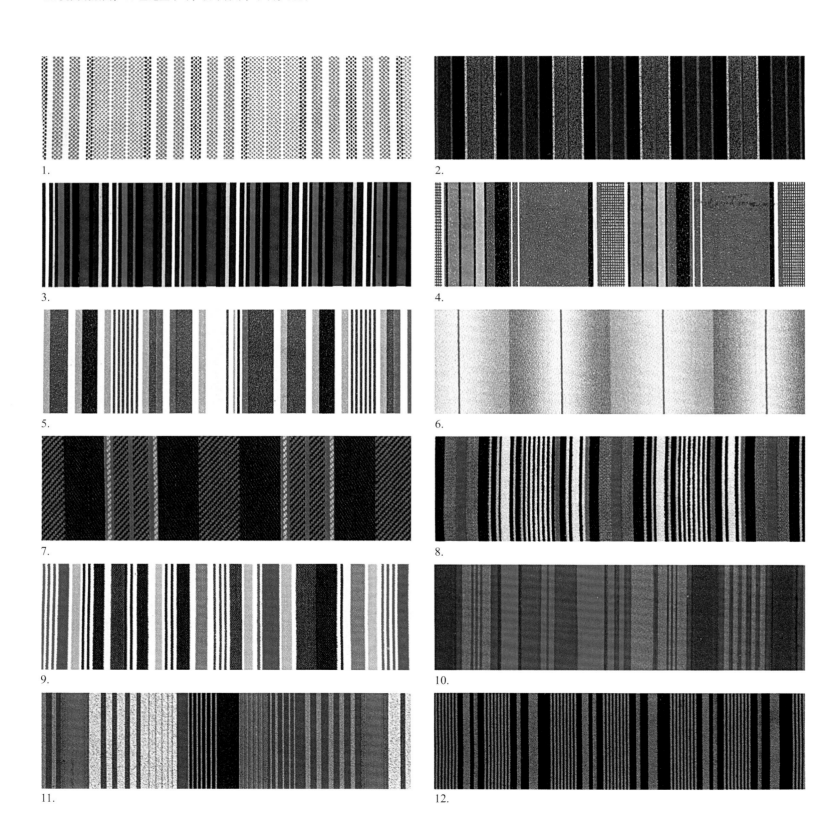

1.

2.

3.

4.

5.

6.

7.

8.

9.

10.

11.

12.

条纹：仿织纹肌理纹样

1. 法国，1895 年，水粉纸样，衣料，比例 120%
2. 法国，约 1910 年，水粉纸样，衣料，比例 100%
3. 法国，1899 年，水粉纸样，衣料，比例 120%
4. 法国，1899 年，水粉纸样，衣料，比例 100%
5. 法国，1899 年，机印棉布，衣料，比例 100%
6. 法国，约 1900 年，水粉纸样，衣料，比例 80%
7. 法国，1895 年，水粉纸样，衣料，比例 105%
8. 法国，约 1900 年，水粉纸样，衣料，比例 100%
9. 法国，约 1890 年，水粉纸样，衣料，比例 100%

艺术家若是想绘制布料纹理，很可能就会画出条纹图案。毕竟，编织品就是条带纵横交织而成的。胡乱的肌理与真的直条相搭配使人分不清楚什么是花纹、什么是底纹。许多设计师试图设计这种仿织纹花样，目的是用便宜货代替真货。但是这种世纪之交的纹样本身就足以成为一种时尚，是设计界一次有趣的尝试。

1.
2.
3.
4.
5.
6.
7.
8.
9.

仿织纹肌理纹样

这种纹样中的图案以织纹肌理来表现，使布料看上去有立体感和厚实的质感，增添视觉趣味，使印花布看上去不那么单薄。

1. 法国，约 20 世纪 20 年代，水粉纸样，衣料，比例 80%

2. 法国，20 世纪二三十年代，机印丝绸，衣料，比例 110%

3. 法国，1928 年，机印丝绸，衣料，比例 110%

4. 法国，约 1920 年，水粉纸样，衣料，比例 80%

5. 法国（未确定），约 20 世纪 30 年代，机印或网印丝绸，衣料，比例 90%

1.

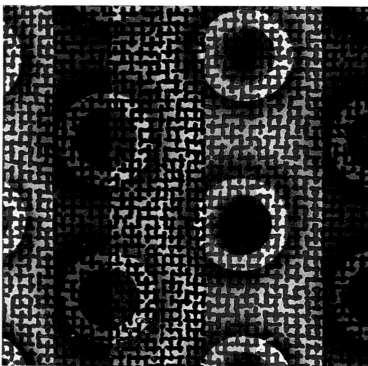

2.

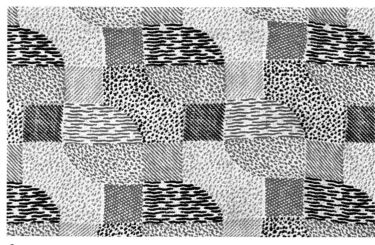

3.

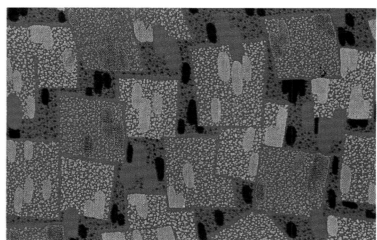

4.

5.

织物质地纹样

设计师说：我能够在布上印布。

1. 法国，约 1870—1890 年，机印呢绒，衣料，比例 100%

2. 美国，约 1880 年，机印棉布，衣料，比例 100%

3. 法国（未确定），约 20 世纪二三十年代，机印丝绸，衣料，比例 100%

4. 法国，1899 年，水粉纸样，衣料，比例 100%

5. 法国，1896 年，机印棉布，衣料，比例 110%

6. 法国，1888 年，机印棉布，衣料，比例 110%

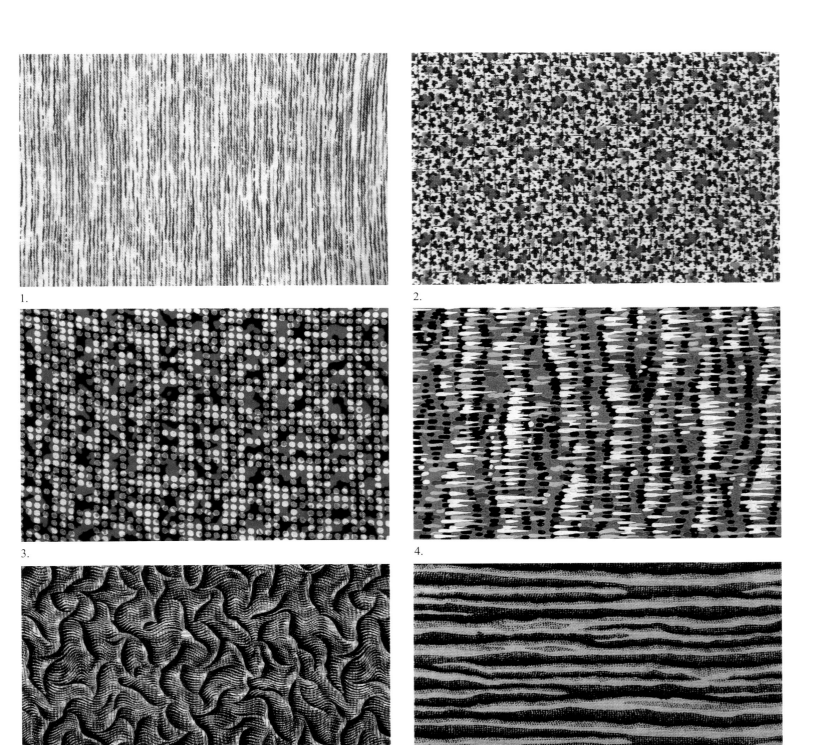

1.

2.

3.

4.

5.

6.

立体几何纹样

1、15. 法国，约 1860 年，机印棉布，衣料，比例 90%

2. 法国，1926 年，机印或网印棉布，衣料，比例 100%

3. 法国，约 1860—1880 年，机印棉布，衣料，比例 120%

4. 英国，约 20 世纪 20 年代，机印棉布，衣料，比例 100%

5. 法国，1892 年，机印棉布，衣料，比例 100%

6. 德国，约 1880 年，机印棉布，衣料，比例 100%

7. 欧洲，1957 年，机印棉布，衣料，比例 120%

8. 美国（未确定），约 20 世纪 30 年代，机印或网印丝绸，衣料，比例 100%

9、14. 法国，约 1880—1890 年，机印棉布，衣料，比例 130%

10. 法国，1866 年，机印丝绸，衣料，比例 72%

11. 法国，1866 年，机印丝绸，衣料，比例 200%

12、16. 法国，1886 年，机印棉布，衣料，比例 100%

13. 法国，约 1890 年，机印棉布，衣料，比例 500%

任何一种几何图形，只要给人以有厚度的感觉，都可以用来设计立体几何纹样。明暗反映出物体上光线的变化，在一条直线下面衬托一点阴影，直线就像从平整的布面上凸了出来。相同的效果也被用于非正式的错视风格印花，不同的是，错视风格印花描绘的是真实存在的物体。立体几何印花中的抽象图形只存在于布面上，但经立体化处理后同样显得很真实。

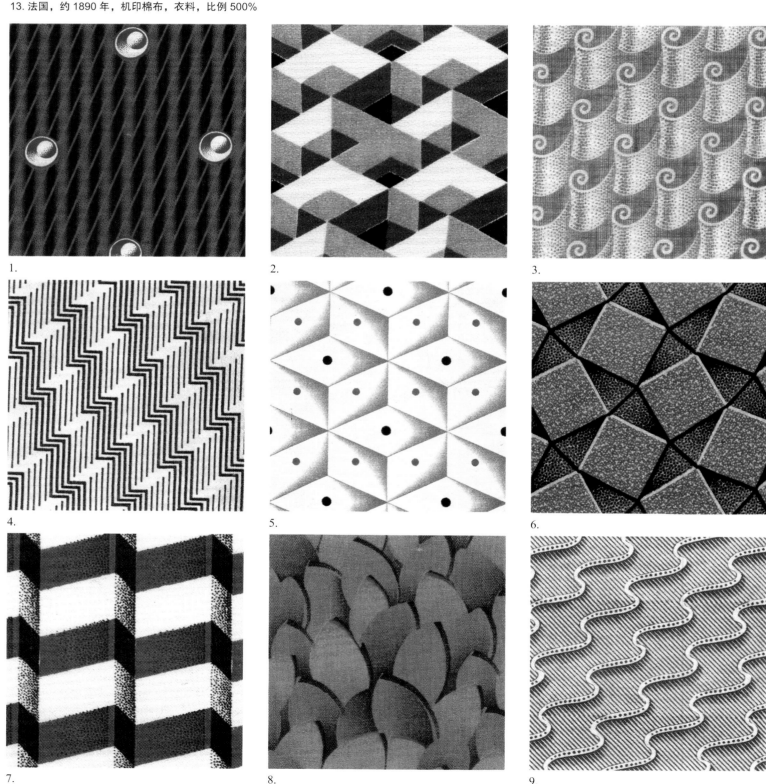

1.

2.

3.

4.

5.

6.

7.

8.

9.

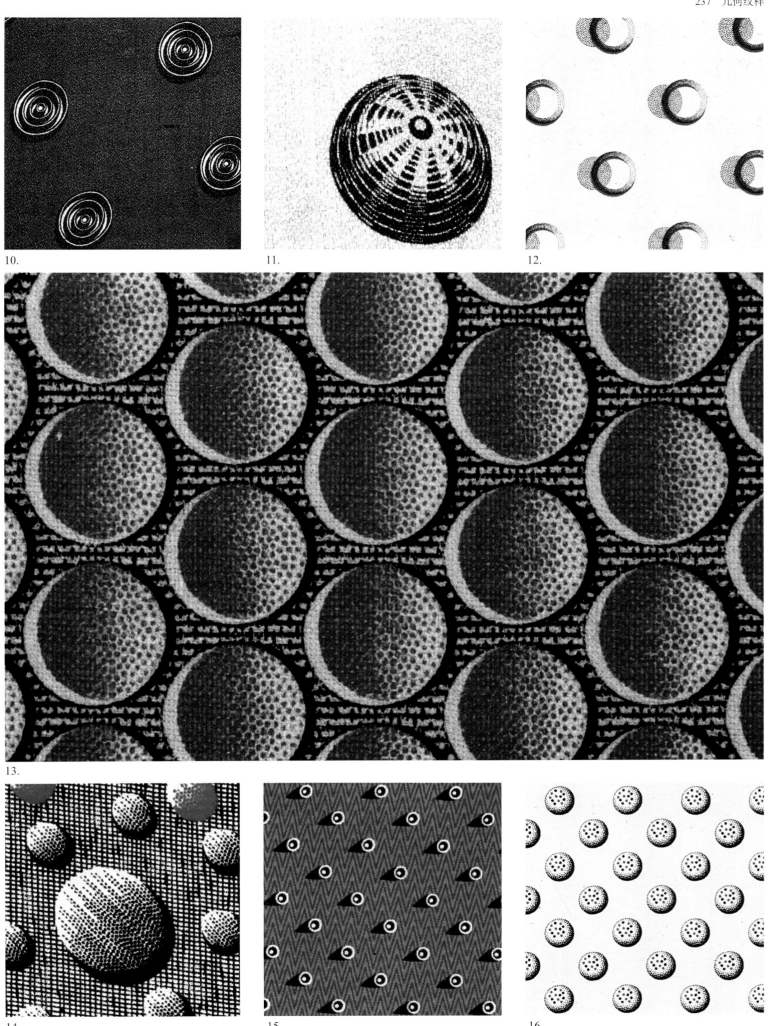

10.

11.

12.

13.

14.

15.

16.

井字纹样

1. 法国，约 20 世纪二三十年代，纸上印样，衣料，比例 80%
2. 法国，约 20 世纪四五十年代，机印或网印丝绸，衣料，比例 100%
3. 法国，约 1850 年，机印毛织物，衣料，比例 130%
4. 法国，1889 年，机印棉布，衣料，比例 100%
5. 法国，约 1840—1850 年，机印毛织物，衣料，比例 100%
6. 法国，约 1840 年，水粉纸样，衣料，比例 100%
7. 法国，约 1810—1820 年，机印和木版印花棉布，衣料，比例 100%
8. 美国，约 20 世纪 30 年代，机印人棉布，衣料，比例 160%
9. 美国，约 1880—1890 年，机印棉布，衣料，比例 110%

将玩井字游戏时用的棋盘当中的 o 和 x 去掉，得到的井字形作为印花纹样，最早见于 19 世纪初的十年间。井字纹样至今仍能见到，而且似乎很适合用来装饰布料：如图 1，井字形可以被看作是一个织物基本单位的风格化符号。"tic-tac-toe"（原始拼法）一词直到 19 世纪 60 年代才出现，后来又与另一种游戏联系在一起——蒙住眼睛，用铅笔轻敲写字板，击中数字即得分。英国人将井字游戏称作"圈叉棋"，法国人的名字更简单——"OXO"，这两个名字显得更为贴切。

1.　　　　2.　　　　3.

4.　　　　5.　　　　6.

7.　　　　8.　　　　9.

领带纹样

1. 美国，20 世纪 40 年代，网印提花人棉布，衣料，比例 60%

2. 美国，20 世纪 40 年代，网印提花人棉布，衣料，比例 74%

3. 美国，20 世纪 40 年代，网印提花绸，衣料，比例 96%

领带几乎可以运用任何图案，附图为 20 世纪 40 年代末的领带纹样，那时战后一代人刚刚脱下单调乏味的军装。男人们在经历了物资匮乏的战争年代之后，迫不及待地穿起了印花鲜艳的休闲装来补偿自己，这种服装很快成了一个新兴产业。然而，正装和工作服的风格仍然相对低调。独领风骚的是又宽又艳俗的领带，造型简直就像裹腹布。比那些领带更宽大的是领带上的纹样，大到无法完全印在领带上，于是每条领带的花样都是独一无二的。

1.

2.

3.

瓷砖纹样

1. 法国，约 20 世纪 50 年代，水粉纸样，衣料，比例 86%

2. 英国，约 20 世纪 20 年代，机印棉布，衣料，比例 150%

3. 美国（未确定），20 世纪 20—40 年代，机印丝绸，衣料，比例 130%

4. 法国，约 20 世纪 20 年代，水粉纸样，衣料，比例 110%

虽然这类纹样是根据瓷砖图案设计的，但做了一番美化，不必像马赛克设计那样保留瓷砖拼接之间的水泥或腻子填缝。瓷砖尺寸比马赛克小方块大得多，如果设计得太过写实，则会给人一种僵硬死板的感觉，不够柔和。纹样若设计得简单一点，只需交替排列不同颜色的单位图案，如图 2；若设计得复杂一点，则可以在单位图案上进一步添加装饰成分，如图 1 和图 4。图 4 带有维多利亚时代的波斯纹样设计风格，其单位图案其实是一个正方形，只不过掩藏在瓷砖纹样的复杂纹理下而不容易分辨出来。图 3 取自摩尔式建筑的瓷砖纹样。

1.

2.

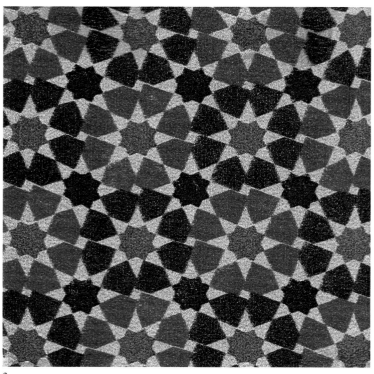

3.

4.

三角形纹样

1. 法国，1886 年，机印棉布，衣料，比例 100%

2. 法国（未确定），约 1915 年，机印棉布，衣料，比例 100%

3. 法国，1887 年，机印棉布，衣料，比例 160%

4. 英国或法国，约 1890 年，机印呢绒，衣料，比例 140%

5. 美国（未确定），约 20 世纪 30 年代，水粉纸样，衣料，比例 115%

作为一种基础几何形，三角形在染织纹样中的应用比圆形和方形少，但比长方形多。它象征着四大元素之一的火，宗教层面则象征着三位一体。金字塔每一面都呈三角形，象征永生，而那些神秘陵墓上的三角形则象征权力，这种象征意义一直保留到今天，比如将三角形印在 1 美元的纸币上。不过现在人们把三角形仅看作是一种装饰纹样，或许还觉得它太过尖锐而不宜穿着。

1.

2.

3.

4.

5.

蠕虫纹样

1. 法国，约 1880—1890 年，机印棉布，衣料，比例 100%

2. 法国，1895 年，机印棉布，衣料，比例 92%

3. 法国，约 1890 年，水粉纸样，衣料，比例 64%

4. 法国，1899 年，机印棉布，衣料，比例 100%

5. 英国或法国，约 1850 年，水粉纸样，衣料，比例 80%

6. 法国，1900 年，机印棉纱，衣料，比例 60%

古罗马人用"vermiculatus"（蠕虫状的）一词来形容一种嵌入式纹样，因为它看起来像蠕虫在地底下钻出的痕迹。这种似珊瑚形的纹样曾流行了几个世纪。它被刻在建筑上作为装饰，后来又逐渐运用于西方传统织物设计，更是在广受欢迎的印度手染床罩（palampore）上大为流行，与之相似的图案被绘作这种床罩的底纹。不过 20 世纪时这种纹样在衣服上已不多见。"vermiculatus"一词源自拉丁文"vermiculari"，意为"蠕虫遍布"，也就不难想象为什么现代设计师对它敬而远之了。

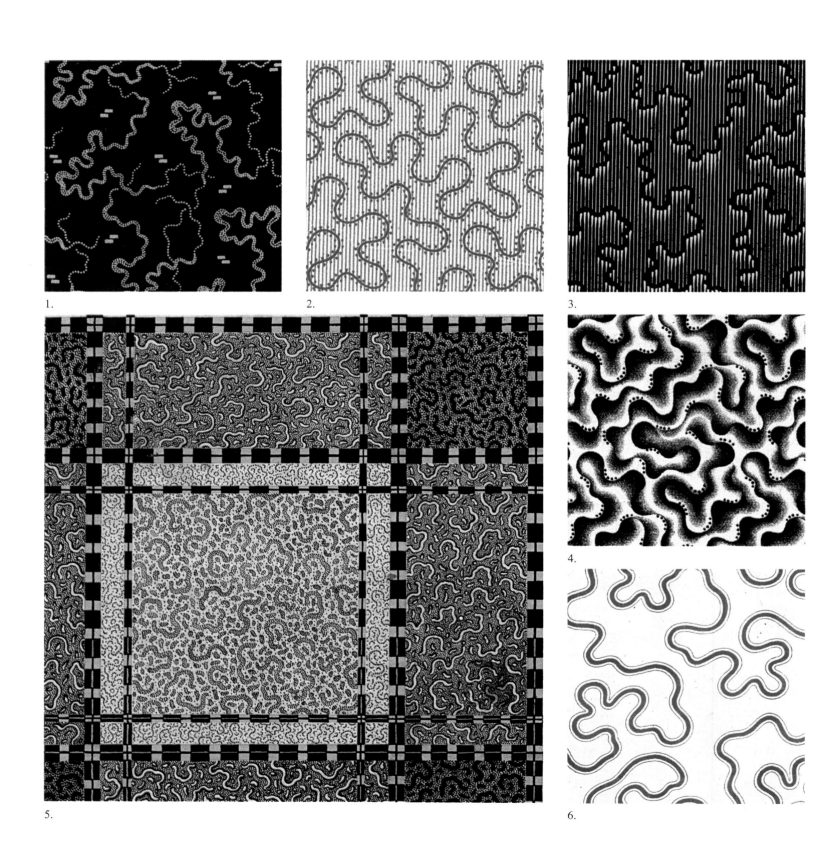

1.

2.

3.

4.

5.

6.

经纱及仿经纱印花纹样

1. 法国，约 1900 年，机印丝绸，衣料，比例 110%
2. 法国，约 1920 年，机印丝绸，衣料（缎带纹样），比例 100%
3. 美国，约 1920 年，机印丝缎，衣料，比例 66%
4. 法国，1851 年，机印棉布，衣料，比例 100%
5. 法国，约 1840 年，机印毛织物，衣料，比例 100%

图 1 和图 2 是用西方印花技术生产的经纱印花纹样，与众不同的外观使它们带有一丝异国情调。仿经纱印花（图 3—图 5）若要实现经纱印花的效果，通常会放大这种异国情调，纹样因而变得更加大胆，通过模仿印度尼西亚、日本和阿富汗的经线扎染织物产生一种民族纹样的观感。（参见第 132 页花卉纹样：经纱印花纹样）

1.

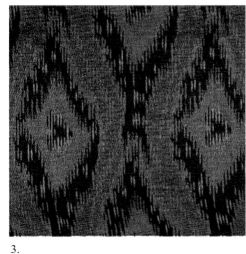

3.

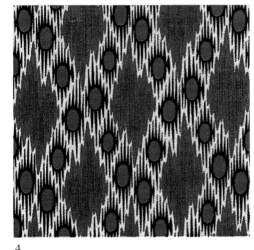

4.

2.

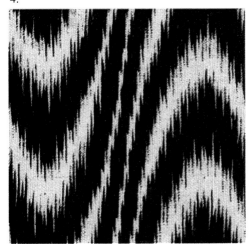

5.

水彩效果纹样

1. 法国，20 世纪 60 年代，染料纸样，衣料，比例
75%
2. 法国（未确定），约 20 世纪 40 年代，机印或网印
丝绸，衣料，比例 100%
3. 法国，20 世纪 60 年代，染料纸样，衣料，比例
100%

大多数水彩效果的几何印花纹样起源于 20 世纪 50 年代或者更晚时候。成功的水彩效果纹样一般都会选用半透明的宝石色彩进行搭配。

1.

2.

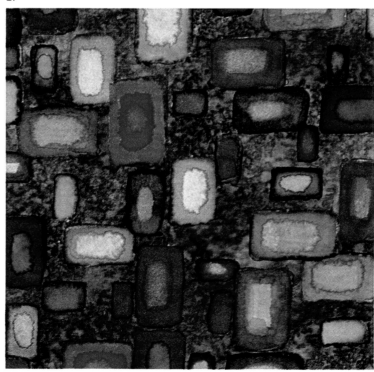

3.

锯齿形纹样

1. 法国，约 1840 年，机印毛织物，衣料，比例 130%
2. 法国，约 1850 年，机印棉布，衣料，比例 110%
3. 法国，1896 年，机印棉布，衣料，比例 140%
4. 法国，约 1840 年，机印毛织物，衣料，比例 125%
5. 法国，约 1850—1860 年，水粉纸样，衣料（缎带纹样），比例 100%

V 字纹和锯齿形有些相像，但锯齿形更随意也更不规则。这种纹样即使锯齿变化幅度减小并排列为条纹，也总是给人一种斜着的错觉（如图 1），仿佛是普通的直线受到了挤压。锯齿纹和闪电外形相似，能表现出一种电流般的力量感，深受装饰艺术设计师的喜爱。不过在别的场合，这种纹样太过张狂反而会显得格格不入。图 5 是非写实的山脉图案，直线排列作为缎带纹样。

1.

2.

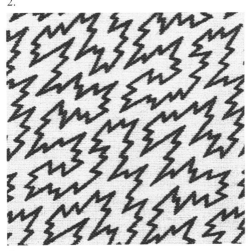

3.

4.

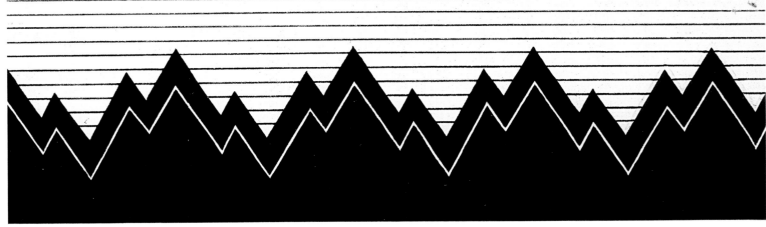

5.

三、情景纹样

三、情景纹样

情景纹样描绘的是一些现实中存在的生物或物体（不包括自成一类的花卉）。但情景纹样不必是一幅世界全景图，它可能只是描绘某一个场面的图案，比如乡村风景图或都市风光图。通常，设计师将这些图案素材从它们存在的环境中提取出来，并在印花织物上按一定的方式排列——格子、条纹或散点等布局。情景纹样比起花卉、几何纹样，更引人注目。将某些绘画作品、摄影作品，甚至建筑图样印在织物上便成了情景纹样。还有些更为贴近生活的图案，比如小丑图案，足够有个性而且幽默感十足。穿上它们，无论走到哪里，你都会成为人们谈论的焦点。

情景纹样又称为新奇纹样。辨识度高的新奇图案与普通的图案相比似乎更容易被淘汰，流行时间也更为短暂。拿熊猫图案来说，它们时而流行，时而冷门，这或多或少受到与熊猫相关的一些新闻的影响。情景纹样还包括一个大的分类，称为纪念性纹样——为纪念某些特殊时刻而设计的图案。事实上任何一件事情，只要能感染很多人的情绪，都可以为其制作纪念性纹样。例如，总统选举、就职典礼、体育竞赛、历史活动纪念日以及科技新发现等伟大时刻，都可以用图像将它们记录下来。甚至有些情景纹样与当下的新闻息息相关，它们会随着新闻的消失而在市场上销声匿迹。然而最终，这些纹样也可能作为收藏物重新获得价值。

当代情景纹样中盈利最多的一类是获得专利的图案。在本世纪（指 20 世纪）以前，设计师可以借用历史上出现过的任何一张图片，但现在他们需要为这类图片付费。这些获得专利的图案大多是类似米老鼠的卡通形象，这与电视和电影的营销机制密切相关。

这类深受顾客喜爱的图案现已成为一种商标、企业形象标志或专利注册标记，而不再是单纯的艺术形象了。此外，让它们瞬间蹿红的大众媒体对于这些图像，就好比血肉对于我们一般重要。至于米老鼠这个魅力超凡的小家伙，我们根本不用担心它是否具有推销自己的能力。它作为印花纹样出现在床罩和 T 恤衫上，好像是一件再自然不过的事了；难怪纺织业为米老鼠和它的伙伴们花了一大笔专利费。

与任何一种机印纹样一样，情景纹样具有悠久的历史。最早的情景纹样是印在亚麻布上的风景画，看上去好像一幅精美的蚀刻画。但是当某一个风景图案在一块布上重复出现，人们联想不到现实中的原型时会怎么样呢？或者当这些花布做成衣服之后，图案上田野与树木的轮廓取决于人体的线条时又会怎么样呢？人们在观察这种印花纹样时，更加关注的是色彩及因纹样重复而产生的空间关系，而不是纹样本身的内容。这就好比设计这些花纹的目的是为了吸引顾客，但将它们呈现在大家面前时，却丢失了人们对图案本身的关注。如果这些情景纹样没有反复出现在织物上，或者没有印在日常衣物上，那么它们有可能成为纺织艺术史上富有潜力的题材吗？还是像没有曲调的歌词一样，流于平庸？

美国西部景象纹样

1. 美国，约20世纪50年代，网印人棉布，衣料，比例50%

2. 美国，约20世纪四五十年代，水粉纸样，衣料，比例50%

3. 美国，约20世纪四五十年代，水粉纸样，衣料，比例25%

4. 美国，20世纪50年代，网印人棉布，家用装饰，比例38%

西部景象印花纹样的灵感来自20世纪描写牛仔生活的文学作品、连环漫画、电影和电视剧。虽说这类题材是早期好莱坞电影的主要内容，但直到20世纪四五十年代它才被制版印刷到织物上。这种印花织物几乎专为孩子设计，偶尔带有鲜明的西部文化和景观特色的纹样。这种纹样在美国称霸世界的战后时期最为流行，20世纪60年代随着西部片退出银幕与荧屏而渐趋衰落。到20世纪80年代，在里根总统称为"美国的早晨"的几年里，西部题材的纹样又再度兴起，用于成年都市牛仔们使用的奢侈品。（参见第363页外来民族纹样：美洲印第安风格纹样）

1.

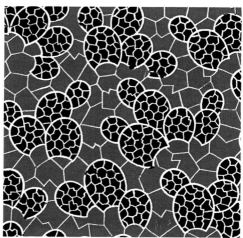

2.

3.

4.

动物纹样

1. 法国，1945 年，机印或网印人棉布，衣料，比例110%

2. 法国，约 1920 年，机印棉布，衣料，比例100%

3. 法国，1886 年，机印棉布，衣料，比例120%

4. 法国，约 20 世纪 60 年代，机印丝绸，衣料，比例80%

很久以前，古埃及织物上已有动物纹样，极富神秘色彩和象征意义。19世纪和 20 世纪印花布上的动物纹样一般设计得小巧玲珑、讨人喜爱，还带一点异域风情。第二次世界大战前，当时许多人还过着农场生活，但如羊、猪、奶牛等家畜的印花仍不多见。然而，早在 18 世纪末到 19 世纪初，欧洲风景印花布作为上层家庭中的家居饰物，就已经描绘出了极具浪漫主义风格的牧羊人和田园风光的印花图案。第一批印有凶猛的大型猫科动物纹样的纺织品大部分出口到了殖民地。19 世纪的少数西方女性喜欢用野性的动物纹样打扮自己。如今在探寻"事物的差别性"时，虽然更多种类的动物成为人们能接受的印花纹样题材，但丑陋可怕的野兽纹样设计还是不受欢迎。在西方的印花织物上几乎不存在犀牛与蝙蝠纹样——市场上不受欢迎。

1.

2.

3.

4.

动物毛皮纹样

1. 法国，1842 年，机印砑光棉布，家用装饰，比例 80%

2. 法国，约 1820 年，水粉纸样，家用装饰（地毯纹样），比例 100%

3. 美国或法国，约 1900 年，机印棉布，衣料，比例 80%

4. 美国或法国，20 世纪，水粉纸样，衣料，比例 100%

5. 意大利，20 世纪六七十年代，水粉纸样，衣料，比例 100%

动物毛皮印花起源于 19 世纪初，正值拿破仑把远征北非时得到的真兽皮带回了巴黎。在他的军营帐篷中总是铺着一块人造的兽皮地毯。最初这种外来的兽皮纹样只是用于地毯及其他家居饰物，如作衣着纹样还令人难以接受。然而到 20 世纪，动物毛皮纹样开始用于服装，几乎是女装的流行式样。大型猫科动物和蛇皮纹是最常见的两类纹样，经久不衰。这种服装纹样原始、粗野，具有异国风情，表现出野性与性感的主题。近来由于人们保护生态环境和维护动物权益的意识日益增强，许多人都认为穿真兽皮是一种野蛮的行为，仿兽皮的印花纹样就更为流行了。

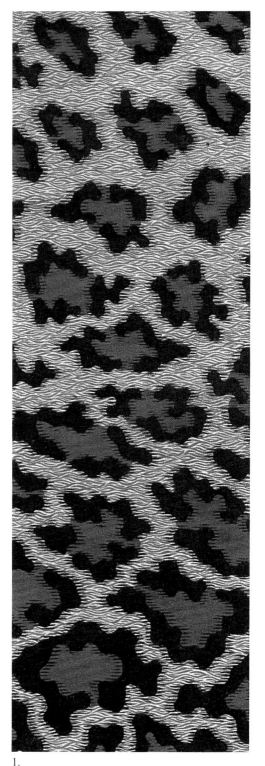

1.

2.

3.

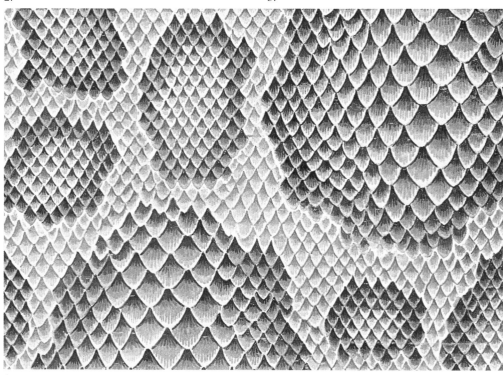

4.

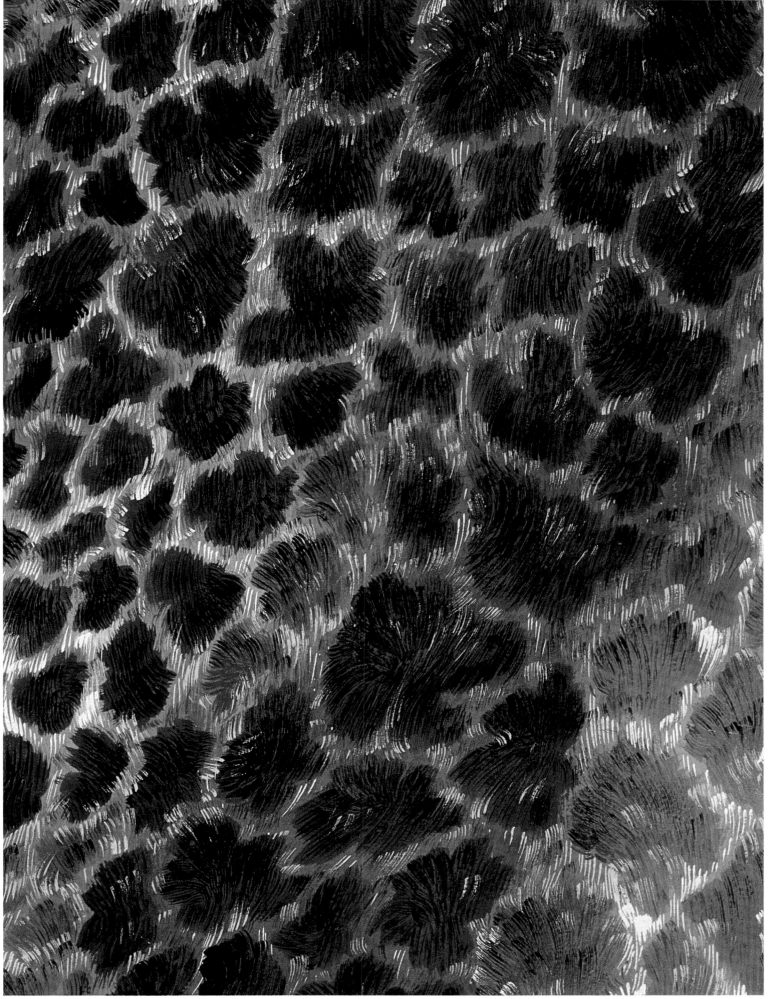

5.

建筑装饰纹样

1. 法国，约 1900—1920 年，水粉纸样，衣料（头巾纹样），比例 25%

2. 美国，20 世纪，水粉纸样（仿约 20 世纪三四十年代的一张美国墙纸），家用装饰，比例 39%

3. 美国，约 1860 年，机印砑光棉布，家用装饰，比例 58%

4. 法国，约 1880 年，水粉纸样，家用装饰，比例 25%

建筑装饰纹样有多种类型。无论建筑装饰图案原本是否具有建筑结构，建筑纹样通常都会赋予其立体感，如图 2 表现建筑结构的哥特式纹饰；又如图 4 纯装饰性的浅浮雕盾纹；图 3 虽没有立体感，但给人留下印象的是建筑师展现出的适合文艺复兴式宫殿的华丽的天花板纹样。

1.

2.

3.

4.

腰带、链条、绳结和套索纹样

1. 法国，1887 年，机印毛织物，衣料（头巾边纹），比例 150%

2. 法国，约 1850 年，水粉纸样，衣料（缎带纹样），比例 100%

3. 法国，约 1880—1890 年，机印棉布，衣料，比例 100%

4. 法国，约 1890 年，水粉纸样，衣料，比例 50%

5、9. 法国，约 1900 年，机印棉布，衣料，比例 100%

6. 法国，1820 年，机印棉布，衣料，比例 100%

7. 法国，20 世纪二三十年代，水粉纸样，衣料，比例 50%

8. 法国，约 1880—1890 年，水粉纸样，衣料，比例 90%

10. 法国，1890 年，水粉纸样，衣料，比例 150%

11. 法国，约 1910 年，水粉纸样，衣料，比例 150%

12. 法国，约 1910—1920 年，水粉纸样，衣料，比例 100%

这类纹样历来就是束缚、纠缠和永恒的象征，有些来源于凯尔特艺术中复杂的结扣，另一些来源于哥特式风格缠绕联结的线型。有些刻意模仿船上的缆绳，而更多的则是追求纹样本身的仿真效果。这种纹样本身就缠绕联结，让设计师在设计重复纹样的时候可以更加自如，利用这一显著特点使得图形自然循环。

1.

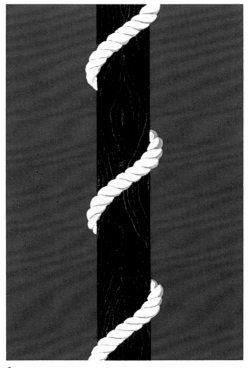

2.

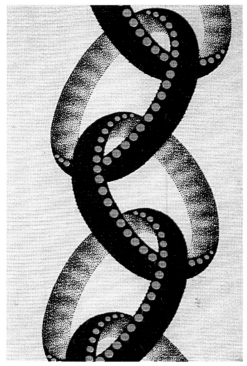

3.

4.

5.

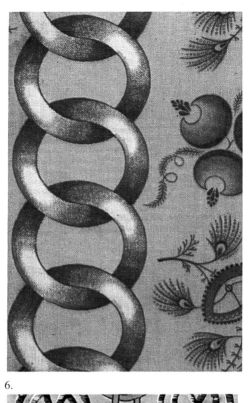

6.

7.

8.

9.

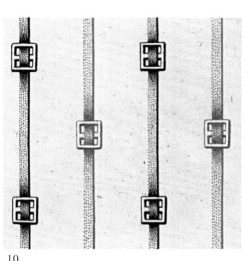

10.

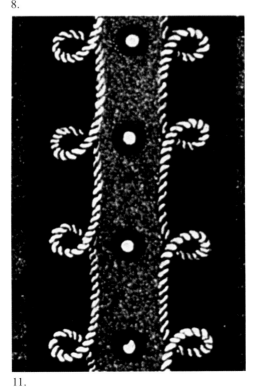

11.

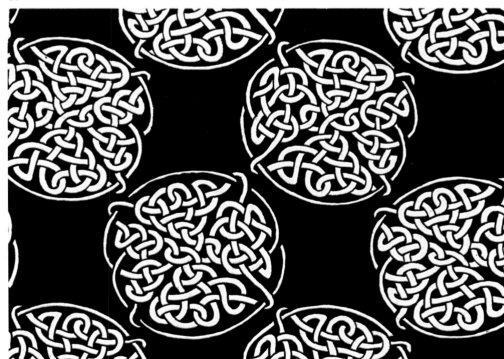

12.

鸟类纹样

1. 法国，1886 年，机印棉布，衣料，比例 90%
2. 法国，约 1880—1890 年，水粉纸样，衣料，比例 70%
3. 法国，约 1880—1890 年，水粉纸样，衣料，比例 25%
4. 英国，约 1830 年，机印砑光棉布，家用装饰，比例 50%
5. 法国，20 世纪三四十年代，机印双绉，衣料，比例 80%
6. 法国，20 世纪三四十年代，机印双绉，衣料，比例 50%
7. 法国，20 世纪 30 年代，机印双绉，衣料，比例 50%
8. 英国，约 1830 年，机印砑光棉布，家用装饰，比例 25%

鸟类纹样是织物设计永恒的主题。小巧可爱的造型，漂亮的色彩妩媚动人，这种女性化的意象常见于妇女春装纹样，同时也是家庭装饰织物的主要纹样，可增添不少优雅情趣。从 1827 年到 1838 年间，约翰·詹姆斯·奥杜邦（John James Audubon）的《美洲鸟类》（*Birds of America*）在伦敦出版，据此设计了一批家用装饰布，19 世纪 30 年代初在英国印制。图 8 就很可能是根据奥杜邦的图谱绘制的纹样。图 2 中的雄鸡常见于法国的织物上，因为雄鸡是法国的象征。大型猛禽则更多反映出运动中的男性魅力。东欧有些地区认为衣服上画几只鸟会带来厄运，这种想法可能来源于把鸟比作灵魂的民间传说。这种迷信思想传入美洲，于是当地的服装上一般不会出现鸟类纹样，但是近年这种观念已趋淡薄。

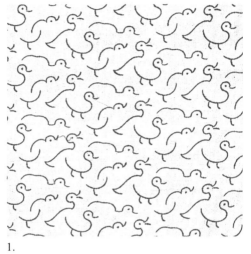

1.

2.

3.

4.

5.

6.

7.

8.

蝴蝶结和缎带纹样

1. 法国，约 1830 年，水粉纸样，衣料，比例 94%
2. 法国，约 1880 年，机印棉布，衣料，比例 96%
3. 法国，约 1840—1850 年，木版印花毛织物，衣料，比例 60%
4. 法国，20 世纪 30 年代，水粉纸样，衣料，比例 66%
5. 美国，1934—1940 年，水粉纸样，衣料，比例 55%
6. 法国，约 1820—1830 年，机印棉布，衣料，比例 94%
7. 法国，约 1820—1830 年，机印棉布，衣料，比例 100%
8. 法国，约 1840—1850 年，木版印花毛织物，衣料，比例 75%
9. 法国，20 世纪 40 年代，水粉纸样，衣料，比例 50%
10. 美国，20 世纪 50 年代，机印棉布，衣料，比例 38%
11. 美国，20 世纪三四十年代，机印丝绸，衣料（手帕），比例 50%
12. 法国，20 世纪三四十年代，水粉纸样，衣料，比例 66%

正如链条和绳结纹样那样，蝴蝶结和缎带向来就适合用作重复式的装饰纹样。这两种图案优雅的垂饰与曲线同服装或窗帘完美搭配，使布的褶皱自然流畅。蝴蝶结与缎带永远不会过时，当时装要带点浪漫情调的时候，不妨使用缎带与蝴蝶结，或将其用作花束、花环的点缀品，都能令人满意。

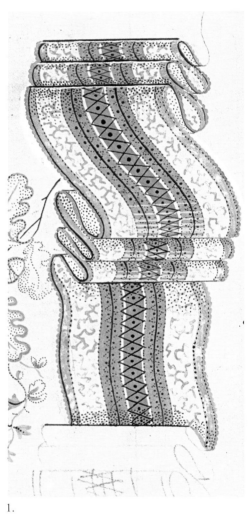

1.

2.

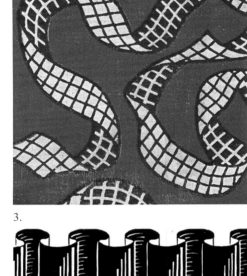

3.

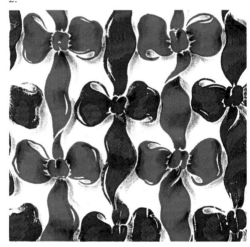

4.

5.

6.

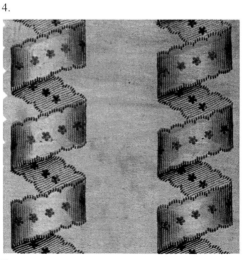

7.

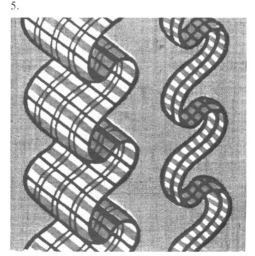

8.

9.

10.

11.

12.

气泡纹样与球体纹样

1. 法国，1883 年，机印棉布，衣料，比例 50%
2. 法国，1890 年，水粉纸样，衣料，比例 112%
3. 法国，1880—1884 年，水粉纸样，衣料，比例 50%
4. 法国，20 世纪五六十年代，水粉纸样，衣料，比例 75%

肥皂泡内部空空如也，生命转瞬即逝，而流行风尚也恍如幻象——只在某时某地匆匆而过，在人们身上短暂停留。气泡图案在纺织品上并不多见，下面这些设计来自迥然不同的时期。图 1 中的气泡自由地浮在空中，图 4 中的气泡则被悬浮的海藻吸附着。球体纹样（图 2、图 3）是实心版的圆形纹样，也同样富有象征意义。（参见第 156—157 页几何纹样：圆形纹和圆点纹）

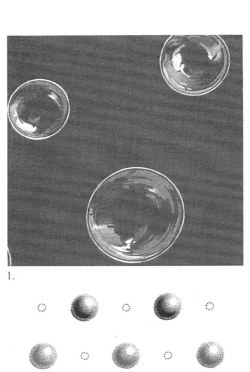

1.

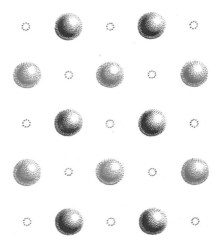

2.

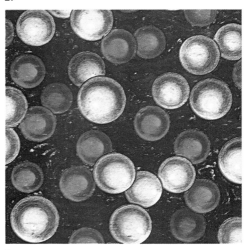

3.

4.

建筑物纹样

1. 美国，1925—1949 年，机印棉布，衣料，比例 100%

2. 法国，约 1880 年，机印棉布，衣料，比例 100%

3. 美国，20 世纪 40 年代，网印人棉布，衣料（领带纹样），比例 64%

4. 法国，1890 年，机印棉布，衣料，比例 105%

建筑物作为纺织品印花的主图出现并不常见，因为在飘垂的布料上处理这种图案比较困难，而且建筑物图案还会让布料显得生硬。但巴里纱是个例外，图 4 就是印有法国埃菲尔铁塔纪念印花的巴里纱，用于纪念 1889 年巴黎世博会。建筑物纹样也曾出现在装饰艺术派盛行期间的印花中，其中许多为人熟知的建筑物都经过风格化处理变成了直角形或平面形的图案。有时候设计师巧妙地运用了建筑物本身的重复设计，如图 2，重复的墙砖和窗户组成了一幅自然的满地纹样。

1.

2.

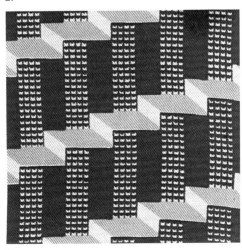

3.

4.

蝴蝶纹样

1. 法国，约 1860 年，水粉纸样，衣料（缎带纹样），
比例 100%

2. 法国，1810—1820 年，水粉纸样，衣料，比例 100%

3. 法国，约 1810 年，水粉纸样，衣料，比例 110%

4. 法国，1810—1820 年，水粉纸样，衣料，比例 100%

5. 法国，约 1860 年，水粉纸样，衣料（缎带纹样），
比例 100%

6. 法国，20 世纪 20 年代，水粉纸样，家用装饰，比
例 50%

蝴蝶象征欢乐、生命和灵魂，是一种常见的织物纹样。小型的蝴蝶图案正如小型鸟类图案一样，是一种色彩缤纷、造型精巧、富于诗意的传统女性意象。但是在极少数情况下，蝴蝶图案被过分放大，就会变得非常可怕。图 6 即为一例，以野兽派的表现手法，使用大胆的色彩和夸张的造型设计而成，让人联想到设计师兼自然学家谢吉（Séguy）绘制的比真实蝴蝶尺寸还要大的蝴蝶纹样作品，这些作品 1920 年左右被发表在他的彩色丝印印花作品集之中。

1.

2.

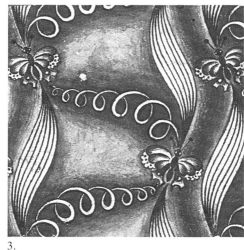

3.

4.

5.

6.

迷彩纹样

1. "丛林迷彩"，美国，1983 年，网印棉布，衣料，比例 45%

2. "白日沙漠迷彩"，美国，1990 年，网印棉布，衣料（手帕），比例 45%

3. 法国，约 1840 年，机印棉布，衣料，比例 100%

4. 法国，约 1840 年，机印毛织物，衣料，比例 100%

5. 美国，约 1870—1880 年，机印棉布，衣料，比例 100%

随着作战飞机的出现，军用迷彩诞生并替代了原有的作战服装，如早期英国军队著名的红色军服等。然而，正如此处这些纹样所示，迷彩纹样在历史上有过先例。有一段时期，只有富人才买得起色彩缤纷、纹样丰富的布料。但是随着工业化生产的印花布料的出现，越来越多的人有能力购买五颜六色的布料，于是中上层阶级的家庭需要一种新的方式来将自己与用人区分开来。这种方式就是，迫使帮佣身着暗淡的花色单调的服装，从而产生一种在雇主面前"伪装"起来的效果。这种衣服还很耐脏，因此受到注重实用、辛劳工作的城乡妇女的欢迎。20 世纪 80 年代，迷彩纹样被时尚业选中，亦如兽皮印花那样，将丛林之感带入城市街道，侵略战争的记忆也渐渐褪去。但是，1990 年发生的大事件突然之间将这种记忆变成了现实，这便是沙漠风暴行动。50 万人脱下了单调乏味的橄榄绿色"丛林迷彩服"，换上了布有斑点的棕褐色"沙漠迷彩服"。图 1 纹样来自一件美国政府发放的军士衬衫，图 2 纹样来自一块军用手帕。

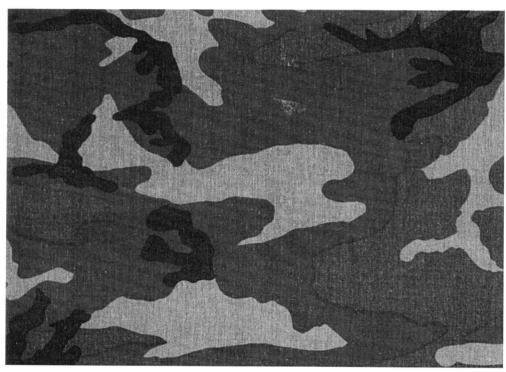

1.

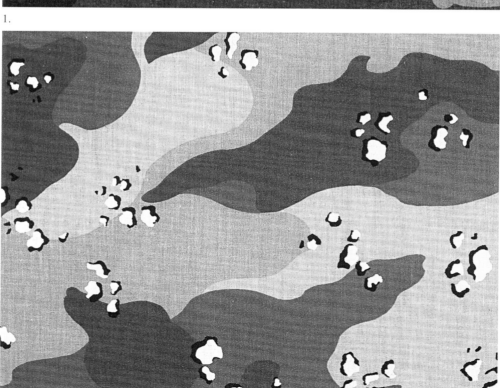

2.

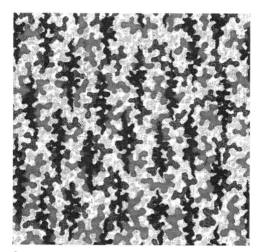

3.

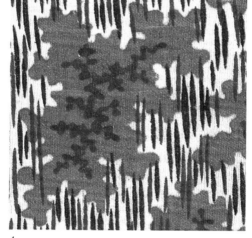

4.

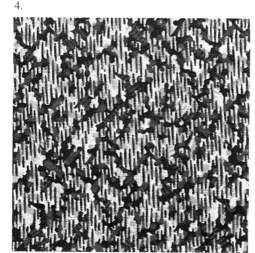

5.

卡通纹样

1. 美国，约20世纪五六十年代，网印棉布，衣料（手帕），比例76%

我们对绝大多数纹样图案的设计者都一无所知，例如深受欢迎的波尔卡圆点和佩斯利纹样，更何况一种图案还能衍生出无数种新的式样。但20世纪的卡通形象有些成了商标，有版权保护，使用时需要得到许可。它们是唯一一种设计师们需要付费使用的图案，不过也是最赚钱的图案（没有人会为波尔卡圆点做公关工作或者让它上电视）。卡通图像活泼可爱，很容易运用到头巾、T恤衫、床单和窗帘上面。绝大部分卡通纹样是专为儿童设计的，但是有些纹样，比如米老鼠，则唤醒了我们所有人的童心。

1.

猫纹样

1. 法国，约 1880—1890 年，机印棉布，衣料，比例 120%

2. 法国，约 1880 年，机印棉纱，衣料，比例 86%

3. 美国，约 1880 年，机印棉布，衣料，比例 100%

4. 法国，约 1880 年，水粉纸样，衣料，比例 200%

5. 法国，约 1880—1890 年，机印棉布，衣料，比例 86%

6. 美国，约 1880 年，机印棉布，衣料，比例 86%

7. 英国或美国，20 世纪四五十年代，机印砑光棉布，家用装饰，比例 31%

19 世纪晚期时大批新的富裕市民发现猫不仅可以捕鼠，还可以养作宠物，于是猫的形象一度出现在当时新颖的纹样设计之中。随后，虽然猫的图案被广泛应用于纸制品和耐用品，却很少再出现在衣物上。织物设计师总是有意回避那些一眼看上去容易让人不适的图案，比如尖锐的或者给人刺痒感觉的图案，猫正好对应这两点，爪子尖锐，毛发还可能引发过敏症状。不过这种纹样很受童装青睐，特别是温柔的小猫咪。那些体型庞大的丛林猫则另当别论，它们具有特殊的象征意义。（参见本章第 249 页动物纹样和第 250 页动物毛皮纹样）

1.

2.

3.

4.

5.

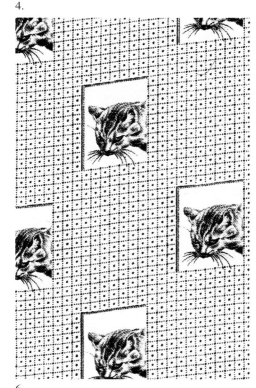

6.

7.

天体纹样：19 世纪

1. 法国，约 1880—1900 年，机印棉布，衣料，比例 120%
2. 法国，1820—1825 年，机印棉布，衣料，比例 110%
3. 法国，约 1890 年，水粉纸样，衣料，比例 110%
4. 法国，约 1820 年，水粉纸样，衣料，比例 100%
5. 法国，约 1810—1820 年，水粉纸样，衣料，比例 135%
6. 法国，约 1890 年，机印棉布，衣料，比例 100%
7. 法国，1890 年，水粉纸样，衣料，比例 130%
8. 法国，1895 年，机印棉布，衣料，比例 100%
9. 法国，1883 年，机印棉布，衣料，比例 135%
10. 法国，约 1910 年，机印棉布，衣料，比例 105%
11. 法国，约 1810—1820 年，木版印花棉布，衣料（头巾纹样），
比例 92%

天体包括星星、行星、太阳、月亮、彗星，以及与我们距离更近的云、彩虹和雷电。自宇宙形成以来，它们就强烈而深刻地影响着整个人类的发展。人们或对其膜拜，或心存畏惧，又或赋予它们无数神秘、魔幻和宗教的含义。近代科学告诉人们，星星不是五角形，月亮也并非弯钩形，太阳则是一个炽热的气体星球。然而这些古老的符号仍给人一种力量感，充满了活力与神秘色彩。

1.

2.

3.

4.

5.

6.

7.

8.

9.

10.

11.

天体纹样：20 世纪

1."月球火箭"，英国，1969 年，埃迪·斯夸尔斯（Eddie Squires）为华纳纺织品公司（Warner Fabrics）设计，网印棉布，家用装饰
2. 法国，20 世纪 60 年代，水粉纸样，家用装饰，比例 31%
3. 美国，20 世纪四五十年代，网印棉布，家用装饰，比例 24%

1957 年 10 月，第一颗人造地球卫星发射成功，天空中新添了一颗用机器制造的星星。茫茫宇宙历经亿万年才出现了第一个人造天体，但人造卫星、火箭以及相关的轨道环行装置一经问世，印花织物所呈现的银河景象中立马就出现了它们的身影。各种各样复杂的人造天体在太空盘旋着，这不正是设计新图案的好机会吗？图 1 和图 2 是具有纪念意义的印花设计，庆祝人类首次进入太空；图 3 虽仍按传统表现方式来呈现夜空，但已穿插了一些 20 世纪用天文望远镜观察到的奇特景象。

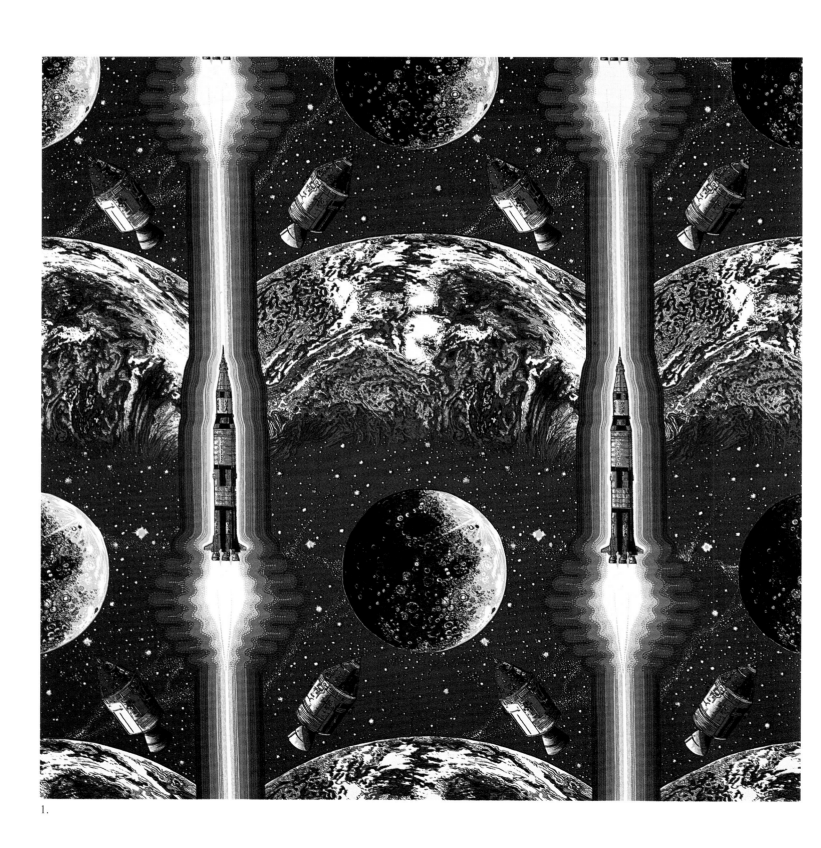

1.

2.

3.

小丑杂技纹样

1. 法国，1886 年，机印棉布，衣料，比例 135%

2. 法国，约 1880—1890 年，机印棉布，衣料，比例 92%

3. 法国，约 1880—1890 年，机印棉布，衣料，比例 72%

4. 法国，约 1880—1890 年，机印毛织物，衣料，比例 92%

5. 法国，1896 年，机印棉布，衣料，比例 92%

6. 法国，1927 年，机印棉布，衣料，比例 48%

7. 法国，约 1895 年，机印棉布，衣料，比例 47%

8. 法国，约 1895 年，机印棉布，衣料，比例 86%

9. 法国，1880—1890 年，机印棉布，衣料，比例 47%

10. 法国，1883 年，机印棉布，衣料，比例 135%

19 世纪末 20 世纪初，随着专为儿童设计的印花织物走向市场，滑稽而幽默的杂技纹样也慢慢出现在大众视野中。这个调皮的小丑居然不声不响地成了日常可见的纹样，如图 1，他抛接的小球，恰好是波尔卡圆点图案。弄臣是小丑的前身，历来是宫中的玩偶、国王的宠物以及卑贱的下人，但荒谬的是，他却凌驾于所有人之上。他，也只有他才能说真话，用他自己的方式揭露宫中、国王乃至整个世界的阴暗面。如今这类纹样有点不合时宜，小丑也被动画片和电影中的角色所替代。

1.

2.

3.

4.

5.

6.

7.

8.

9.

10.

纪念性纹样

1. 美国，1892 年，机印棉布，家用装饰，比例 36%

2. 英国，1924 年，机印棉布，衣料（头巾），比例 13%

3. 美国，1876 年，机印棉布，衣料，比例 60%

1783 年，蒙哥尔费（Montgolfier）兄弟发明的热气球首次升空成功，为庆祝这一航空壮举，设计师们纷纷创造出了与该事件相关的图案以及热气球的纹样。纪念性印花纹样不仅记载了一些具有政治、历史意义的重大事件，还会及时地反映任何一件引起大众关注的事情。图 1 描绘了两件大事：哥伦布发现美洲新大陆和 400 年后芝加哥举办哥伦比亚世博会。图 2 是 1924—1925 年在英国温布利举办的大英帝国博览会的纪念品。图 3 是为纪念 1876 年美国独立一百周年而设计的。19 世纪和 20 世纪涌现了大量印有世界博览会纪念性纹样的织物。自 19 世纪末以来，历届美国总统竞选也都有其纪念性图样。1976 年，随着吉米·卡特（Jimmy Carter）当选美国总统，花生纹样应运而生。

1.

2.

3.

珊瑚和海藻纹样

1. 法国，约 1880—1890 年，水粉纸样，衣料，比例 80%

2. 法国，1899 年，水粉纸样，衣料，比例 100%

3. 法国，1899 年，水粉纸样，衣料，比例 100%

4. 法国，约 1810—1820 年，水粉纸样，衣料（头巾纹样），比例 68%

5. 法国，1898 年，水粉纸样，衣料，比例 100%

6. 法国，1825—1830 年，机印棉布，衣料，比例 100%

7. 法国，约 1820 年，水粉纸样，衣料，比例 100%

8. 法国，1898 年，水粉纸样，衣料，比例 100%

9. 法国，1825—1830 年，机印棉布，衣料，比例 105%

珊瑚和海藻纹样流行于 19 世纪初，沉寂一段时间后于该世纪八九十年代再度风靡。这类纹样的组织结构像格栅网纹，图案内容不禁让人们联想到热带海洋风光，从而产生温暖的感觉。抽象的珊瑚形又缓和了其异域风味。不管怎样，珊瑚色彩绚丽，形态复杂，自古以来就被西方人用作装饰。英国作家乔叟（Chaucer）曾在作品中描绘妇女佩戴珊瑚手镯的场面。17 世纪之后，珊瑚常被收藏在多宝阁中，或者和其他自然或人造的珍品古玩一起摆放在收藏室里，成为贵族家庭的收藏品。珊瑚和海藻纹样 20 世纪偶见于家用装饰织物上，在衣料上不多见。但近来，这类纹样因其新鲜和朴素的外观颇受欢迎，常用来装饰研光布。

1.

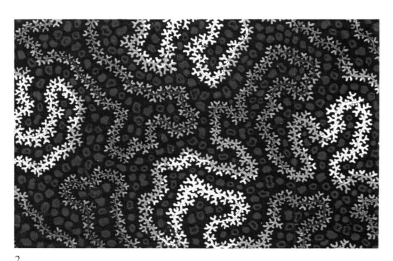

2.

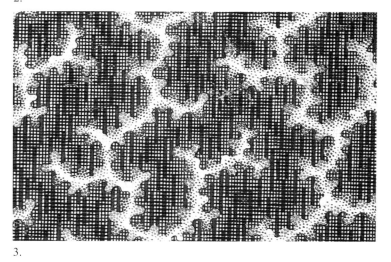

3.

4.

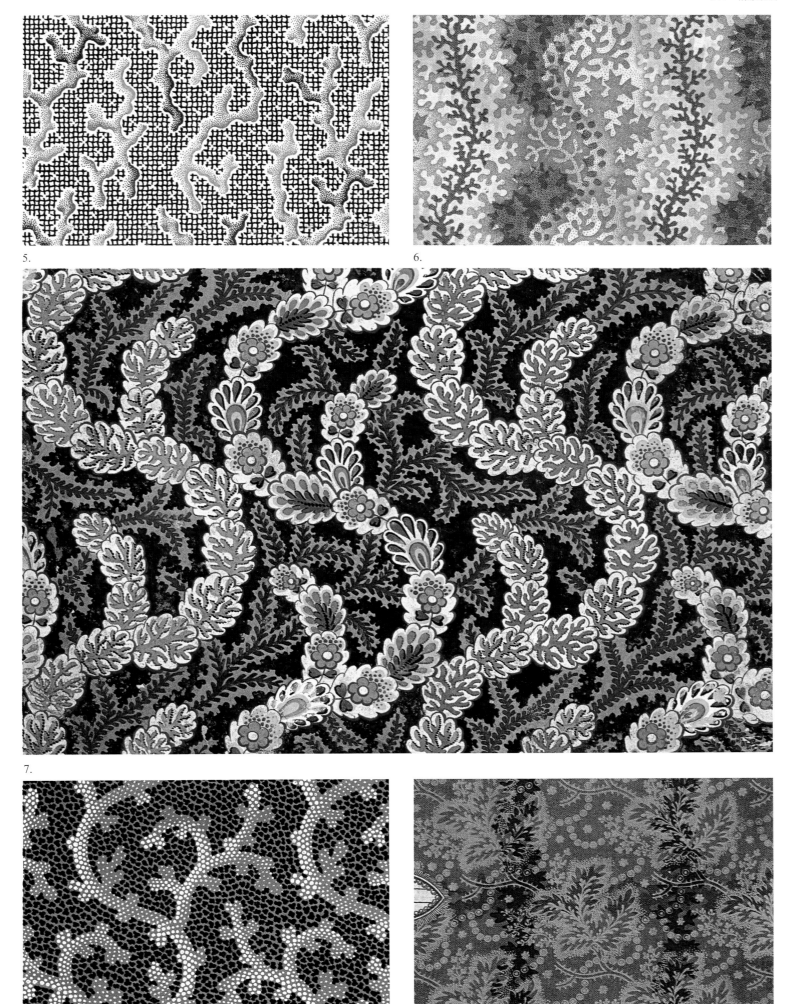

5.

6.

7.

8.

9.

丰饶角纹样

1. 法国，约 1810 年，水粉纸样，衣料（头巾边饰），
比例 100%

希腊神话中传说泰坦·克洛诺斯（Titan Kronos）在其统治宇宙时期，担忧被他的儿子们篡位，于是设法把他们吞进肚子里（这个时期心理疗法还未出现）。其妻瑞亚（Rhea）（众神之母）将最小的儿子宙斯藏匿在克里特岛上的山洞里，并托付给仆神枯瑞忒斯（Curetes）。这些仙女们用山羊阿玛尔忒亚（Amalthea）的奶喂养宙斯。长大后的宙斯为了报答养育之恩，将一只羊角馈赠给众仙女们，并允诺羊角里面会有源源不断的奶汁和蜂蜜，而这些食物原本只有主神才能享用。这就是丰饶角一说的来历。作为一种古老的传说和丰收的象征，丰饶角纹样在纺织设计中经常出现，但用途并不十分广泛，而且其形状不雅，蕴含着阳物崇拜的意味。

1.

狗纹样

1. 法国，约 1885 年，机印棉布，衣料，比例 125%
2. 法国，1887 年，机印棉布，衣料，比例 135%
3. 法国，约 1885 年，机印棉布，衣料，比例 82%
4. 法国，1887 年，机印棉布，衣料，比例 88%
5. 法国，1886 年，机印棉布，衣料，比例 150%
6. 英国或法国，1850—1874 年，水粉纸样，衣料（头巾纹样），比例 64%

印花纹样中的狗一般都是人们熟知的品种，杂种犬并不多见。杂种犬可爱，但其社会地位不确定。与贵族和传统所认同的纯种犬相比，杂种犬并非可靠的印花素材。然而也有例外的情况，纺织史上最著名的小狗图案之一是由克里斯托弗·菲力浦·奥勃卡姆印染厂的首席设计师让·巴普蒂斯特·休特（Jean-Baptiste Huet，1745—1811 年）设计的。休特多次在约依印花布上精心绘制他最喜欢的杂种犬。

1.

2.

3.

4.

5.

6.

垂饰纹样

1. 英国，约 1820 年，机印棉布，家用装饰，比例 41%

2. 美国，20 世纪 40 年代，机印或网印棉布，家用装饰，比例 39%

3. 法国，约 20 世纪 30 年代，水粉纸样，衣料，比例 50%

4. 法国，1949 年，水粉纸样，衣料，比例 50%

这类设计是在印花布上再印上织物的图案，图 1 为英国摄政时期典型的窗帘布置。图 2 是 20 世纪 40 年代早期新古典主义风格的家用装饰纹样。这种垂饰纹样能营造出错视画的效果，使平凡的印花布看起来更立体，或增加壁挂、窗帘的重量感和褶皱感。正如无数大师的绘画作品那样，垂饰纹样提供了一个表现艺术家绘画技能的机会。

1.

2.

3.

4.

网眼、花边、仿钩针纹样

1. 美国或法国，20 世纪中期，水粉纸样，衣料，比例 68%

2. 法国（未确定），约 20 世纪 50 年代，机印或网印丝绸，衣料，比例 80%

3. 法国，约 1920 年，水粉纸样，衣料，比例 82%

4. 法国（未确定），约 1850 年，机印毛织物，衣料，比例 135%

5. 20 世纪中期（未确定），机印棉布，衣料，比例 96%

6. 法国，1882 年，机印棉布，衣料，比例 100%

7. 美国，19 世纪末，机印棉布，衣料，比例 100%

8. 法国（未确定），19 世纪末，机印棉布，衣料，比例 80%

9. 法国，1882 年，机印棉布，衣料，比例 100%

不论是男装还是女装都曾一度喜欢用昂贵的花边装饰，但从 19 世纪开始男装则长期倾向于朴素持重的风格，如今花边专用于女装。18 世纪的木版印花年代经常仿制花边纹样，但好多细微之处无法印出来，直到发明铜版印花技术后这种纹样才开始流行。到 19 世纪末，仿花边设计得到长足发展，印花师努力使仿制效果更加逼真。网眼纹样（图 1 和图 3）既有花边的效果，又配以刺绣，增添了实心区域，而仿钩针纹样（图 2 和图 4）纹理清晰，如同网格一般，可以产生褶皱和折痕的趣味错视效果。

1.

2.

3.

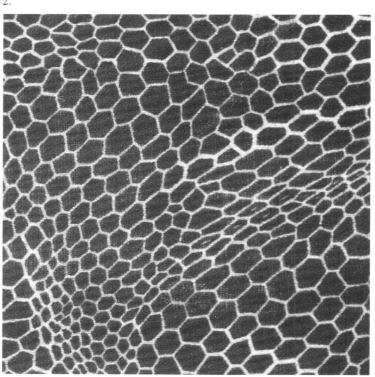

4.

5.

6.

7.

8.

9.

仿双层织物纹样

1. 美国（未确定），约 1890 年，机印棉布，衣料，
比例 100%

2. 法国，1895 年，机印棉布，衣料，比例 100%

3. 美国（未确定），约 1890 年，机印棉布，衣料，
比例 100%

4. 美国（未确定），约 1890 年，机印丝绒，衣料，
比例 100%

模仿昂贵织物的印花布十分常见，因此也拥有很多别名：仿真品、仿制品、人造品、伪装布。附图即为模仿泡泡纱、水波绸、皱条布的印花纹样。1850 年，英国商会出版物《设计与制造学报》（*Journal of Design and Manufacturers*）的一位编辑感叹道："假货和仿制品……这些弄虚作假的衣料穿在了女性身上"，欺诈成性，道德沦丧。他的论调注定是要失败的，因为只有当织造诸如泡泡纱之类的布料比印染更加便宜的时候，仿双层织物纹样的生产才会受到威胁。人们可用多种方式操纵流行式样，如今精心制作的仿制品比真材实料制成的织物更吸引人。（参见第 351 页情景纹样：仿真效果纹样）

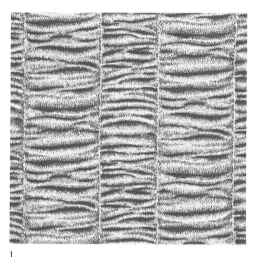

1.

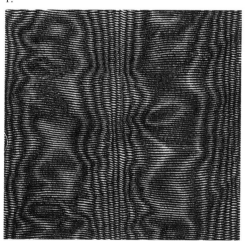

2.

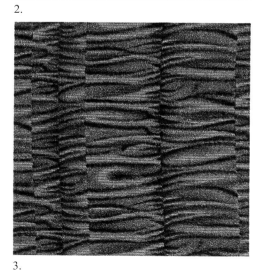

3.

4.

扇子纹样

1. 法国，约 1880—1900 年，机印丝绸，衣料，比例 60%

2. 法国，约 1915—1920 年，水粉纸样，衣料，比例 90%

3. 法国，约 1880—1890 年，机印棉布，衣料，比例 86%

4. 法国，1882 年，机印棉布，衣料，比例 90%

5. 法国，约 1880 年，机印毛织物，衣料（头巾角饰），比例 100%

这种雅致的扇形从 19 世纪一直到 20 世纪都被用于纺织纹样，只是在当代用得少了，因为扇子本身由于空调的普及而更少用了。扇子兼具两种经济价值：既可以把扇子作为纹样用来装饰布料，又可以对扇面本身进行装饰，比如填充花卉纹样或金银镶嵌纹样。西方典型的扇子是折扇，经典的象征意义将其与月相联系起来，而月相就是女性、情绪变化和不同身体状况的象征。

1.

2.

3.

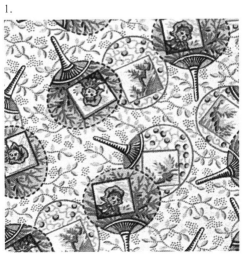

4.

5.

羽毛纹样

1. 法国，1880—1884 年，水粉纸样，衣料，比例 100%

2. 法国，1880—1884 年，水粉纸样，衣料，比例 90%

3. 法国（未确定），约 1860—1880 年，机印棉布，衣料，比例 100%

4. 法国，约 1920 年，纸上印样，衣料，比例 80%

5. 法国，约 1850 年，机印毛织物，衣料，比例 100%

6. 法国，约 1810 年，水粉纸样，衣料，比例 96%

7. 德国，约 20 世纪 30 年代，水粉纸样，衣料（领带纹样），比例 110%

8. 法国，约 1860—1880 年，机印棉布，衣料，比例 90%

9. 法国，约 1810 年，水粉纸样，衣料，比例 94%

在美洲土著人看来，羽毛不仅仅是一件装饰品，一个人穿戴着鸟的羽毛，就能与之灵魂相通，也就被赋予了这种鸟的特性。这在穿着印有羽毛纹样衣服的人身上也有所体现。印在丝绒上的孔雀翎毛纹样气派华贵，而真丝头巾或毛呢裙子上遍布的猎禽羽毛纹样则展现出秋色，洋溢着一种雅致的活力和森林的气息。

1.

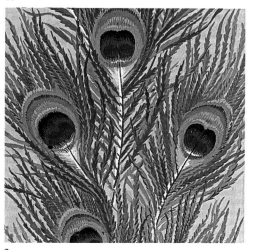

2.

3.

4.

5.

6.

7.

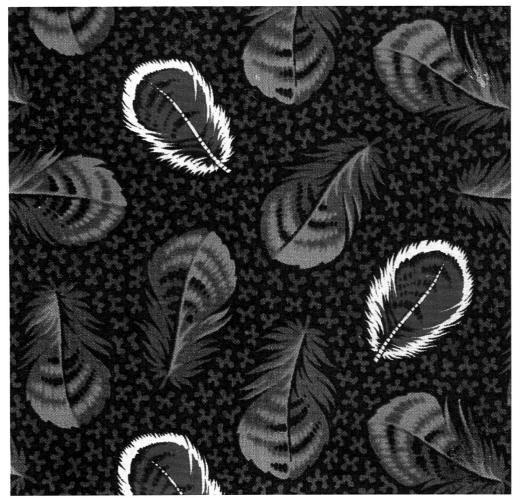

8.

9.

旗帜纹样

1. 美国，约 1900—1914 年，机印棉毡布，比例 47%
2. 美国，约 1900—1914 年，机印棉毡布，比例 32%
3. 美国，约 1900—1914 年，机印棉毡布，比例 32%
4. 美国，约 1900—1914 年，机印棉毡布，比例 32%
5. 美国，约 1900—1914 年，机印棉毡布，比例 28%
6. 美国，约 1900—1914 年，机印棉毡布，比例 47%
7. 英国，19 世纪下半叶，机印丝绸，衣料（头巾），比例 50%

国旗是纹章图形的近亲，前者表明某人所属的国家，后者表明其所属氏族。体育运动和航海的旗帜更具普适性，常用在休闲服上。图 1—图 6 是烟草产品的赠品，一般印在毛毡或绸片上，装在烟草的包装里，许多老牌烟草公司用此法推销其产品。这类赠品可说是五花八门，有蝴蝶图、印第安酋长画像、棒球运动员画像和波斯地毯花样等。人们将其收集起来，到时候可以拼缝成一床别致的被套。

1.

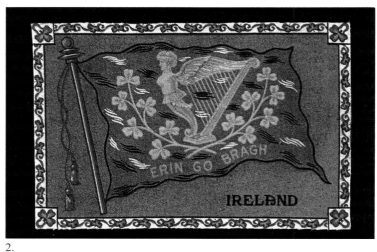

2.

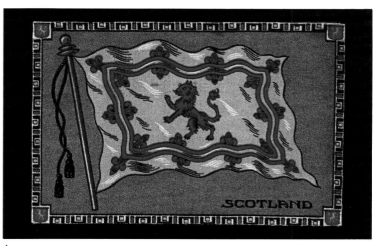

3.

4.

5.

6.

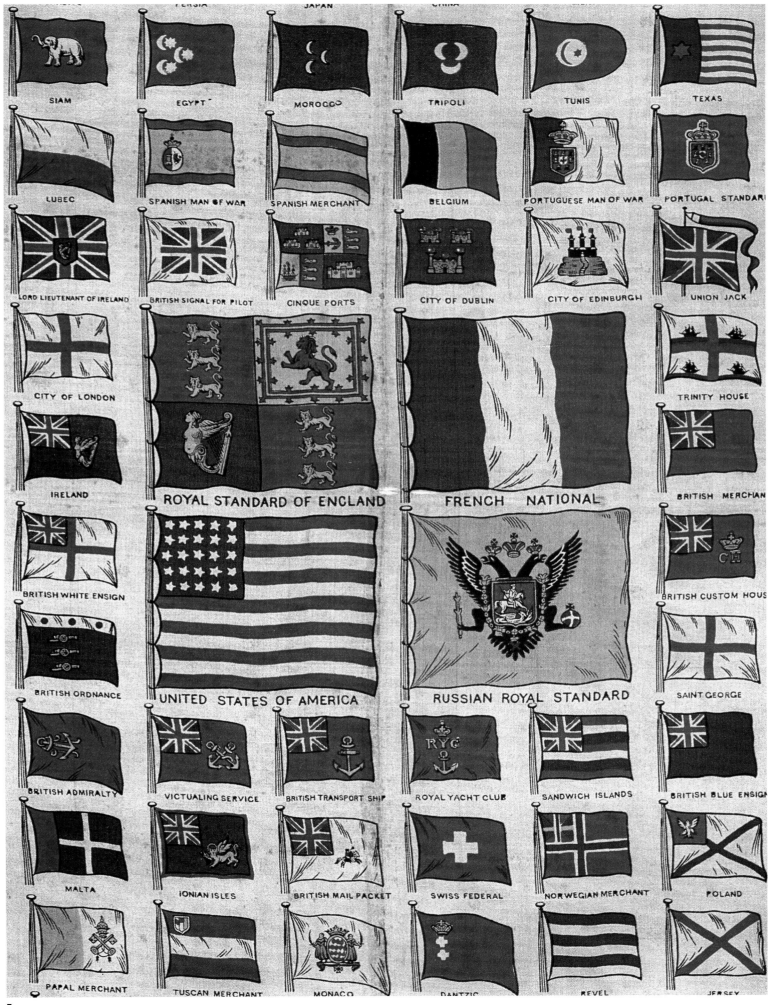

7.

水果纹样

1. 法国，约 1920 年，水粉纸样，家用装饰，比例 60%

2. 法国，约 1912 年，机印棉布，衣料，比例 100%

3. 英国或法国，19 世纪末，机印棉布，衣料，比例 100%

4. 法国，约 1800 年，木版印花棉布，衣料（头巾纹样），比例 58%

5. 法国，约 1820—1830 年，水粉纸样，衣料，比例 100%

6. 美国，20 世纪四五十年代，水粉和油画颜料纸样，衣料，比例 90%

7. 法国，约 1810 年，水粉纸样，衣料（头巾边饰），比例 54%

在水果印花纹样中用得较多的是樱桃和草莓，它们聚集组合在一起，给人明快、鲜艳、甜蜜的观感。（樱桃实际上就是波尔卡圆点，分散在布面上。）家纺布设计师处理水果纹样时往往比衣料设计师更加格式化，多用果篮而不是水果拼盘。但无论如何，设计师都更喜欢选用顾客熟悉的水果，而不是那些尝也没尝过的外来品种。而菠萝是个例外，虽然现在大家都知道菠萝，但在 1800 年的时候，菠萝还是稀有的美味，不过当时已有菠萝印花纹样了，见图 4。这种水果是热带国家出口到欧洲的，异常名贵，当时是献给国王的贡品。菠萝在欧美是殷勤好客的象征，如果哪一位主人请你品尝菠萝，那简直是国宾待遇了。

1.

2.

3.

4.

5.

6.

7.

游戏和玩具纹样

1. 法国，1888 年，机印棉布，衣料，比例 100%

2. 法国，1880—1884 年，水粉纸样，衣料，比例 80%

3. 法国，1883 年，机印棉布，衣料，比例 100%

4. 英国或美国，1925—1949 年，水粉纸样，衣料，比例 125%

5. 法国，20 世纪 30 年代，水粉纸样，衣料，比例 16%

6. 法国，1886 年，水粉纸样，衣料，比例 150%

7. 法国，约 20 世纪 30 年代，水粉纸样，衣料，比例 100%

8. 法国，约 20 世纪 30 年代，水粉纸样，衣料，比例 115%

9. 美国，约 20 世纪 30 年代，机印棉布，衣料，比例 115%

10. 法国，约 1860 年，水粉纸样，衣料（缎带纹样），比例 72%

11. 法国，约 20 世纪 30 年代，水粉纸样，衣料，比例 78%

20 世纪初，色彩鲜亮的玩具图案出现了，常用于童装（图 7、图 9、图 11）。如今，母亲们比孩子们更喜欢这类老式纹样。孩子们有着自己的文化，那就是机器人、电脑游戏、外太空生物等常在电视上推广的主题文化。图 1、图 4—图 6、图 8、图 10 则是专为成年人设计的纹样。

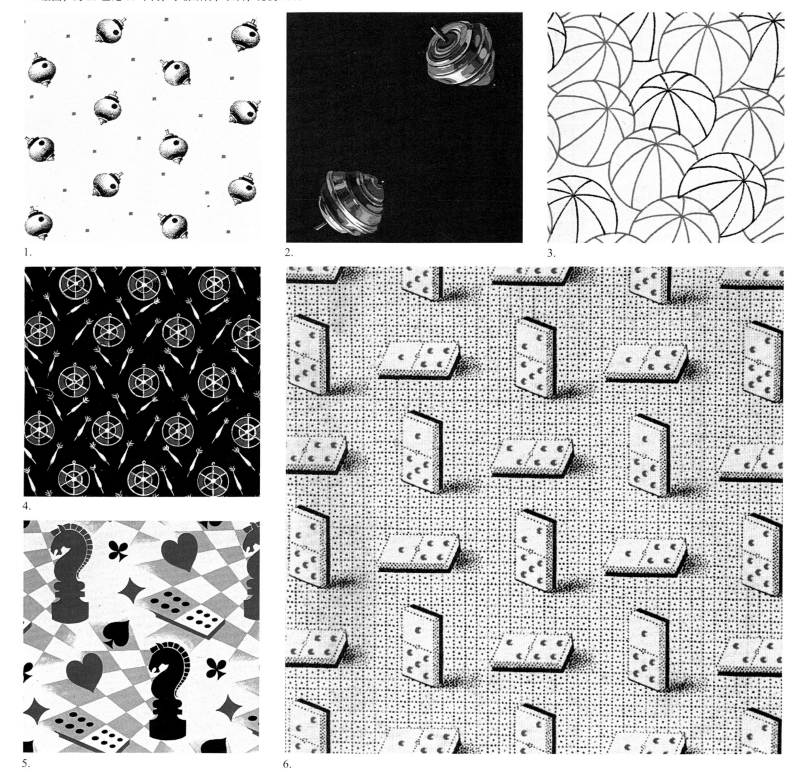

1.

2.

3.

4.

5.

6.

7.

8.

9.

10.

11.

怪诞风格纹样

1. 法国，约 1880—1890 年，机印棉布，衣料，比例 185%

怪诞风格装饰曾在古罗马流行一时，而后消失沉寂，直到被喜好经典的文艺复兴爱好者重新发现。专为文艺复兴时代的艺术家作传记的著名作家乔尔乔·瓦萨里（Giorgio Vasari）记述到，15 世纪的艺术家们重新发现这些设计时欢欣鼓舞。很快，以高度风格化的怪诞动物为主要图案的昂贵锦缎出现在市场上，一段时间内大量生产、愈益盛行。然而到了 18 世纪，新古典主义成为时代的主题，怪诞风格纹样被视作颓废的象征，甚至遭人厌恶。现在这种纹样很少出现在印花布上。附图来自文艺复兴初期的锦缎。

1.

工具纹样

1. 法国，约 1885 年，机印棉布，衣料，比例 90%
2. 法国，1888 年，机印棉布，衣料，比例 100%
3. 英国或美国，1925—1949 年，水粉纸样，衣料，比例 94%
4. 法国，1886 年，机印棉布，衣料，比例 94%
5. 法国，1885 年，机印棉布，衣料，比例 170%

工具纹样在历史上曾有过两次盛行时期：一是 19 世纪 80 年代，当时辊筒凸纹雕刻设计师一年能产出几千种纹样，几乎用遍了所有可能的图案（附图即为辊筒凸纹雕刻设计）；二是 20 世纪 20 年代，构成主义对当时的纹样设计产生了影响。这类纹样反映出工业时代的特征，相比于构成主义，辊筒凸纹雕刻在迎来机器生产时代之时所受的影响较小，保留了更多有趣的成分。

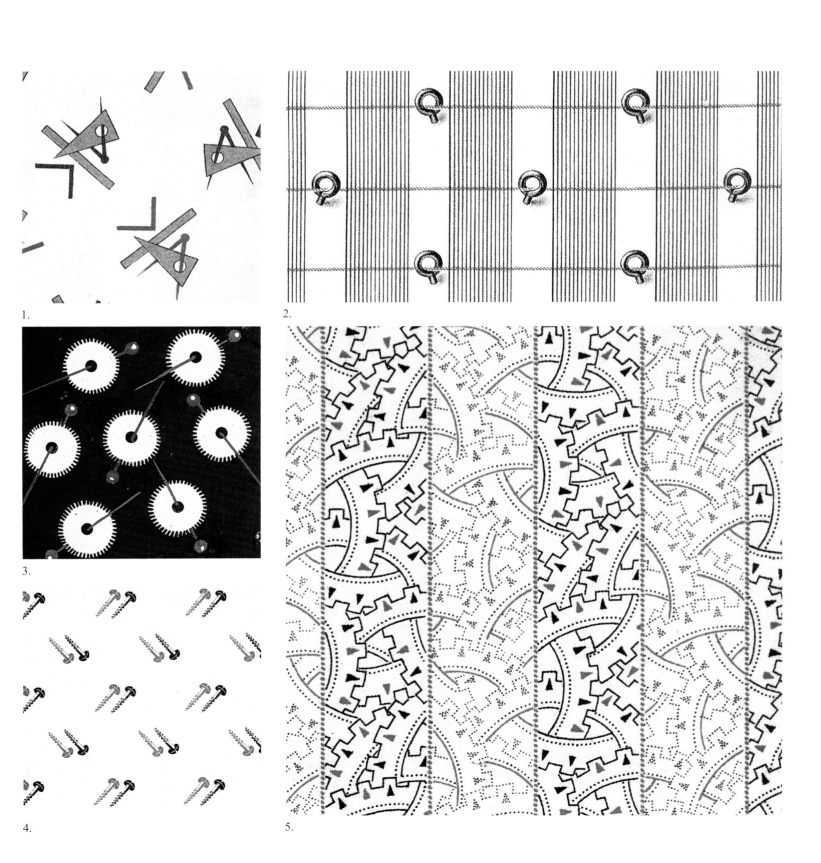

1.

2.

3.

4.

5.

爱心纹样

1. 法国，20世纪三四十年代，水粉纸样，衣料，比例200%

2. 法国，约1850年，纸上印样，衣料，比例100%

3. 美国或法国，约1885—1890年，机印棉布，衣料，比例100%

4. 美国，20世纪30年代，水粉纸样，衣料，比例110%

在中世纪，人类心脏是一种出现在基督教画像中的图案，从那时起，人类心脏就被我们现今熟知的风格化的爱心所代表。这也许就解释了为什么在世俗社会之前心形没有被广泛用作印花纹样。但在民间艺术中又是另外一种情况，心形被印在嫁妆箱上，或作刺绣纹样，或刻在树干上，其象征意义逐渐发展为友谊、忠诚、热情和浪漫的爱情。但对于纺织印染厂来讲，生产心形图案要承担一定的风险，因为心形总会让人联想到情人节，这种一年只穿一次的印花拥有的市场太小。

1.

2.

3.

4.

纹章纹样

1. 法国，约 1890—1910 年，水粉纸样，家用装饰，比例 47%

2. 英国，1910—1911 年，机印棉布，衣料（头巾），比例 30%

3. 法国，约 1920 年，纸上印样，衣料，比例 78%

在中世纪的欧洲，盾形纹章是贵族家庭的象征，是一种阶级标志。那么纹章纹样当然就是一种阶级纹样。这种纹样在美国比欧洲更加盛行，欧洲对源于亲密关系的贵族身份持保留态度。印花布上的盾形纹章通常是完全虚构的，因此不再与特定的家族有所关联，而是仅仅作为一种单纯的装饰纹样。

1.

2.

3.

节庆纹样

1. 19 世纪末—20 世纪初，机印棉布，衣料（手帕），比例 70%
2. 法国，约 20 世纪 30 年代，水粉纸样，衣料，比例 170%
3. 美国，约 20 世纪 50 年代，水粉纸样，衣料，比例 90%
4. 美国，20 世纪四五十年代，水粉纸样，衣料，比例 88%
5. 美国，约 20 世纪 50 年代，机印或网印棉布，匹头，比例 100%
6. 美国，约 20 世纪 50 年代，网印棉布，衣料（手帕），比例 48%

每一个节日都有其专属元素：情人节的红心，复活节的小兔子、彩蛋、小鸡，万圣节的南瓜、黑猫、女巫、蝙蝠，圣诞节的驯鹿、圣诞老人、天使、雪橇、长袜子、拐杖糖、雪花、红绿色彩搭配等。这类印花布大多只用于节日当天，因此销量有限。不过圣诞节是个特别的节假期，织物设计师总是乐于设计出各种富于圣诞氛围的纹样。

1.

2.

3.

4.

5.

6.

马纹样

1. 法国，1928 年，机印或网印丝绸，衣料，比例 115%

2. 法国，约 1885 年，机印棉布，衣料，比例 145%

3. 法国，1887 年，机印棉布，衣料，比例 105%

4. 法国，20 世纪 40 年代，网印人棉布，衣料，比例 135%

5. 英国，1825—1849 年，机印研光棉布，家用装饰，比例 32%

在三千多年的艺术发展史上，马儿雄健神速，始终是力量的象征，不过这种象征大多数时候都用来喻指那些驾驭马的英雄好汉。即便今天内燃机早已取代了马的作用，马仍然是一种带有贵族气质的图案。装饰艺术派常以马的图案来表现疾驰的状态。

1.

2.

3.

4.

5.

马蹄铁纹样

1. 法国，1890 年，水粉纸样，衣料，比例 110%
2. 法国，1886 年，机印棉布，衣料，比例 100%
3. 法国，1887 年，机印棉布，衣料，比例 105%
4. 法国，1887 年，机印棉布，衣料，比例 86%
5. 法国，1890 年，水粉纸样，衣料，比例 82%
6、7. 法国，1890 年，水粉纸样，衣料，比例 120%
8. 法国，1886 年，机印棉布，衣料，比例 80%
9. 法国，1890 年，水粉纸样，衣料，比例 94%

狩猎纹样

1. 英国或美国，约 20 世纪 20 年代，网印麻布，家用装饰，比例 31%

传说 10 世纪时，身为坎特伯雷大主教以及铁匠守护神的邓斯坦（Dunstan）曾经试图给魔鬼撒旦钉马蹄铁，这让撒旦痛苦万分并发誓以后再也不靠近这种拱形的铁块。此后马蹄铁一直被人视作好运的象征，即使不相信传说的人也这样认为。自 19 世纪晚期起，它就经常出现在印花织物上，显然并非所有设计师和顾客都是因为迷信传说才选择这种纹样。马蹄铁纹样远比马的纹样要多，事实上，这也有一定的道理，因为每一匹马就有四只蹄子。

印花织物上的狩猎画面始见于 18 世纪晚期法国和英国的薄亚麻织物，19 世纪晚期时则模仿编织挂毯的图案表现形式以呈现出广阔的狩猎场景。随后这种追逐意味浓厚的纹样大为流行，一开始多用于装饰设计，近年来在衣物上也同样常见。画面展现的绝非是为了温饱而去打猎的场景，也并非是美国人为了彰显能耐将猎到的鹿绑在引擎盖上的场景，而是上层乡绅们以娱乐为目的的豪华围猎活动。

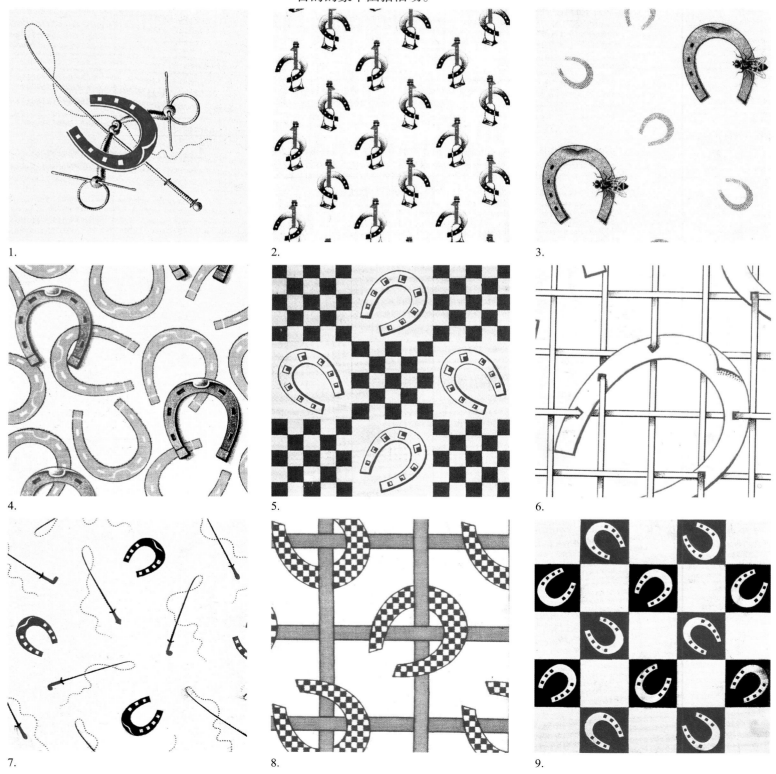

1.

2.

3.

4.

5.

6.

7.

8.

9.

10.

昆虫纹样

1. 法国，1880 年，水粉纸样，衣料，比例 70%

2. 美国，约 20 世纪 30 年代，机印棉布，衣料，比例 70%

3. 法国，约 1810 年，水粉纸样，衣料，比例 70%

4. 法国，1944 年，纸上印样，衣料，比例 80%

瓢虫可爱，蝴蝶美丽，除此之外很少会有其他昆虫作为装饰图案出现在衣物上（至少在 20 世纪内），当然，作为拿破仑家徽的蜜蜂则另当别论。19 世纪时设计师在选用昆虫图案方面比较大胆。那时大胆表现甲壳虫或苍蝇图案的印花布都得到了小批量生产，一次大概 100 码，人们并不觉得有什么奇怪。现在小批量生产一次是 5 000 码，如果能畅销才会大批量生产。爬虫图案不为人所喜欢，因为人们会觉得太过真实而毛骨悚然。如果这类纹样还有经济价值有待发掘的话，那一定是面向高端市场的消费群体，只有他们才有足够的经济实力为这些定制产品买单，证明其价值。以图 4 为例，这是里昂一流厂家设计的昆虫纹样，印在高级定制时装的丝绸面料上；图 2 则把一贯用于奢侈品的昆虫纹样印在了低档布上，不过这种布注定只能用来做做饲料袋，或者白送人。这种类型的低档布上昆虫图案种类甚多，其中就包括蜘蛛。（参见第 116 页花卉纹样：印花口袋布纹样）

1.

2.

3.

4.

铁艺纹样

1.法国，20世纪20年代，纸上印样，衣料，比例100%

随着最后一套盔甲被主流淘汰，法语"ferronnerie"即铁艺花样就不太受大众的欢迎。正如建筑印花纹样中硬邦邦的砖石，铁制品纹样也因其冷峻的外观使一块布看上去没有一点柔软的感觉。但某些装饰性铁艺格子的外观为银丝细工的涡卷纹，甚至如附图那样仍有些让人难以接受的图案，若印在丝绒这样华丽的面料上，则会感觉柔软一些。

1.

珠宝首饰纹样

1. 法国，20 世纪 30 年代，水粉纸样，衣料，比例 33%
2. 法国，20 世纪三四十年代，水粉纸样，衣料，比例 140%
3. 法国，20 世纪三四十年代，水粉纸样，衣料，比例 140%
4. 法国，约 1920 年，水粉纸样，衣料，比例 100%
5. 法国，20 世纪 30 年代，水粉纸样，衣料，比例 70%

19 世纪中期，设计师开始使用真的珠宝来装饰服装，包括珍珠、宝石和整件华丽的首饰，珠宝首饰印花纹样由此诞生。装饰艺术派的设计师特别善于利用宝石晶莹剔透的特点和其坚硬的质感。宝石象征着精神上的真理，隐匿在暗室或洞穴中的宝石就好像潜藏在人们无意识之中的良知。由神兽守护的珠宝则象征着人类在追寻自我意识的过程中遇到的困难。

1.

2.

3.

4.

5.

丛林纹样

1. 英国或法国，19 世纪下半叶，水粉纸样，衣料（头巾角饰），比例 90%

2. 法国，约 20 世纪 30 年代，水粉纸样，衣料，比例 40%

3. 英国，1825—1849 年，机印棉布，家用装饰，比例 40%

由郁郁葱葱的树林、野兽和色彩艳丽的鸟类组成的丛林景象于 19 世纪中期开始出现在织物上。正如兽皮纹样那样，这类花型当初作为衣着纹样时给人以过浓的异域情调和艳俗的感觉，因此仅用在家用装饰织物上。当然，专供出口到热带国家的布匹是个例外，因为这类纹样中的动物是热带丛林中土生土长的，反而令当地人感到熟悉和亲切。（事实上，一些法国的大印染厂会在暖房中养殖不少热带花卉，供设计师参考。）丛林纹样在 20 世纪才成为衣着上的流行图案。20 世纪 80 年代，服装行业出现了一个新名词——游猎（safari），随之而来的是丛林纹样的变化，郁郁葱葱的雨林变成了灌木和大草原，乡绅贵族的生活图景也从猎捕狐狸和野鸡变成了规模更大的狩猎活动。到 20 世纪 90 年代，游猎式丛林服不再流行，因为它让人联想到狩猎。如今又冒出一个新名词，"生态学"或"环境保护"，又把我们带回到热带雨林和丛林中去了。

1.

2.

3.

童话纹样

1. 法国，1927 年，机印棉布，衣料，比例 84%
2. 法国，1882 年，机印棉布，衣料，比例 76%
3. 美国（未确定），20 世纪二三十年代，水粉纸样，衣料，比例 100%
4. 法国，19 世纪 80 年代，机印棉布，衣料，比例 84%
5. 法国，20 世纪 20 年代，机印棉布，衣料，比例 90%
6. 法国，20 世纪 20 年代，机印棉布，衣料，比例 82%
7. 法国，20 世纪上半叶，水粉和水彩纸样，衣料（手帕纹样），比例 66%

"童话"纹样是儿童纹样设计中一个经典的题材，在 19 世纪末开始大量出现。直到第一次世界大战后，儿童用品才自成一门产业。英国画家凯特·格林威（Kate Greenaway）所描绘的维多利亚风格的儿童嬉戏插图可以说至今仍如 19 世纪末那样流行。在纺织印染行业曾经掀起过一股模仿凯特·格林威图画来设计纹样的热潮。图 2 是根据格林威的作品改编的印花纹样。过去家长为孩子挑选衣服，便让孩子穿这种他们眼里最适合孩子的纹样。如今的孩子们拥有更多的主动权，他们倾向于选择色彩艳丽、带有卡通人物形象的纹样。

1.

2.

3.

4.

5.

6.

7.

文字和数字纹样

1. 法国，1886 年，机印棉布，衣料，比例 85%
2. 美国（未确定），20 世纪中期，机印或网印人棉布，
衣料，比例 88%
3. 美国或法国，20 世纪五六十年代，网印棉布，衣料，
比例 110%
4. 法国，20 世纪四五十年代，机印人棉布，衣料，
比例 100%

纺织设计师在衣料上设计的具象诗文字纹样，除了用于说明直接而通俗的内容外，并未完全得到公众的认可。另一种情况是，有的设计师把文字纹样设计得很抽象，实际上，对于图 2 中的中国汉字，西方消费者会不会去探究其中的意思就不得而知了。

1.

2.

3.

4.

海洋生物纹样

1. 法国，20 世纪 50 年代，机印棉缎，衣料，比例 100%

2. 法国，20 世纪 50 年代，机印或网印混纺布，衣料，比例 50%

3. 法国，19 世纪 90 年代，水粉纸样，衣料，比例 64%

4. 英国，19 世纪下半叶，水粉纸样，衣料，比例 50%

海洋生物纹样虽说也像鸟类纹样一样为印花布增添了自然的气息，多姿多彩、种类繁多，却从未像鸟类纹样那般流行过——人们可能觉得海洋生物又滑又黏，腥味太重，长得太像爬行动物。但是，成群的小型鱼类则是深海中光彩斑斓的点缀，将其作为印花图案，也不失优雅之趣。20 世纪下半叶，随着运动服、海滩装、航海服和度假服装等休闲服装的兴起，海洋生物纹样不再只用于浴帘，人们相比以前更能接受这种纹样了。(参见第 336 页情景纹样：贝壳纹样)

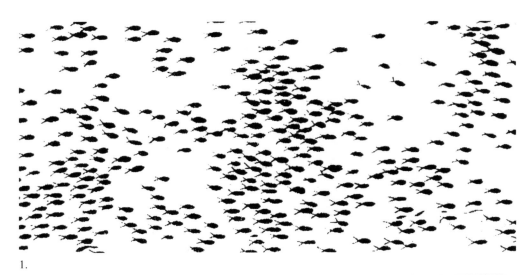

1.

2.

3.

4.

军事题材纹样

1. 法国，1893 年，机印棉布，衣料，比例 100%
2. 法国，20 世纪 30 年代，机印或网印丝绸，衣料，比例 100%
3. 法国，1890 年，机印棉布，衣料，比例 115%
4. 法国，20 世纪三四十年代，机印或网印丝绸，衣料，比例 70%
5. 英国，1914—1918 年，机印棉布，衣料（头巾），比例 37%
6. 法国，19 世纪下半叶，水粉纸样，衣料，比例 27%
7. 法国，1882 年，机印棉布，衣料，比例 60%

不同的文化体系总是赋予兵器或神、英雄手中的武器不同寻常的意义。宙斯拥有雷霆，托尔手持铁锤，摩西手持牧羊杖，圣·乔治（Saint George）手持屠龙矛，豪迈王子挥舞利剑。几个世纪以来，武器代表身心层面上惩恶扬善的胜利。武器常出现在奖杯和纹章上，成为 19 世纪印花的主要图案，即使是轻骑兵冲锋这样著名的军事溃败，也被丁尼生这样有思想的作家称为"高贵英勇"。大概是第一次世界大战终结了军队无上荣光的观念，此后，对武器的抵触情绪取代了其精神上的象征意义。武器题材是 20 世纪设计师的禁忌，除非拿武器的人看起来像锡兵一样可爱而又没有恶意，或者像朋克风格那样明确表现其威胁。

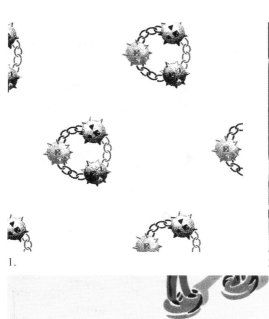

1.

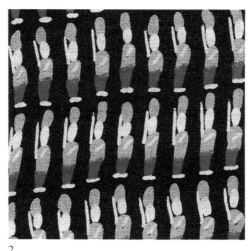

2.

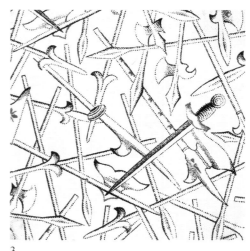

3.

4.

5.

6.

7.

轧纹印花纹样

1. 法国，1886 年，机印棉布，衣料，比例 120%
2. 法国，1889 年，机印棉布，衣料，比例 110%
3. 法国，1882 年，机印棉布，衣料，比例 100%
4. 法国，1887 年，机印棉布，衣料，比例 100%
5. 法国，约 1885 年，水粉纸样，衣料，比例 100%
6. 法国，约 1885 年，机印棉布，衣料，比例 100%
7. 法国，1886 年，机印棉布，衣料，比例 100%
8. 法国，1890 年，水粉纸样，衣料，比例 135%
9. 法国，1886 年，机印棉布，衣料，比例 100%

轧纹印花纹样在 19 世纪最后的 25 年里曾一度流行于大西洋两岸。这类纹样由铜辊制成，雕刻花纹经过被称作"钢芯"的一种钢辊压铸到铜辊上。这种纹样一般印在白色的细平棉布上，用于装饰女士衬衫和围裙、男童衬衫、童装和拼缝被套。一家印花厂一个季度就能生产几百件轧纹印花纹样，迫使设计师为寻求多样性而放弃索然无味的图案。结果往往设计成简单的清地布局，印花颜色不超过两个（通常是红、黑两色），内容怪异，正如附图所示。对纺织工人来说，任何布料都和图 7 里的织品样本一样单调乏味。轧纹印花技术能以精美的细节和清晰的线条区分各种图案。现在这种印花法已基本消失，被丝网印花取代。（参见第 90—91 页花卉纹样：轧纹印花纹样）

1.

2.

3.

4.

5.

6.

7.

8.

9.

乐器纹样

1. 法国，20 世纪 50 年代，水粉纸样，衣料，比例 50%

2. 法国，19 世纪 80 年代，机印棉布，衣料，比例 68%

3. 美国，20 世纪 60 年代，染料纸样，衣料，比例 70%

乐器是纺织纹样中的常见纹样。琵琶、风笛、管乐器、手鼓和里拉琴等，19 世纪时常作为庆功纹样（图 2）——自文艺复兴以来，人们用乐器的组合来庆祝胜利或是功绩。但图 1 那种粗俗的纹样就谈不上能给人带来什么优美的音乐享受了。

1.

2.

3.

神话纹样

1. 法国，20世纪20年代，纸上印样，衣料，比例43%

2. 法国，1880—1885年，水粉纸样，家用装饰，比例50%

3. 英国，约1890年，木版印花麻布，家用装饰（台布），比例38%

4. 法国，约1900年，水粉纸样，家用装饰，比例60%

印花布上有不计其数的神话角色，好像他们共处天界，如丘比特、独角兽、龙、森林神萨梯，还有小天使，无所不有（当然不是全部出现在一个纹样中）。其中，丘比特在神话纹样中用得最多。丘比特长得很可爱，温善又浪漫，要不是在新古典主义中占有一席之地，被赋予了古典、优雅和高贵的气质，他很可能就会被降级为情人节的守护神了。半人马和其他半人半兽的怪物更为少见，这些纹样一般出现在新艺术派和装饰艺术派的印花布上；而小天使、仙女和龙则多见于工艺美术运动时期的织物上。独角兽常用作中世纪挂毯上的纹样，而龙多出现在中国的刺绣中，这两种角色都被仿制在印花布上。

1.

2.

3.

4.

航海器具纹样

1. 美国，20世纪中期，水粉染料纸样，衣料，比例86%
2. 美国，20世纪40—60年代，机印或网印棉布，衣料，比例80%
3. 美国，20世纪30年代，机印棉布，衣料，比例84%
4. 美国，20世纪30年代，机印棉布，衣料，比例100%
5. 美国，20世纪四五十年代，机印棉布，衣料，比例84%

这类印花纹样出现在19世纪，但在20世纪才成为一种流行花型，尤其是随着度假服和运动型休闲服的兴起而兴起。就像纹章一样，具有航海特色的旗帜流露出一种特别的贵族气质——毫无疑问，只有船长才穿戴这种纹样，而不是普通水手。带有航海纹样的衣服还能给人以海风吹拂的清新感，让人们联想到户外体育运动。其特性配色是大红、海军蓝和白。

1.

2.

3.

4.

5.

坚果和松子纹样

1. 法国，1883 年，机印棉布，衣料，比例105%
2. 法国，1886 年，机印棉布，衣料，比例94%
3. 法国，1886 年，机印棉布，衣料，比例100%
4. 法国，约1910—1920 年，水粉纸样，衣料，比例96%
5. 法国，约1880—1885 年，机印棉布，衣料，比例90%

像榛子这样外形简单的坚果，让波尔卡圆点图形更突出、立体，别有风味。现在，丝网印花取代了19 世纪的铜版印花，复杂的坚果纹样就不太多见了，因为它们需要精密细致的刻画。（一个不够逼真的胡桃像大脑，看上去很不舒服。）松子是一种季节性题材，通常与圣诞节有特别的联系，因而无法成为日常用的印花纹样。但作为常青树的果实，松子象征着永恒和富饶。

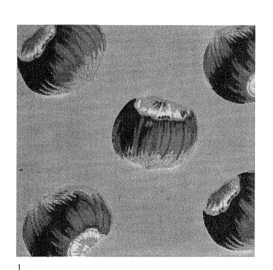

1.

2.

3.

4.

5.

器物纹样

1. 法国，20 世纪 30 年代，水粉纸样，衣料，比例 120%

2. 法国，20 世纪 40 年代，机印人棉布，衣料，比例 80%

3. 法国，20 世纪 50 年代，水粉纸样，衣料，比例 28%

4. 法国，20 世纪 30 年代，水粉纸样，衣料，比例 60%

任何东西都可经设计师改编成印花纹样——水皮球、瓦罐、糖果盒甚至烟灰缸。但是，一种图案得先有好的销路，设计师才会在别的设计中继续沿用。器物用品虽说总在印花织物上出现，但还不足以形成一种纹样门类。安迪·瓦霍尔（Andy Warhol）将坎贝尔汤罐画在了油画布上，以重复的手法布满整个画布，这是纺织品设计师几百年来一直在做的事情——将日常生活用品脱离生活背景，搬到布上，设计成循环重复的纹样——超越了对器物实用功能的描绘。

1.

2.

3.

4.

拼贴纹样

1. 美国，19 世纪 80 年代，机印棉布，家用装饰，比例 41%

传统拼贴被子必不可少的组成部分便是拼贴布——将这种小块布料和许多其他布块细致地缝接在一起后能形成一个完整的纹样。而将拼贴纹样直接印在整块布料上也可以营造出同样的效果，而且还不费工，所以拼贴纹样的印花布也被称作"骗子布"。19 世纪晚期，美国手工被的数量前所未有，骗子布畅销。一条被子通常需要用两码骗子布来制作，但有时完全就是用整块拼贴纹样印花布制作的。不论用什么方法缝被子，将棉絮和表里两层布缝到一起总是颇费功夫，所以这种假拼贴被子看起来有以假乱真的效果。缝被子的人也许只是认为骗子布比真拼接布更好看，也许是故意省去拼接过程，真的在骗人，或者说……半骗人。

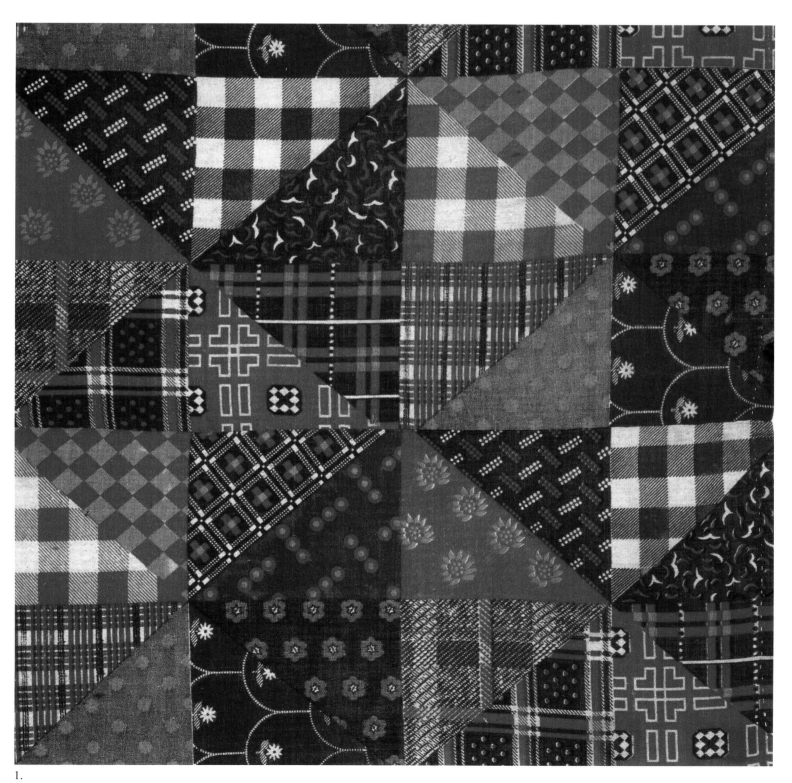

1.

人物纹样

1. 美国，20 世纪 20 年代，水粉纸样，衣料，比例 100%

2. 美国，20 世纪 20 年代，水粉纸样，衣料，比例 100%

3. 美国，20 世纪 20 年代，水粉纸样，衣料，比例 125%

4. 美国，20 世纪 20 年代，水粉纸样，衣料，比例 115%

5. 美国，20 世纪 20 年代，水粉纸样，衣料，比例 135%

6. 美国，20 世纪 20 年代，水粉纸样，衣料，比例 110%

7. 美国，20 世纪 20 年代，水粉纸样，衣料，比例 115%

8. 美国，20 世纪 20 年代，水粉纸样，衣料，比例 110%

9. 美国，20 世纪 20 年代，水粉纸样，衣料，比例 115%

10. 法国，约 1880 年，机印棉布，衣料，比例 400%

人物纹样通常出现在风景印花布上，如淡底印花亚麻布。除了轧纹印花布和针对未成年人群的设计之外，单独用人物构成的纹样并不常见。这或许是因为我们觉得将人物当成一种图案是对人类的不尊重，又或许是因为我们觉得在人群中穿着这样一件印有人群图案的衣服会显得我们缺乏人性。那么如果用人物纹样装饰沙发，我们会坐上去吗？

1.

2.

3.

4.

5.

6.

7.

8.

9.

10.

照片印花纹样

1. 美国，约 1939 年，棉布，匹头，比例 50%
2. 美国，1939 年，棉布，匹头，比例 50%

20 世纪 30 年代，照片印花技术发展成熟，从那时起纪念品上的印花开始经常带有写实的人物和地点，不过当某一场景被拆分成重复纹样时，场景的空间感会变得错乱。图 2 展示的是 1939 年纽约世博会的三角尖塔和正圆球。事实上，由于在博览会开幕之后这块印花布会被当作纪念品销售，印制者似乎是将建筑模型的照片印到了布上，等不及建筑真正完工了。图 1 是纽约城的景象。克莱斯勒、帝国大厦和布鲁克林大桥现今还在，但原先圆柱状的奥特利大厦已不在了。这种照片常被印在运动衫上作为旅游纪念品出售。

1.

2.

柱子印花纹样

1. 英国，约 1820 年，机印和木版印花砑光棉布，家用装饰，比例 27%

大约在 1815—1830 年间，英国在窗帘和床上用品方面流行柱子印花，这种纹样用新古典主义式样的柱子构成宽阔的直条骨架，然后加入立体感的装饰纹样。纹样中的柱子从来都不是笔直而僵硬的风格，如附图的案例就是用花卉纹样将其柔化。虽然这种纹样在欧洲其他地方从未流行起来，但是进口柱子印花产品在美国销路很好，常用于整幅被套。

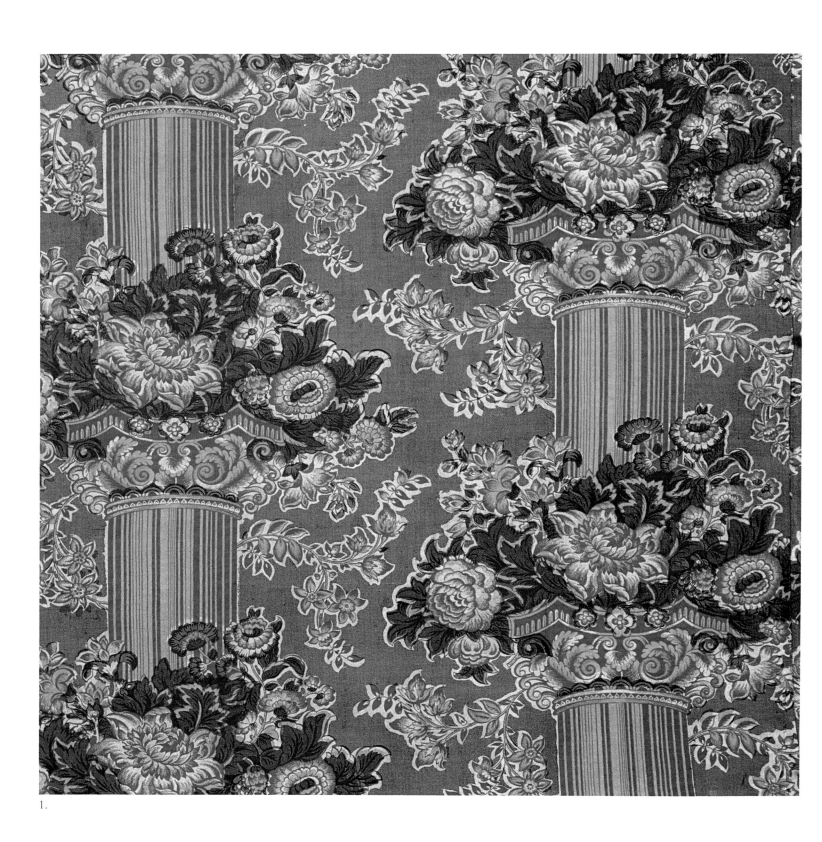

1.

纸牌纹样

19世纪80年代的设计师喜欢使用纸牌图案，红黑两色的纸牌图案天生就是为轧纹雕刻印花而生的。我们现今玩的扑克牌源于中世纪的塔罗牌。

1. 法国，1883年，机印棉布，衣料，比例145%
2. 法国，1880—1890年，机印棉布，衣料，比例80%
3. 法国，1887年，机印棉布，衣料，比例80%
4. 法国，1887年，机印棉布，衣料，比例100%
5. 法国，1880年，水粉纸样，衣料，比例80%

1.

2.

3.

4.

5.

爬行动物纹样

1. 英国或法国，19世纪下半叶，机印棉布，衣料，
比例92%
2. 法国，19世纪80年代，水粉纸样，衣料，比例
80%
3. 德国，20世纪30年代，水粉纸样，衣料（领带纹样），
比例100%
4. 法国，19世纪80年代，水粉纸样，衣料，比例
70%
5. 法国，1949年，机印人棉布，衣料，比例210%

正如昆虫纹样那样，19世纪时人们对爬行动物纹样题材的接受度比现在更高。一件带有图2蝾螈纹样的衣服加上一个珐琅蝾螈胸针就是19世纪80年代最时尚的搭配。海龟外形被设计得十分可爱，漂亮的龟壳遮掩了爬行动物特有的表皮纹路；青蛙只要别设计得太像癞蛤蟆，也可以很招人喜欢。这两种动物纹样在现代织物上出现过。不过图1中蛇绞死黑豹的纹样设计即使在19世纪西方人也不会买账。这种纹样是打算出口到某一殖民国家的。蛇一般只能画成盘旋状，以印花织纹肌理作为蛇皮花纹。

1.

2.

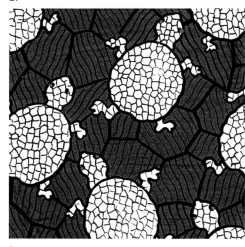

3.

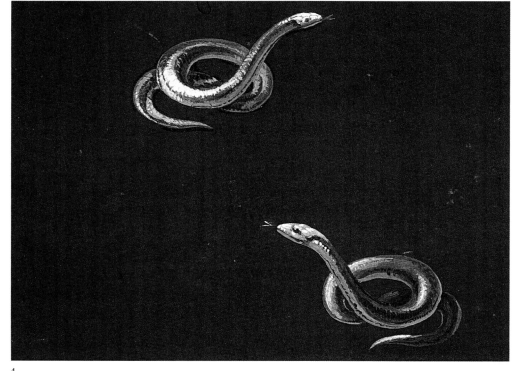

4.

5.

褶边纹样

1. 法国（未确定），约 1860—1870 年，水粉纸样，衣料，比例 160%

2. 法国，约 1900 年，水粉纸样，衣料，比例 140%

3. 法国，1873 年，机印棉布，衣料，比例 200%

这种纹样在 19 世纪时被专门称为褶裥饰边。图 3 设计的是带状边纹；其他二图设计很巧妙，图案充盈布面，给人一种布上有布的视觉体验。如今褶边装饰主要用于睡衣纹样和家用装饰砑光布上，当作花卉纹样的陪衬。

1.

2.

3.

风景绘画纹样

1. 法国，20 世纪 20 年代，水粉纸样，家用装饰，比例 40%
2. 法国，1900—1920 年，水粉纸样，家用装饰，比例 50%

18 世纪时英国人和法国人受到当时版画艺术的启发，率先将风景图案应用于薄亚麻印花织物上。附图的风景纹样也是受绘画作品启发而设计出来的，例如，图 1 就模仿了野兽派风格。风景图案出现在装饰织物上的频率比在服装上要高。将它们作为墙壁装饰或作窗帘纹样可以增加空间感，像窗户一样为人提供观赏空间，但如果作为衣服图案出现在人身上，就会让人在视觉上有些不适应了。

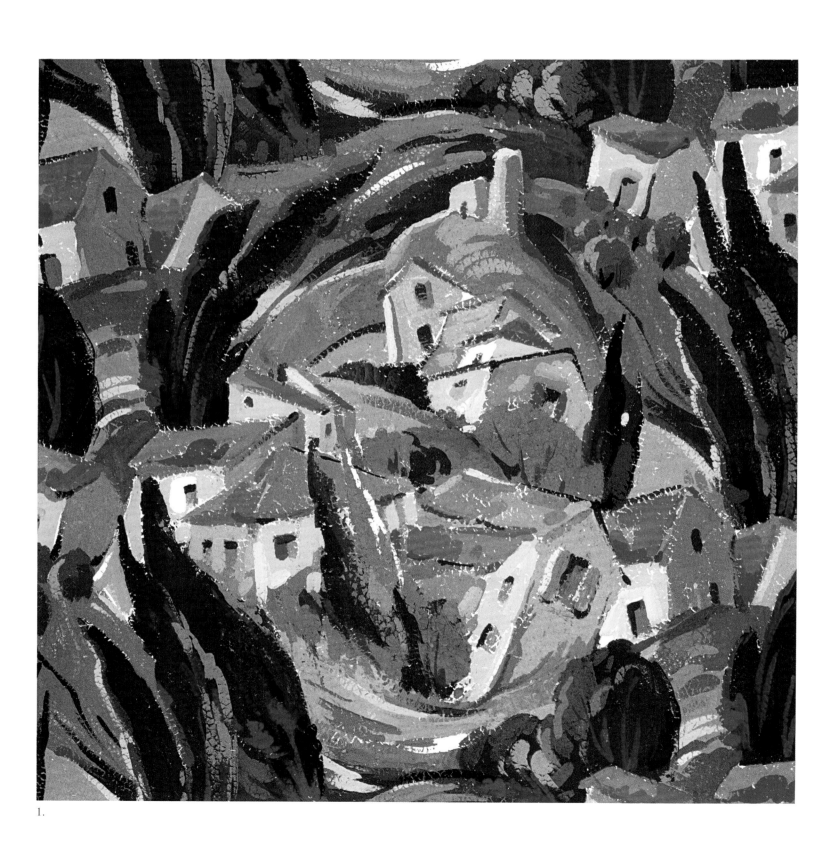

1.

2.

情景绘画纹样

1. "睡美人"，法国，1882 年，马丁工作室（Atelier Martin）设计，水粉纸样，家用装饰，比例 36%
2. 法国，约 1880 年，马丁工作室（Atelier Martin）设计，水粉纸样，家用装饰，比例 35%

情景绘画纹样保留了风景纹样优美的田园风光，同时加入了人物形象，呈现出一个故事中的种种元素。图 1 即是描绘睡美人传说的画面——公主、王子、善良和邪恶的精灵、纺车等都有出现。图 2 描绘的则是 18 世纪时穿着优雅的上等富贵人家在乡间举办聚会的欢乐场景。诸如这类画面的精致装饰织物在 19 世纪晚期很流行，而且这种印花设计非常忠于原画作。图 1 "睡美人"用了 18 套色，以辊筒机印的方式印在细罗纹棉布上，这种布被制造商称为 "哥白林"（Gobelin）布。

1.

2.

贝壳纹样

1. 法国，约 1810 年，水粉纸样，衣料（头巾纹样），比例 76%

2. 法国，1883 年，机印棉布，衣料，比例 100%

3. 法国，19 世纪 80 年代，机印棉布，衣料，比例 86%

4. 法国，19 世纪 80 年代，机印棉布，衣料（头巾边纹），比例 78%

贝壳用作纺织品印花图案可以追溯到纺织品行业诞生之初，但始终不怎么流行，直到第二次世界大战后度假服生意发展势头良好，这种纹样才变得常见。用得最多的是扇贝，外形扁平、对称，看上去像把小扇子，抽象却又不失具体，引人遐想。传说中世纪时，西班牙一处重要的朝圣地孔波斯特拉附近的海域盛产扇贝，朝圣者会捡一只扇贝放在帽子上，以表示他到过圣地；十字军战士也会穿戴扇贝，因此扇贝也成了基督教的象征。当代设计师虽将扇贝纹样用作度假衬衫纹样，但可能并不明白它与西方衣着的这一段典故。

1.

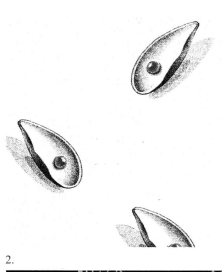

2.

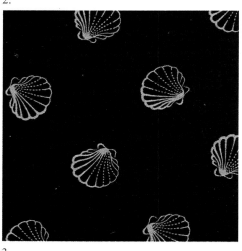

3.

4.

剪影纹样

1、2、3、4. 法国，1880 年，水粉纸样，衣料，比例 100%

艾蒂安·德·西卢埃特（Etienne De Silhouette）曾在 1759 年的一段时间内任法国财政部长。当时，新兴的印花工业和传统的织造工业之间竞争激烈，印染纺织品还曾一度被禁止。但在他的帮助下，这项禁令于 1759 年 9 月被废除。要么是抗议他在纺织业上做出的决策，要么是抗议他推行的紧缩经济制度，他的反对者纷纷用黑纸剪出他的漫画，从此这类剪影就以他的名字命名。（但他丝毫不介意，据说还把剪影当成了一种爱好。）剪影快捷易做，而自比彩绘肖像画便宜得多。19 世纪时，剪影成为小姐、太太们的一项手艺和消遣活动。维多利亚时代的人们制作的人物剪影形态各异，就好比我们现在照相时摆出的各种姿势。附图均为 19 世纪 80 年代常见的印花剪影纹样，当时这种技艺很流行。

1.

2.

3.

4.

体育题材纹样

1. 美国或法国，20 世纪中期，水粉纸样，衣料，比例 62%

2. 法国，1890 年，水粉纸样，衣料，比例 370%

3. 法国，1893 年，机印棉布，衣料，比例 82%

4. 美国，20 世纪 40 年代，机印丝绸，衣料（领带纹样），比例 70%

5. 法国，1870—1880 年，机印毛织物，衣料，比例 86%

6. 法国，1882 年，机印棉布，衣料，比例 175%

7. 法国，1890 年，水粉纸样，衣料，比例 120%

8. 英国或美国，1925—1949 年，水粉纸样，衣料，比例 225%

9. 美国，1945 年，水彩纸样，衣料，比例 80%

体育运动题材的印花纹样在 19 世纪末尚不多见。这类纹样更多的是作为一种附属图案，如轧纹印花纹样里的赛马骑师图案，而不是作为整个民族精神的象征。第一次世界大战后，随着休闲产业和大型职业体育比赛的兴起，男性开始运用体育题材纹样来彰显自己的身份。

1.

2.

3.

4.

5.

6.

7.

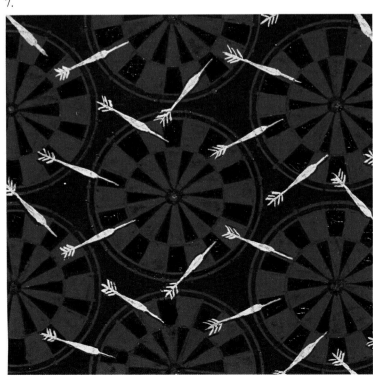

8.

9.

彩色镶嵌玻璃纹样

1. 美国，20 世纪三四十年代，机印人棉布，衣料，
比例 76%

2. 法国（未确定），约 1900 年，机印棉布，比例
74%

这种花型在纺织品上确实少见，或许因为这种纹样具有宗教和建筑属性。现在运用这类纹样时，设计师更在意其如珠宝般的色彩效果以及铅条形成的粗黑体图形轮廓，而不太注重窗户本身的画意。

1.

2.

仿古挂毯纹样

1. 法国，约 1880 年，木版印花棉帆布，家用装饰，比例 25%

印花布上的仿古挂毯纹样主要是在风格和主题方面对中世纪的挂毯加以模仿，同时也会将原作陈旧褪色的效果表现出来。这种特殊花型的印花一般要用 20 多套木版来印。印花布的织法类似于挂毯的缝法，因此两者在视觉效果上非常相像。除非近距离仔细观察面料，否则很难发现差别。

1. 法国，约 1880 年，木版印花棉帆布，家用装饰，比例 25%

1.

印花亚麻布：寓言、历史故事和名胜古迹纹样

1. 英国，约 1800 年，铜版印花棉布，家用装饰，比例 35%

2. "圣女贞德"，法国，约 1815 年，铜版印花棉布，家用装饰，比例 25%

3. "巴黎的名胜古迹"，法国，1816—1818 年，辊筒机印或铜版印花棉布，家用装饰，比例 25%

印花亚麻布常被用来制作家用装饰，如床罩、床帷和帷幔等。"toile"一词原来只是指棉布或亚麻布，从 18 世纪中期开始又常指印在棉布或亚麻布上的大型铜版画纹样。铜版或辊筒机印的一套色（通常是红、乌贼墨、黑、深褐或蓝色）花型可以分成多个类别。图 1 是一块寓言纹样的印花布，旨在嘲笑当时的名人，也可能是传奇故事《红死魔的面具》中的场面。图 2 是一块历史故事纹样的印花布，描绘圣女贞德被绑在火刑柱上焚烧的场面。还有一幅是名胜古迹图，即图 3 的卢浮宫全景，该纹样是由伊波利特·勒·巴（Hypolite Le Bas）设计，雷斯尼尔（Leisnier）雕刻制版，最后由克里斯托弗·菲力浦·奥勃卡姆印染厂生产的。

1.

2.

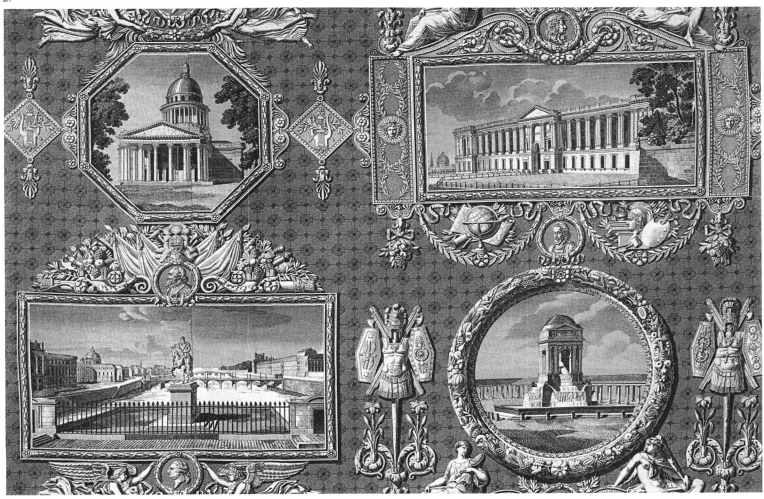

3.

印花亚麻布：神话、田园风光和浪漫生活纹样

1. "梦见爱神"，法国，约 1810 年，铜版印花棉布，家用装饰，比例 43%

2. "弗朗德勒的风情"，法国，约 1797 年，铜版印花棉布，家用装饰，比例 18%

3. 法国，1927 年，机印棉布，家用装饰，比例 28%

1752 年，爱尔兰德拉姆康德拉的弗朗西斯·尼克松（Francis Nixon）生产出第一块铜版印花亚麻布。随后很快就流行起来，美国总统本杰明·富兰克林（Benjamin Franklin）和乔治·华盛顿（George Washington）等都特意进口这种印花布供家庭使用。事实上，美国独立革命战争之后，出于对这些美国爱国者的尊敬，英国的印花布上出现富兰克林和华盛顿的肖像，并把目光瞄准美国市场。法国很快就学会了这种铜版印花技术，以约依印花布最为著名，从 1783 年开始由奥勃卡姆印染厂生产，该厂位于凡尔赛附近的茹伊。（华盛顿总统府内最初的装饰织物中就有约依印花布。）奥勃卡姆印染厂聘用当时最好的艺术家设计这些纹样。该厂因生产乡村风格的印花布而发财致富，因生产铜版印花布而扬名天下——这两种印花布如今成为该厂产品的豪华系列。图 1 是神话传说题材纹样，图 2 是田园风光题材纹样，均系奥勃卡姆印染厂的让·巴普蒂斯特·休特（Jean-Baptiste Huet）设计。图 3 中表现浪漫生活场景的纹样，于 1927 年印制，是 1785 年法国南特亚麻布的风格。

1.

2.

3.

交通工具纹样

1. 法国，1887 年，机印毛织物，衣料（头巾角饰），
比例 54%

2. 美国，约 20 世纪 20 年代，机印人棉提花布，衣料，
比例 88%

3. 法国，约 1885 年，机印棉布，衣料，比例 84%

4. 法国，1887 年，机印棉布，衣料，比例 96%

5. 法国，约 1890 年，水粉纸样，衣料，比例 72%

6. "越洋飞行"，美国，20 世纪 30 年代末—40 年代
初，机印研光棉布，家用装饰，比例 50%

装饰艺术派设计师最先将交通工具作为一种题材，力求表现汽车、飞机和火车疾驰的景象。图 6 的纹样很可能用于男孩房间的窗帘。图 1 表现的是一列火车绕着女士的头巾边沿行驶，这种主题不管在当时还是现在都不常见。

1.

2.

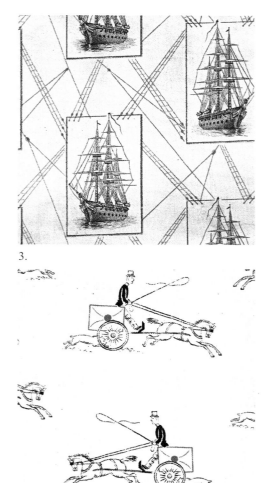

3.

4.

5.

6.

树木纹样

1. 法国，1810 年，水粉纸样，衣料，比例 78%
2. 法国，20 世纪 20 年代，机印棉布，衣料，比例 110%
3. 法国，约 1900 年，水粉纸样，家用装饰，比例 30%
4. 英国，约 1810 年，木版印花棉布，家用装饰，比例 70%

树木朝一个方向生长，一般较高大，因而很难用作循环的纹样。尽管树木纹样是花鸟树木纹样的分支，或在丛林纹样和风景纹样中作背景，但不会成为设计师的主要产品。图 3 是一个新艺术运动风格的边饰印花，是线性设计，树木构成水平排列而非满地纹样。图 4 是一幅棕榈树的装饰布纹样，反映了 1815 年左右英国印花研光装饰布的流行风格，但是这种纹样和英国的猎鸟（如野鸡）放在一起似乎不是很协调。一些树木有象征意义，但在现代纺织品纹样中这种陈旧的观念已然淡薄。橡树象征长寿、力量和坚毅，但与橡树叶和橡实相比，不常用作纹样。垂柳是丧亲的象征，18、19 世纪时寡妇可能有垂柳纹样的刺绣品，但垂柳纹样的丧服并不常见。

1.

2.

3.

4.

纺织饰品纹样

1. 美国，约 1880 年，机印棉布，衣料，比例 105%

2. 法国，1873 年，机印棉布，衣料，比例 94%

3. 法国，1870—1880 年，机印棉布，衣料（头巾边饰），比例 100%

像某些边饰印花，如花卉砑光边饰印花，大部分的编穗纹样都按码出售，并且设计成能够剪成条状的样子。它们是真流苏编带的廉价替代品，或许也和如今一样能够以假乱真。图 3 中的流苏是棉布头巾的错视边饰。

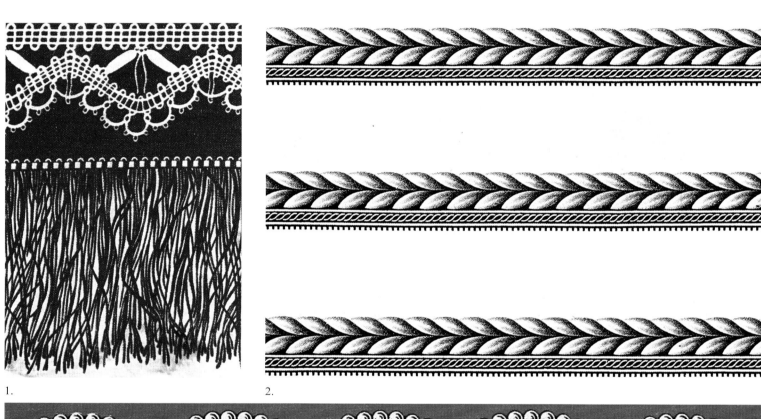

1.

2.

3.

仿真效果纹样

1. 美国，约 20 世纪 40 年代，机印棉布，家用装饰，比例 80%
2. 法国，约 1880 年，机印棉布，衣料，比例 100%
3. 法国（未确定），19 世纪末，机印丝绒，衣料，比例 90%
4. 法国，约 1880 年，机印棉布，衣料，比例 100%

这种纹样能够将空间立体的真实感表现得淋漓尽致，不像那种廉价的单纯模仿高价织物效果的纹样，仿真效果纹样坦坦荡荡，却也不会因其模仿而受人非议。这类纹样往往是真真假假：图 2 裁缝把穿线的缝衣针落在了布上；图 4 日本甲虫被大头针和线拴在布上。（20 世纪 60 年代，写实的仿真效果纹样流行过一段时间，最突出的代表为活灵活现的甲虫纹样。）图 1 的骗术更加高超，似小块丝缎拼缝而成，逼真地仿效了 20 世纪 50 年代餐厅软长椅上套的树脂软垫。图 3 倒是实实在在的东西，在昂贵的丝绒上印花，模仿出镶嵌绣的效果，显得十分华贵。

1.

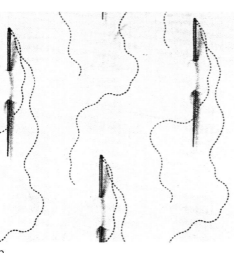

2.

3.

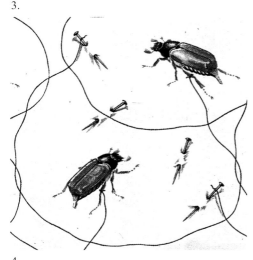

4.

庆功纹样

1. 法国，19 世纪 70 年代，机印棉布，家用装饰，比例 50%

2. 法国，19 世纪 70 年代，机印棉布，家用装饰，比例 80%

3. 法国，1890 年，机印棉布，家用装饰，比例 50%

古希腊和古罗马时代将军队的战利品及战争中掠夺的财物挂在树上或堆放在土墩上庆祝胜利和祭拜神灵，有时就在战场上进行。14 世纪时，战利品成为一种正式而又优雅的装饰，人们将文艺复兴时期某一得胜的运动中的剑、矛、头盔等挂在墙上或画在墙上，或者庆祝和平时期的收获，比如通过倒挂着的兔子和猎鸟来展现狩猎成果。纺织品设计师虽然也采用战利品作为图案，但更倾向于选用一些温和的物品，如花环、乐器、乡村牧场用具等，让人联想到和谐悠闲的文明行为。

1.

2.

3.

热带风格纹样

1. 法国，1883 年，机印棉布，家用装饰，比例 31%

这类纹样与丛林纹样很接近，只是没有野兽。热带风格纹样展现了加勒比海或太平洋岛屿风光，纹样内容有热带花卉和鸟类、繁茂的树丛和果实、棕榈树和夏日海滩。虽说图 1 是 19 世纪的设计，但热带风格纹样的确是 20 世纪才有的门类，因为当时突然兴起到阳光明媚的地方去旅游，人们对航海和度假服装的需求迅速增长。

1.

蔬菜纹样

1. 法国，约 20 世纪 50 年代，网印丝绸，衣料，比例 50%

2. 法国，约 1860 年，机印棉布，衣料，比例 90%

3. 法国，约 1800 年，纸上印样，衣料，比例 70%

4. 法国，约 1800 年，机印棉布，衣料，比例 80%

蔬菜不如花卉好看，也不及花卉芳香，口味还没有水果好，往往在印花纹样中受到冷落。威尔士人与众不同，有时候会把韭菜扦在帽子上作为民族的标志，但是在大多数西方人看来，用汤菜作为身上的装饰很是怪异。20 世纪 50 年代，美国在厨房织物（如台布、窗帘、围裙等）上流行起蔬菜纹样。纵观印花纺织品的历史，蔬菜象征着丰收和大地富饶，因此不时被用作印制纹样。然而，通常水果沙拉要胜过炖菜，鲜花要胜过甘蓝。图 3 芜菁纹样（系奥勃卡姆印染厂的产品）现在就不大可能用于织物印花，因为这种纹样让人想到沾着泥土的萝卜根，很容易觉得布料都被弄脏了。

1.

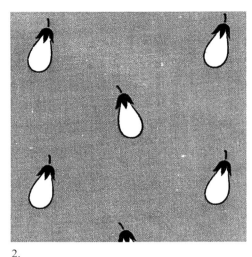

2.

3.

4.

水纹与波纹

1. 法国，20 世纪 20 年代，纸上印样，衣料，比例 70%

2. 法国（未确定），20 世纪 40 年代，机印或网印双绉，衣料，比例 140%

3. 美国（未确定），约 1900 年，机印丝绸，衣料，比例 100%

4. 法国，1899 年，机印棉布，衣料，比例 100%

这种东方风格的纹样出现在 19 世纪下半叶，这一时期西方社会对所有日式的东西都十分狂热。波纹是日本艺术和装饰中的一种经典纹样，它是如此常见，以至于每种不同造型的波纹都拥有自己的名字。但是在西方，这种纹样从未大量出现过。一种布料设计多少都有着自己固定的风格，但是任何带有种族特点的设计在迅速流行后也会迅速淡出人们的视线，往往是今年才流行，明年就过时了。而水纹和波纹就非常容易让人想到日本，因此从未在欧美市场上站稳脚跟。从心理学上来分析，水具有丰富的象征意义。水既有创造万物的力量，又有摧毁万物的力量。水象征着无知无觉、变幻莫测。水是可控的却从未受制。水同时带给人们以恐慌和安慰。

1.

2.

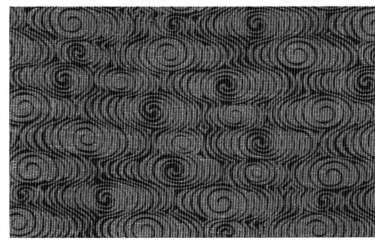

3.

4.

枝编纹样

1. 法国，20 世纪五六十年代，水粉纸样，家用装饰，
比例 66%
2. 法国，20 世纪五六十年代，水粉纸样，家用装饰，
比例 42%

很多结实的苇状植物都能用于制作枝编品，但传统的材料则是藤条。藤条是一种东方植物，19 世纪美国的快速帆船从东方的贸易航道上返回的时候，用一捆捆的藤条作压舱物，抵港后这些藤条在波士顿码头上被当作废物扔掉，当地家具制造商把它们捡走用作原材料。枝编手艺历史悠久，各地都有，并不一定都来自东方——虽然枝编品适宜在天气炎热的地区使用（因为枝编品色泽浅淡，表面通风），会让人联想到炎炎夏日。枝编纹样不如竹纹那么频繁地用于装饰阳光屋和沙滩，但二者都做到了真正的有机自然，减弱了几何线条的刻板感。

1.

2.

黄道十二宫图纹样

1. 法国，20 世纪四五十年代，机印或网印研光棉布，
家用装饰，比例 40%

黄道十二宫图由来甚古，至少可以追溯到公元前 6 世纪，其时已见于波斯王坎比瑟斯（Cambyses）的一块牌匾，其历史可能比这还要悠久。据推测，在公元前 18 世纪的汉谟拉比巴比伦王国，以及公元前约 2340 年阿卡德的苏美尔国王萨尔贡（Sargon）的遗物中，黄道十二宫图就已经存在了。其象征意义包括季节轮回和生命（希腊语 zōē）轮回（希腊语 diakos），实际上都是延续了史前的意义。自从伽利略的天文学说出现后，没有人相信太阳在黄道上的位置会影响人生和人的性格——更确切地说，没有人完全相信，也没有人完全不信，因为几乎每一个西方人都能毫不费力地说出自己的星座。然而黄道十二宫图纹样在印花设计中还是很冷门。我们或许不介意把代表自己个性的星座穿在身上，但是通常不太愿意同时穿着另外 11 个。附图是法国文学家、艺术家、电影制片人让·考克多（Jean Cocteau）的作品，他曾一度创作了一些纺织纹样。

黄道十二宫图纹样

1.

四、外来民族纹样

欧洲与当今被称为第三世界的国家早在机械印花发明之前就有贸易往来，当时布匹是一项大宗贸易商品。不过，欧洲工业革命后，世界格局发生了颠覆性变化，原有的平衡被打破。西方国家快速崛起，不仅拥有了空前强大的武器，同时也开始无休止地掠夺他国原材料用于本国商品生产。欧洲各国工厂数量激增，效率提高，产量大幅增加，开拓新市场已成为必然。在这种情况下，那些工业落后的国家除了供应原料、开放市场之外别无他选。

19世纪时殖民主义国家在技术上占绝对优势，但如果想继续保持这个优势，就必须生产出能打开殖民地市场的产品。本章中介绍的一些外来民族纹样虽取样于世界各地，但实际上是西方风格化的纹样，只是为了更好地返销到这些纹样生产国。在这个过程中，东西方风格融汇碰撞，产生了奇妙的化学反应，比如欧洲人设计的印度纹样，既不完全是欧洲风格，也不完全是印度风格。但是工业体系的强大之处就在于，即使这类印花纹样不够本土化，源源不断涌向市场可供当地人选择的却绝大多数都是这些，以至于现在它们反而成了当地代表性的本土纹样。去过当代非洲城市的人可能会发现，大街上的人们多数身着西式服装，于是不由地惋惜不少传统的民族服装正在消失。但他们所不知的是，这些传统服装极有可能是由西方国家生产、印染的布料制成。

不过，本章所介绍的大部分外来民族纹样并非上述类型，而是供内销的。西方设计中存在各种外来民族风尚的痕迹，从纺织业角度看即带有外国风情和异域特色的纹样。虽然这些纹样都设计得各有文化特色，但都暗含着同一个主题，即远离工业社会，呈现出一种更古老、更单纯（可能的话），当然工业化程度也不太高的社会状态。这类纹样大多模仿地方的纹样设计和工艺特色，但这毕竟是西方风格的产物。本章的外来民族印花纹样并非由当地人设计，而是由仿制者设计，他们甚至设计了一些完全不符合当地风格的纹样。如果墨西哥人看到本章中仿墨西哥阔边帽的印花纹样，他只会认为这是对墨西哥文化的曲解，同样，如果荷兰人看到仿制者设计的"荷兰风格"木屐纹样，也会感到气愤。欧洲和美国以及第三世界国家都存在这种设计上的曲解，但这与是否民主公平竞争毫无关联，而是受市场利益驱动所致。

外来民族纹样在西方设计中总是流行一时，而后沉寂一阵，然后当有人觉得是时候需要一轮"新的"民俗纹样潮流时，它们便再次流行起来。正如情景纹样中的纪念性纹样那样，民族纹样的流行本身有一定的局限性。印度的佩斯利纹样是个例外，这种纹样长期流行，已经完全融入西方的潮流中了，但流行时间通常不超过一季，似乎我们只是需要一轮异国情调的民族纹样，为接下来本国纹样的出场进行预热铺垫。

非洲风格纹样

1. 法国，20 世纪上半叶，水粉纸样，衣料，比例 50%
2. 法国，20 世纪上半叶，水粉纸样，衣料，比例 50%
3. 法国，20 世纪上半叶，水粉纸样，衣料，比例 50%
4. 法国，20 世纪上半叶，水粉纸样，衣料，比例 50%
5. 法国，20 世纪上半叶，水粉纸样，衣料，比例 50%
6. 法国，20 世纪上半叶，水粉纸样，衣料，比例 50%

这种非洲风格的印花布不仅流行于非洲，在西方也很常见。非洲人把此类印花布当成自己的历史文化遗产，并为之感到自豪，而西方人则将它们制作成了海滩休闲服。事实上，这种印花布的原产地是在欧洲。欧洲的印染厂从 18 世纪开始将这种布销往现今称为第三世界的国家。随着殖民主义的扩张，西方工业大国在这些不发达国家中开拓了不少市场，以倾销自产的廉价商品，当时整个行业只有依靠布料出口才能维持运转。殖民地的商业情报人员向本部反映当地人的兴趣和风俗，于是就出现了附图这些独特的纹样——融合了欧洲设计师凭空想象的设计理念以及粗略但可靠的市场调研情况。20 世纪中期，欧洲国家对非洲的产品出口全面萎缩（荷兰仍维持小规模出口）。非洲各国相继摆脱殖民主义而独立，向其他国家开放市场，如印度和远东诸国，而非洲人也开始穿上了西式服装。

1.

2.

3.

4.

5.

6.

美国纹样

1. 美国，20世纪四五十年代，网印棉布，家用装饰，比例50%

美国印花纹样通常会模仿本土绘画作品，比如摩西奶奶的画作，就展现出一派宁静祥和的乡村风光——农场和小镇的舒适生活。这类纹样在20世纪40年代末和50年代颇为流行，当时成千上万的美国士兵在第二次世界大战后退伍回到家中开始新的生活。美国早期风格的纹样，如殖民地题材的图案、美国鹰纹样、风景纹样等，被广泛地运用到家用装饰中，罩在安乐椅、沙发和窗户上。

1.

美洲印第安风格纹样

1. 法国，约 1880 年，机印棉布，衣料，比例 86%
2. 美国，20 世纪中期，染料纸样，衣料，比例 105%
3. 美国，约 1900—1915 年，机印棉毡，衣料，比例 50%
4. 法国，20 世纪 30 年代，机印丝绸，衣料，比例 66%

美洲的土著印第安人虽说没有什么古老的印花织物，但一些纺织品的花纹很精致，为大地色系的图案提供了灵感，这类图案以锯齿形、菱形和多角形为基础。正如美国西部生活的情景纹样那样，这种印第安风格的纹样是 20 世纪出现的新风潮，如图 1 这块销往法国的印花布，不过当时美国西部牛仔与印第安人的纷争已停止。这些纹样如果不算完全过时的话，其实相当有趣，还会让人产生怀旧情愫。正所谓时尚是个圈，当本书（指原著，1991 年出版）付梓之时，印第安人和西部牛仔的纹样又重现在男士睡衣上，这一定是准确利用了人们的怀旧心理。美洲土著风格的几何纹样，一般而言比较抽象，含义不是那么明确清晰，但是似乎正在逐渐成为一种时尚经典——我们称其为"圣达菲"或"沙漠色"风格。

1.

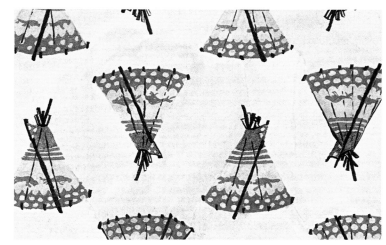

2.

3.

4.

印度班丹纳印花巾帕纹样

1. 美国，约 1880 年，机印棉布，衣料，比例 33%
2. 法国，约 1880 年，机印棉布，衣料，比例 50%
3. 美国，约 1880 年，机印棉布，衣料，比例 50%
4. 法国，1880 年，机印棉布，衣料，比例 50%
5. 美国，1912 年，机印棉布，衣料，比例 50%

"bandanna" 这个词源于印度语 "bandhnu"（扎染），可见过去男用超大巾帕上曾有抽象的柔边图案，这是扎染这一古老的手染工艺那特有的图案。但到了 19 世纪，班丹纳包含机械印花的各类纹样，包括几何、花卉和情景纹样。情景纹样中值得一提的是纪念性纹样，如图 5，就是政治运动和其他历史事件的纪念品。西奥多·罗斯福（Teddy Roosevelt）很喜欢这种班丹纳巾帕，在 1898—1899 年美西战争期间一直戴着它统率莽骑兵（图 5 是国立巾帕公司专为他的公麋党竞选而印制的）。这种巾帕与牛仔有关，他们把巾帕围在脖子上遮挡阳光，蒙住口鼻防沙尘，这使班丹纳巾帕受到男性的喜爱。无论何种纹样，红与白是最经典的配色，蓝与白次之。

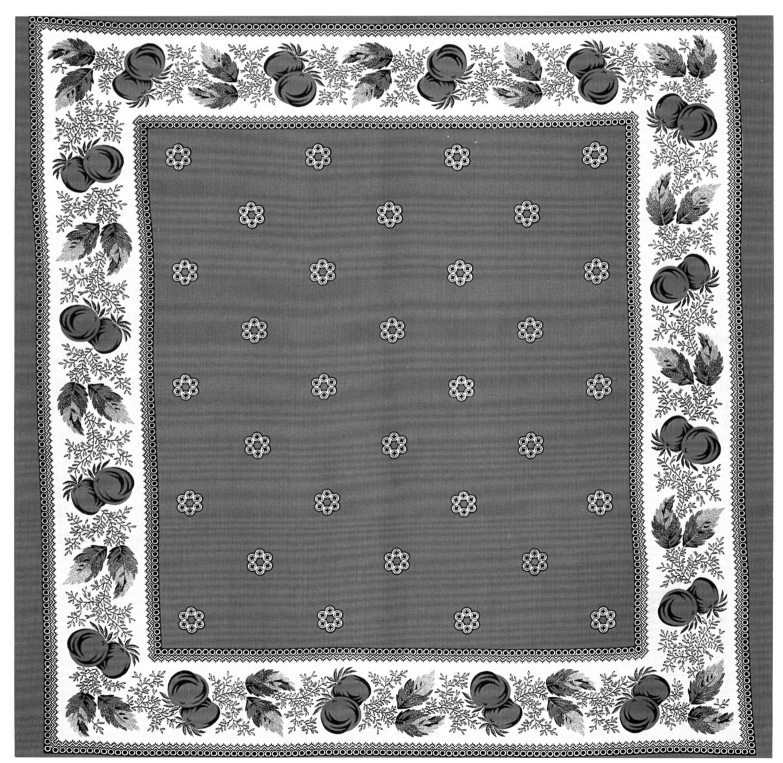

1.

2.

3.

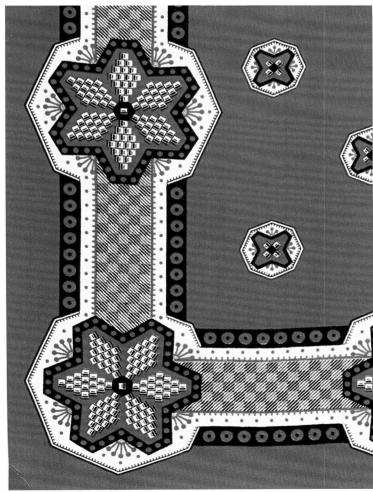

4.

5.

蜡染和印尼风格纹样

1. 英国，19 世纪中期，机印棉布，衣料，比例 100%

2. 法国，1888 年，机印或木版印花棉布，衣料，比例 100%

3. 欧洲，19 世纪早期，木版印花棉布，衣料，比例 40%

4. 英国（未确定），20 世纪初，机印棉布，衣料，比例 40%

5. 瑞士，1903 年，机印棉布，衣料，比例 70%

印度尼西亚传统蜡染艺术家用一种称为"爪哇式涂蜡器（tjanting）"的工具涂抹熔蜡防染剂，直接在布上描出纹样。将布染色时蜡质便从布上剥离，在蜡覆盖过的区域显示相对无色的纹样。为了加快生产进度，后采用木版印蜡（tjap，将铜条嵌在木版上，蘸蜡后印在布上），或者西方设计师可以用常规的印花法生产出仿蜡染布。附图几例是欧洲厂家生产的专供出口到远东地区的衣料，从 19 世纪中期到第二次世界大战之前这种贸易往来一直比较频繁。（正如介绍非洲风格纹样时所述，荷兰仍保留一定的贸易份额，将用蜡防工艺制成的机印仿蜡染布出口到欧洲的其他地区、非洲和美洲。）图 1 是出口到印尼爪哇苏腊巴亚港的，不是仿蜡染布，而是印尼皮影戏的题材。

1.

2.

3.

4.

5.

仿地毯纹样

1. 法国，1898 年，机印平绒，家用装饰，比例 37%

2. 法国，1892 年，机印棱纹布，家用装饰，比例 44%

3. 法国，1875—1899 年，机印丝缎，家用装饰，比例 50%

4. 法国，1898 年，机印平绒，家用装饰，比例 47%

5. 法国，约 1890 年，水粉纸样，家用装饰，比例 50%

整个 19 世纪，欧洲家用装饰印花的设计深受近东国家织毯纹样的影响，尤其在 1875—1899 年，当时埃及、土耳其和波斯成为环欧旅行的目的地，现在越来越多的中上阶层和贵族都选择到这几个国家旅行。土耳其深闺居室的装饰风格最终发展为经典的维多利亚室内装饰风格，仿东方式的地毯上摆满了垫脚软凳和跪垫。当时，这种纹样一般印在纹理类似于地毯的织物（一般为平绒）上。如今这种纹样已从用于家用装饰逐渐转向用于衣着，主要是印在轻薄的衣料上。

1.

2.

3.

4.

5.

中国风格纹样

1. 英国，约1810年，木版印花砑光棉布，家用装饰，比例100%

2. 法国，1928年，水粉纸样，家用装饰，比例70%

3. 法国，约1880年，水粉纸样，家用装饰，比例58%

西方在纺织艺术方面用法文"chinoiserie"一词来表示中式纹样。自从1295年中国元朝忽必烈时代，马可·波罗（Marco Polo）回到意大利威尼斯之后，西方人就对东方各国的艺术着了迷。然而，直到18世纪西方才出现这种纹样，当时的法国宫廷画家让·巴蒂斯特·皮勒蒙（Jean Baptiste Pillement）和蓬帕杜夫人（Madame de Pompadour）让这种纹样流行了起来。据恩斯特·弗莱明（Ernst Flemming）所著《纺织百科全书》（*Encyclopedia of Textiles*）记载，蓬帕杜夫人是东印度公司的大股东，而且钟爱中国和印度的纺织品，于是法国制造商们经常模仿这些纺织品上的纹样。如今，中国风格的纹样仍是西方家装织物上常用的经典题材，在中国经历了近百年陆陆续续的内战和革命之后，中国的纸灯笼、宝塔、龙和清代宫廷场面依旧能够满足西方人对中国的浪漫幻想。

1.

2.

3.

古埃及纹样

1. 法国，约 1880 年，机印棉布，衣料，比例 100%

2. 法国，20 世纪 20 年代，机印丝绸雪纺，衣料，比例 100%

3. 英国或法国，约 1850 年，水粉纸样，衣料，比例 100%

4. 法国，1881 年，机印棉布，家用装饰，比例 66%

1798—1799 年拿破仑征战北非后，欧洲的纺织设计中才出现了古埃及的纹样。19 世纪，更多的欧洲人去到埃及，这种纹样也就随着时间推移而普及，但真正流行起来当在 1923 年之后，其时霍华德·卡特（Howard Carter）和卡纳冯伯爵（Carnarvon）发掘了法老图坦卡蒙（Tutankhamen）的陵墓，并出土大量文物，震惊了考古界，且对女装的流行趋势产生了极大的影响。埃及的绘画和象形文字都是平面艺术，非常适合移植到织物纹样上。这类纹样中的元素排布有序，但因其神秘的象征意义而显得内涵饱满，丝毫没有释义图案的单调和疏离感。20 世纪 70 年代中期，图坦卡蒙王陵出土文物在各国巡展，一股埃及流行风潮蠢蠢欲动，不过并未成真，可能是因为从经济角度考虑生产决策时，当时中东地区敌对的政治气氛压倒了对埃及艺术的欣赏。

1.

2.

3.

4.

出口布匹——英国销往印度

1. 英国，19世纪下半叶，机印棉布，衣料，比例120%
2. 英国，19世纪下半叶，机印棉布，衣料，比例100%
3. 英国，19世纪下半叶，机印棉布，衣料，比例100%
4. 英国，1896年，水粉纸样，衣料，比例60%
5. 英国，19世纪下半叶，机印棉布，衣料，比例100%
6. 英国，19世纪下半叶，机印棉布，衣料，比例52%

19世纪初，随着机械化程度的提高，产品成本大为降低。从殖民地国家进口棉花运到欧洲，在此织布和印染，然后再返销到殖民地国家，反而比当地手工业生产更便宜。曼彻斯特几家出口公司销往印度的廉价布匹可供几百万人穿衣，其印花设计结合了印度和西方风格图案。甚至当印度已建立了自己的工业，英国在这场争夺市场的竞争中还要以立法来限制印度的生产。印度的工厂主纷纷支持圣雄甘地（Mahatma Gandhi）领导的独立运动，第一次世界大战后他就开始组织筹划联合抵制进口英国棉布。1931年，甘地访问英国的棉布印染中心曼彻斯特，向该城的工人们保证，对他们并没有恶意。后来，他更明确地指出："我虽不是修机器的，但我在此三天的所见所闻已经足够了，英国人使用的都是些老设备，这或许解释了他们为何不足以与别国竞争。在孟买和艾哈迈达巴德工厂中的机器绝对要比这里的更为高效。"暂且不论这段话的真假，1947年印度宣告独立，的确给业已萧条的英国纺织印染工业带来了沉重的打击。

1.

2.

3.

4.

5.

6.

出口布匹——法国销往非洲

1. 法国，18世纪末，木版印花纸样，衣料（头巾边饰），
比例100%

2. 法国，18世纪末，木版印花纸样，衣料（头巾边饰），
比例50%

3. 法国，18世纪末，木版印花纸样，衣料（头巾边饰），
比例50%

4. 法国，18世纪末，木版印花纸样，衣料（头巾边饰），
比例100%

18世纪时法国专门生产一种印花布销往非洲，用来换购黑奴。在法国拥有黑奴是非法行为，但法国的商人可以横跨大西洋把黑奴运到美洲贩卖，从而换来棉花，用于生产包括这种印花布在内的多种商品。这就构成了一个自循环系统，再加上棉花是由黑奴种植的，这个系统就更完善了。这种印花布上的很多图案都具有明显的非洲风格，因为这种布是为部落首领设计的，红加黑是最流行的配色法。以下所有附图都是由法国南特（小皮埃尔与法富勒印染厂）生产的纸上印样，如果印在布上，颜色会显得更深、更鲜艳。（参见第360—361页外来民族纹样：非洲风格纹样）

1.

2.

3.

4.

出口布匹——英国销往中东

1. 英国，19 世纪下半叶，机印棉布，衣料（头巾），
比例 53%

附图的这块土耳其红棉布围巾又被称作班丹纳花绸，印制于英国曼彻斯特，想必是专门销往中东市场的，因为英国国内市场不可能销售这种花型。成品围巾要印染两次，边挨着边，幅宽 36 英寸，按布匹的长向连续印。这种围巾出厂销售时就是以这种形式呈现的。英国人偶尔会将两块这种出口布料拼接在一起来制作被里。既然这种布料不内销，那么它究竟是如何从棉厂进入村舍，再到人们手上进行缝制的，后人只能猜测其过程，真相无处可寻。

1.

出口布匹——俄国销往阿富汗和乌兹别克斯坦

1. 俄国，20 世纪上半叶，机印棉布，衣料，比例 50%

2. 俄国，19 世纪末，机印棉布，衣料，比例 50%

3. 俄国，19 世纪下半叶，机印棉布，衣料，比例 29%

4. 俄国，19 世纪下半叶，机印棉布，衣料，比例 36%

俄国也生产便宜的印花布与其周边的几个所谓"殖民地"进行易货贸易，这些偏远土地上并无俄罗斯民族定居，只是与俄国接壤或被划入了俄国版图。俄国人还用这些印花布与来往于阿富汗和波斯商道上的游牧民族进行物物交换。这些印花布的出口贸易始于 19 世纪并贯穿整个 20 世纪，常见的纹样有花卉、佩斯利和仿刺绣纹样，颜色鲜艳、繁复有度，富有民间风格和乡土风味，通常以大红色、粉红色、黄色和绿色为主色调。这种布料主要用于日常衣着，不会用于正式着装。比如，一件阿富汗丝绸扎染外套常用廉价的俄罗斯印花布做内衬。

1.

2.

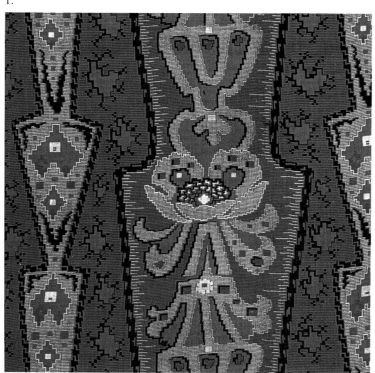

3.

4.

出口布匹——英国销往葡萄牙、上海和苏腊巴亚

1. 英国，19 世纪中期，机印棉布，家用装饰，比例 39%

2. 英国，约 1927 年，机印棉布，衣料，比例 60%

3. 英国，约 1927 年，机印棉布，衣料，比例 64%

西方工业国家在其制造业的鼎盛时期到处寻找有利可图的市场销售布匹，他们习惯将自己的印花纹样改良成符合当地人口味的样式。图 1 中的印花布拥有特色的钻蓝底色、宽条布局和花瓶图案，过去通常都是销往葡萄牙，因此现在被误认为是一种葡萄牙本土印花。图 2 中的中国风印花布是为一位上海买家定做的。图 3 中富有印尼风格的印花布则是销往苏腊巴亚的。

1.

2.

3.

民间艺术纹样

1. 法国，约 1945 年，机印丝绸，衣料，比例 84%
2. 美国，约 20 世纪 40 年代，机印棉布，衣料，比例 84%
3. 法国，1941—1945 年，纸上印样，衣料，比例 94%

"民间艺术纹样"是一个含义广泛的市场术语，涵盖了欧洲过去的民间设计和图案，既包括东欧、斯拉夫和北欧风格纹样，也包括地域特征不太明显的纹样。事实上，这类纹样并没有特意呈现某种民族风貌，不过它们色彩斑斓，带着些许异国情调，观之让人仿佛置身别处。它们表现内容简单却也不至于原始，近似于美国风格纹样，给人一种现代化之前农民似乎生活得不错的印象。

（参见第 405 页外来民族纹样：蒂罗尔风格纹样）

1.

2.

3.

希腊风格纹样

1. 法国，1938 年，水彩纸样，比例 70%
2. 法国，1860—1880 年，纸上印样，衣料（头巾边饰），比例 75%

印花行业始于 18 世纪初，正逢欧洲古典文化复兴之际，因此古希腊图案在近代印花布上一直十分常见。图 1 是罕有的情景绘画纹样，画的是希腊神话中迈锡尼（Mycenae）国王阿伽门农（Agamemnon）和王后克吕泰涅斯特拉（Clytemnestra）之女伊菲革涅亚（Iphigenia）。有一种故事版本是这样的，国王阿伽门农计划围攻特洛伊城，但狩猎女神阿尔忒弥斯（Artemis）要求他必须以女儿活祭才会成功，公主伊菲革涅亚试图向女神献礼（可能是图中所拿的盒子），但没能打动她，国王就照女神要求杀死了女儿。不久，王后替女复仇，将国王杀死，后来，王子俄瑞斯忒斯（Orestes）（公主伊菲革涅亚之弟）为父复仇又将母后杀死，自己也疯了。这类古希腊悲剧在剧作家眼里比在纺织设计师眼里更受欢迎。不过，象征永恒的希腊回纹，无始无终，却是回纹中的经典式样，如图 2，广泛见于边纹装饰。

1.

2.

夏威夷纹样

1.美国(夏威夷),20世纪40年代,网印人棉布,衣料,
比例50%

2.美国(夏威夷),20世纪50年代,网印人棉布,衣料,
比例50%

　　夏威夷本土居民一般是不穿上衣的，19世纪西方传教士进入之后，认为有伤风化，当地才开始出现衬衫这种东西。到了20世纪20年代，衬衫制作发展成一项当地产业，这在某种程度上得益于驻扎在那里的几千名美军的服装需求。这类纹样经常取材于当地塔帕布（用当地一种称为wauke的植物表皮制作而成的纤维布）上的古老设计，最初有一定的象征含义，至少对于知晓其渊源的本土居民来说确实如此。但不管怎样，大批去夏威夷旅游的人对这种纹样十分感兴趣。20世纪30年代中期，夏威夷旅游纪念衫生意兴旺，当地开始兴办专门的衬衫生产工厂。而到了第二次世界大战期间和战后，美军途经这里，则将夏威夷衬衫变为了一股潮流。尽管休闲服装行业不断发展，但夏威夷风格的服装魅力依旧。这种纹样的设计早已商品化，不再具有以前波利尼西亚风格的象征意味。这些衣服色彩亮丽，设计大胆，成为美国男人的休闲服之选，这在某种程度上的确反映出人们的品位和品位背后态度的变化。

1.

2.

日本纹样

1. 法国，约 1900 年，水粉纸样，家用装饰，比例 50%
2. 法国，1882 年，机印丝光棉布，家用装饰，比例 50%
3. 法国，1879 年，机印提花棉布，家用装饰，比例 50%

1853 年之前的日本闭关自守，拒与西方来往，直到美国海军将领马休·佩里（Matthew Perry）率队造访日本久里滨港，并携总统米勒德·菲尔莫尔（Millard Fillmore）的信件与之商讨开放贸易通商之事。9 年后，英国首任驻日公使阿礼国爵士（Rutherford Alcock）在伦敦南肯辛顿举办的国际博览会上展示了其在日本商店和集市购买的一些物品。1867 年，日本幕府将军试图把一些个人藏品送到巴黎进行展览，以此来募集资金。不过，幕府时代于次年就结束了。巴黎展览让欧洲人第一次有幸目睹日本艺术杰作的真迹。19 世纪 70 年代，正如恩斯特·贡布里希爵士（Ernst Gombrich）在《秩序感》（The Sense of Order）中所述，西方人觉得日本艺术可与古希腊艺术媲美，都可谓是古典艺术的精华。这些来自东方的、令人耳目一新的东西对西方艺术家和设计师产生了极大的影响。日本的作品虽图案化但又很活泼，空间的处理也不呆板，这似乎满足了欧洲艺术家们过去未曾实现的某种需求。

1.

2.

3.

墨西哥、前哥伦布及南美洲纹样

1. 美国，20 世纪三四十年代，机印棉布，衣料，比例 70%

2. 美国，20 世纪 50 年代，网印棉布，家用装饰（洗碗布），比例 50%

3. 美国，20 世纪 50 年代，网印棉布，衣料，比例 40%

4. 美国，20 世纪 50 年代，网印棉布，家用装饰（台布），比例 50%

5. 法国，20 世纪二三十年代，机印或网印双绉，衣料，比例 72%

6. 法国，20 世纪 60 年代，水粉纸样，衣料，比例 30%

7. 法国，20 世纪二三十年代，纸上印样，衣料，比例 40%

8. 法国，20 世纪 60 年代，染料纸样，衣料，比例 50%

快乐的农妇、龙舌兰酒瓶、手枪、吉他、午休的人、马刺和宽檐帽，这些都是墨西哥纹样的经典元素，至少欧洲的纺织设计师是这样描述的。（但是如今，随着人们社会意识的提升，这类老套的纹样很可能在市场上不再流行。）图 5、图 7 和图 8 的图案均选自前哥伦布艺术的经典作品，图 6 是模仿巴拿马北海岸圣布拉斯群岛上库纳人制作的莫拉贴花棉布。

1.

2.

3.

4.

5.

6.

7.

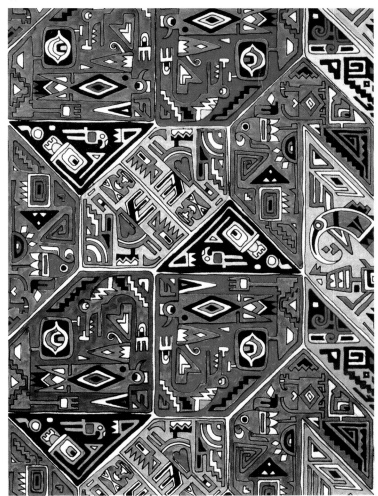

8.

荷兰纹样

1. 美国，20 世纪二三十年代，机印棉布，衣料，比例 110%

2. 法国，约 1890 年，机印棉布，衣料，比例 86%

3. 欧洲（未确定），约 1900 年，机印棉布，衣料（手帕），比例 45%

4. 欧洲（未确定），约 1900 年，机印棉布，衣料（手帕），比例 88%

5. 法国（未确定），约 1920 年，机印棉布，衣料，比例 50%

木屐、白帽子、风车和郁金香是经典的荷兰印花图案，常出现在童装上。如今，荷兰纹样与墨西哥纹样一样，已沦为一种老套的纹样，因此很少呈现在织布上。这类纹样尤其不受这些国家本国人的喜爱。

1.

2.

3.

4.

5.

粗横棱纹织物式纹样

1. 法国，20 世纪二三十年代，机印或网印丝绒，衣料，比例 56%

2. 美国（未确定），约 20 世纪 50 年代，机印化纤织物，衣料，比例 90%

3. 法国（未确定），约 20 世纪 30 年代，机印丝绸，衣料，比例 100%

4. 约 20 世纪 60 年代，网印混纺布，衣料，比例 60%

奥斯曼王朝盛产华丽的丝绸和天鹅绒，常在织物上织出或绣出如图 1—图 3 中图案化的康乃馨纹样。这类印花纹样是西方设计师所理解的土耳其风格。早期粗横棱纹锦缎上的纹样图案有时候非常大胆、抽象、复杂，现在看来依然能给人以强烈的现代感，但是在 19 世纪和 20 世纪时，设计师们还是倾向于选择人们更加熟悉的传统花卉纹样加以翻印。

1.

2.

3.

4.

佩斯利纹样：满地

1. 法国，约 1870—1880 年，机印毛织物，衣料，比例 70%

2. 法国，20 世纪 20 年代，水粉纸样，衣料，比例 50%

3. 法国，19 世纪下半叶，机印毛织物，衣料，比例 60%

4. 法国，约 20 世纪 20 年代，水粉纸样，衣料，比例 56%

5. 法国，约 1850 年，水粉纸样，衣料（披肩纹样），比例 66%

佩斯利纹样（也称松果纹，中国俗称火腿纹样——译注）已成为许多有争议的学术研究的主题。然而人们普遍认为，佩斯利纹样特有的泪珠形状，是从图案化的植物纹样演变而来的，比如茎、下垂的花头、球状根系，常见于 17 和 18 世纪印度羊绒披肩。这种披肩 18 世纪时传入欧洲，受到人们的喜爱，到 19 世纪初期成为上流人士的时尚必备品。一条上等的羊绒披肩，可能需要一名印度织匠费时 5 年才完工，价值相当于伦敦的一套房子。为了使产品更符合欧洲人的喜好，西方设计师对印度佩斯利纹样加以改造，然后返回印度按样织造。于是这种有着东西方结合纹样的披肩迅速大获成功。几十年过去了，佩斯利形状和纹样愈发精美。1850 年，伦敦出版的一期《设计学报》（*Journal of Design*）上有篇文章写道："生产这种'精美纹样'的生产商都确信，凭着人们对这种古老而亲切的纹样的喜爱，这种纹样一定会大受欢迎。"

1.

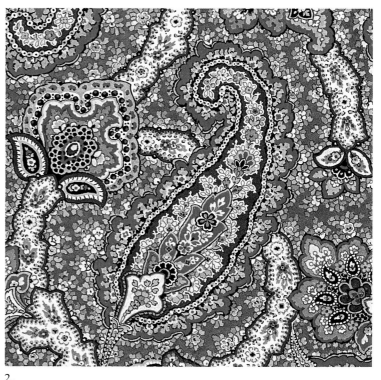

2.

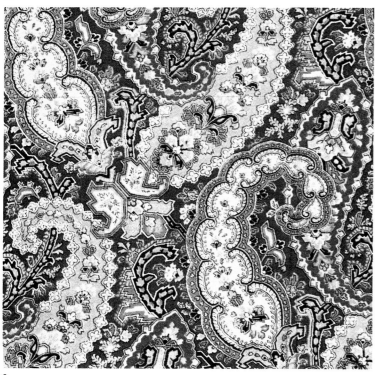

3.

4.

5.

佩斯利纹样：边饰

1. 法国，约 1800—1810 年，水粉纸样，衣料（头巾边饰），比例 105%

2. 法国，约 1800—1810 年，水粉纸样，衣料（头巾边饰），比例 100%

3. 法国，约 1800—1810 年，水粉纸样，衣料（头巾边饰），比例 48%

4. 法国，约 1820—1830 年，水粉纸样，衣料（头巾边饰），比例 76%

5. 法国，约 1820 年，水粉纸样，衣料（头巾底纹），比例 100%。

6. 法国，约 1800—1810 年，水粉纸样，衣料（头巾边饰），比例 86%

印度羊绒披肩的四周有较大的佩斯利花朵边饰，这是一种手织的图案。19 世纪初的西方设计师将其用于更廉价的印花布纹样。19 世纪 30 年代这种类型的纹样已不再流行。"boteh" 系印度语 "buta" 的英文译名，即花卉的意思，通常成组绘制，留有间隔，或者图案沿着布料边缘排成一排。西方设计师对佩斯利纹样的贡献包括对满地布局的偏好，其中各种纹样彼此环绕，做工精美。这类繁复的纹样迎合了大众的品位，很快就取代了规则的边饰纹样。现在除了软薄绸上还有这种花纹，其他地方已经很少能看到简单的佩斯利纹样了。

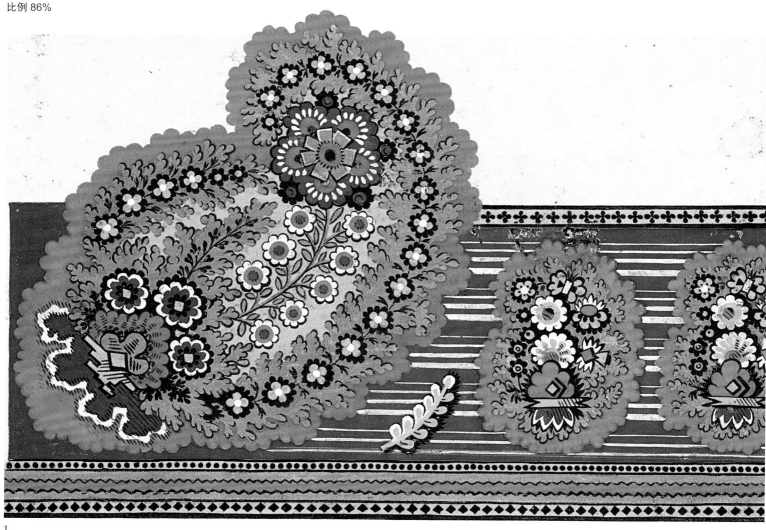

1.

2.

3.

4.

5.

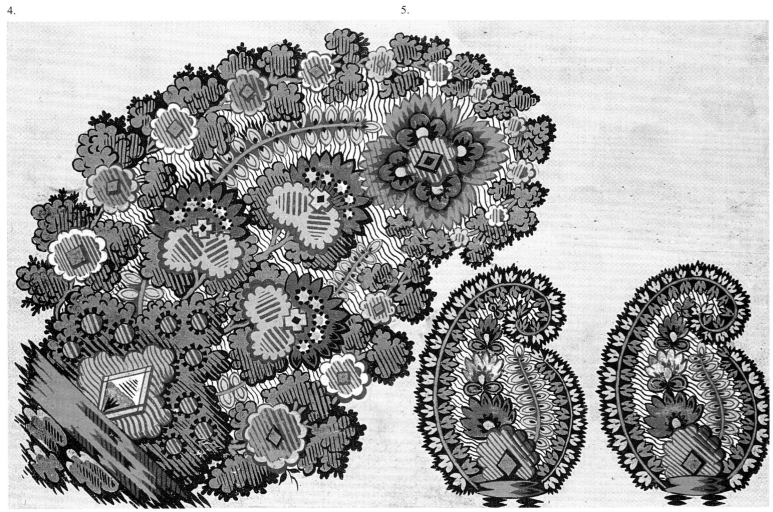

6.

佩斯利纹样：花苞

1、7、24、29、31、40. 法国，约 1830—1840 年，水粉纸样，衣料，比例 100%

2、20. 法国，1810—1820 年，木版印花棉布，衣料，比例 100%

3、4、6、8—10、12、15—19. 法国，约 1810—1820 年，水粉纸样，衣料，比例 100%

5. 法国，1890 年，水粉纸样，衣料，比例 110%

11. 法国，20 世纪，水粉纸样，衣料，比例 100%

13. 法国，约 1860 年，水粉纸样，衣料，比例 100%

14. 法国，1825—1830 年，木版印花棉布，衣料，比例 100%

21、23、25—28、30、32—34、36、38、39. 法国，约 1810—1820 年，水粉纸样，衣料，比例 100%

22. 法国，约 1820—1840 年，机印或木版印花棉布，衣料，比例 100%

35. 法国，约 1910—1920 年，机印丝绸，衣料，比例 100%

37. 法国，约 1840—1850 年，机印毛织物，衣料，比例 100%

"buti" 系印度语花苞的意思，花苞这类小型佩斯利纹样以前是印度提花披肩中的一种填充纹。这种披肩都会以鲜明的佩斯利纹样作为边饰，而花苞则布满整个披肩，却丝毫不抢风头，衬托着边饰。19 世纪上半叶花苞纹样常见于西方印花匹头布料，是小型重复纹样中使用得最多的图案，并且在设计中常配以影线，来仿同类提花织品。尽管这种略带异域风情的花苞纹样可以设计得精妙复杂，富于变化，但是几乎已经退出了 20 世纪纺织纹样的舞台，期待着东山再起。

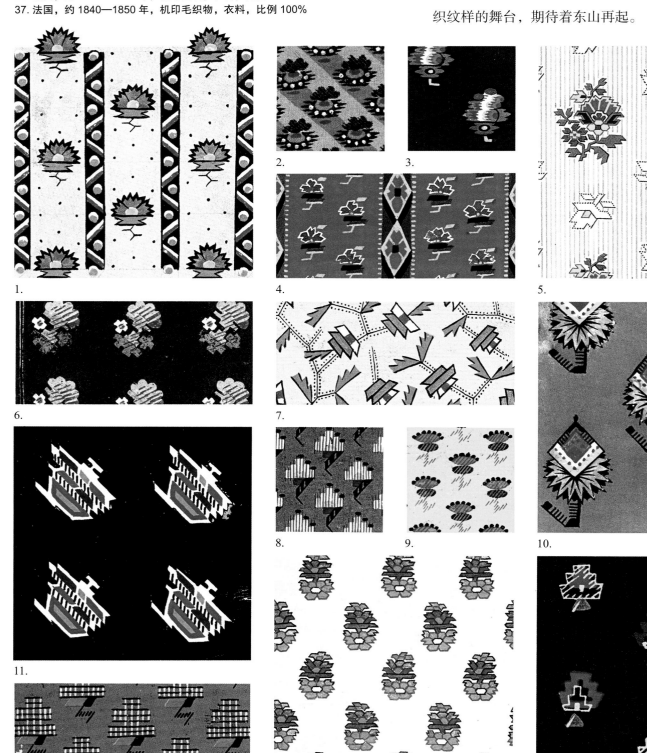

1.　2.　3.　4.　5.　6.　7.　8.　9.　10.　11.　12.　13.　14.

15.　16.　19.　20.

17.　18.　21.

22.　23.　24.　25.

26.　27.　28.　29.　30.

31.　32.　33.

34.　35.　36.　37.

38.　39.　40.

佩斯利纹样：领带

1. 英国（未确定），20 世纪，木版印花丝绸，衣料（领带纹样），比例 100%

2. 英国（未确定），20 世纪，木版印花丝绸，衣料（领带纹样），比例 100%

3. 英国（未确定），20 世纪，木版或网印丝绸，衣料（领带纹样），比例 100%

4. 英国（未确定），20 世纪，木版或网印丝绸，衣料（领带纹样），比例 100%

5. 英国，20 世纪，木版印花丝绸，衣料（领带纹样），比例 100%

6. 英国，20 世纪，木版印花丝绸，衣料（领带纹样），比例 100%

7. 英国（未确定），20 世纪，木版或网印丝绸，衣料（领带纹样），比例 100%

8. 英国，20 世纪，木版印花丝绸，衣料（领带纹样），比例 100%

9. 英国，20 世纪，木版或网印丝绸，衣料（领带纹样），比例 100%

软绸制品通常以几何图形作纹样，但小型的佩斯利纹样也成为其中十分常见的一类。对于穿衣风格保守的男士，佩斯利领带纹样能使其衣服色彩和设计上有亮点，同时还易于被接受。

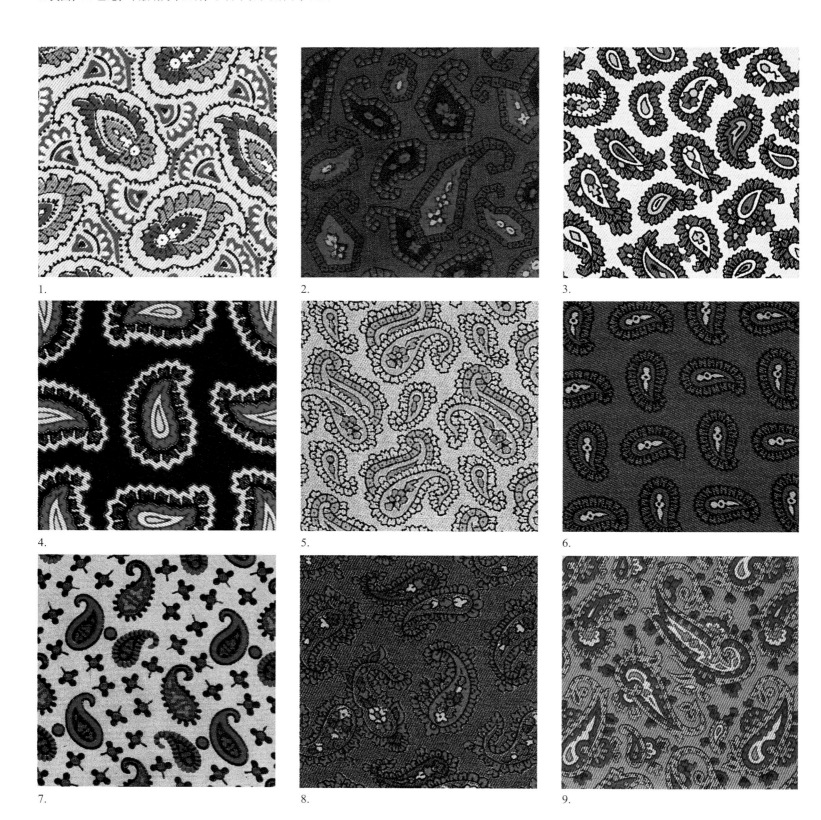

1.

2.

3.

4.

5.

6.

7.

8.

9.

佩斯利纹样：披肩

1. 苏格兰或英格兰，19世纪中期，木版印花呢绒，衣料（披肩），比例27%

佩斯利纹样源自最早的羊绒披肩，这种披肩美丽而又昂贵，很早就通过东印度公司在英国市场上流通，但真正风靡英国是在拿破仑献给约瑟芬王后一条佩斯利披肩之后（约瑟芬王后收集的佩斯利披肩超过60条）。如此受人喜爱的商品必定会经过再生产，以大众负担得起的价格出现在市场上。佩斯利图案的名称实际上源于苏格兰的佩斯利镇。19世纪初，镇上富有创新精神的工厂主开始用提花纺织机仿制印度羊绒披肩，所需时间较手工纺织大大缩短。用提花机生产出来的披肩既漂亮又不贵，而印花佩斯利披肩就更便宜了。到19世纪60年代末，连女仆都能轻松花费几个先令买上一条，于是女主人们不再佩戴佩斯利披肩。再加上1869年裙撑出现，披肩彻底失去用武之地，整个披肩产业从此没落。当时印度各村庄两百多年来唯一的产业便是编织羊绒披肩，然而西方流行风尚大变，又适值印度国内闹饥荒，成千上万的印度村民失去了生命。不过他们的披肩活了下来，成为博物馆中宝贵的历史遗产。

1.

佩斯利纹样：条纹

佩斯利图案也可以排列成条状，虽然不如奢华的佩斯利满地纹样流行，但有一种名为"斑马"的佩斯利条纹披肩在19世纪中期曾短暂地流行过一段时间。

1. 法国，19世纪中期，木版印花纸上印样，衣料，比例50%

1.

佩斯利纹样：土耳其红棉布

1. 法国，约1820年，木版印花棉布，衣料（头巾边饰），
比例58%

2. 法国，约1820年，水粉纸样，衣料，比例60%

3. 英格兰或苏格兰，19世纪下半叶，机印棉布，家
用装饰，比例45%

土耳其红棉布设计是19世纪最具狂欢色彩的设计之一——非常适合配上更为奔放的佩斯利图案。组合而成的纹样常见于俄罗斯出口纺织品、法国乡村风格围巾、英国和苏格兰土耳其红布匹等。（参见第130—131页花卉纹样：土耳其红棉布纹样）

1.

2.

3.

波斯风格纹样

1. 法国，约 1880 年，水粉纸样，家用装饰，比例 50%

　　附图的纹样几乎可以肯定是从波斯地毯或锦缎上直接拷贝的，因为法国设计师通常不会将猎物的伤口还原得如此逼真。这幅作品或许可以反映出近东风格纹样在 19 世纪末的流行程度。如今，也许就算在当时，这种纹样只有将血腥场面弱化之后才能被批准印制。

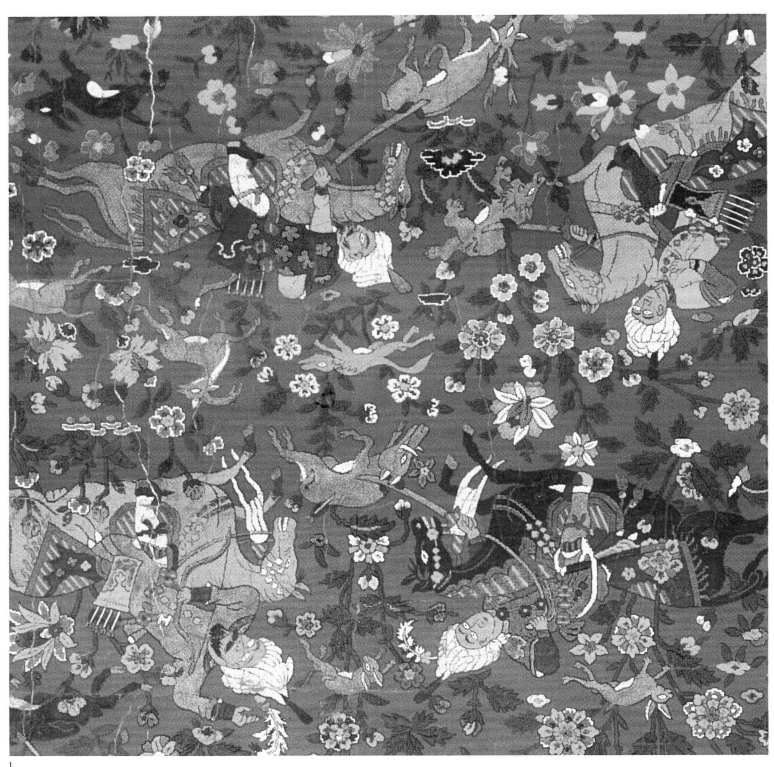

1.

庞贝风格纹样

1. 法国，1883 年，水粉纸样，家用装饰，比例 25%

庞贝是传统罗马人喜爱的度假胜地：小镇临海，希腊文化赋予它优雅的风格。公元79 年 8 月 24 日，维苏威火山爆发，庞贝古城被深埋在一片废墟之中，悄无声息。直到1748 年，有人在挖井时发现了庞贝古城的些许遗迹，后续引发了一系列考古发掘。古城重见天日的建筑物、家具、壁画都是 18 世纪具有高度影响力的装饰艺术和建筑。法国的路易十五风格就是受此影响而形成的。苏格兰人罗伯德·亚当（Robert Adam），后为乔治三世的宫廷建筑师，于 1756 年实地考察庞贝古城时看到融合了对称性与神圣感的"希腊罗马式"建筑，从中深受启发。英国人喜欢在家居织物上使用庞贝壁画常用的配色——土红、芥黄、黑，到 1800 年，英国人已经非常熟悉这种配色，甚至专门为这种配色创造了一个形容词——"庞贝式"（Pompeiian）。英国的家居织物往往只是在颜色上模仿庞贝建筑装饰，但附图作品在色彩和图案上都参照庞贝古代壁画，虽是典型的法国风格，但与一般的法国设计相比更为华丽。

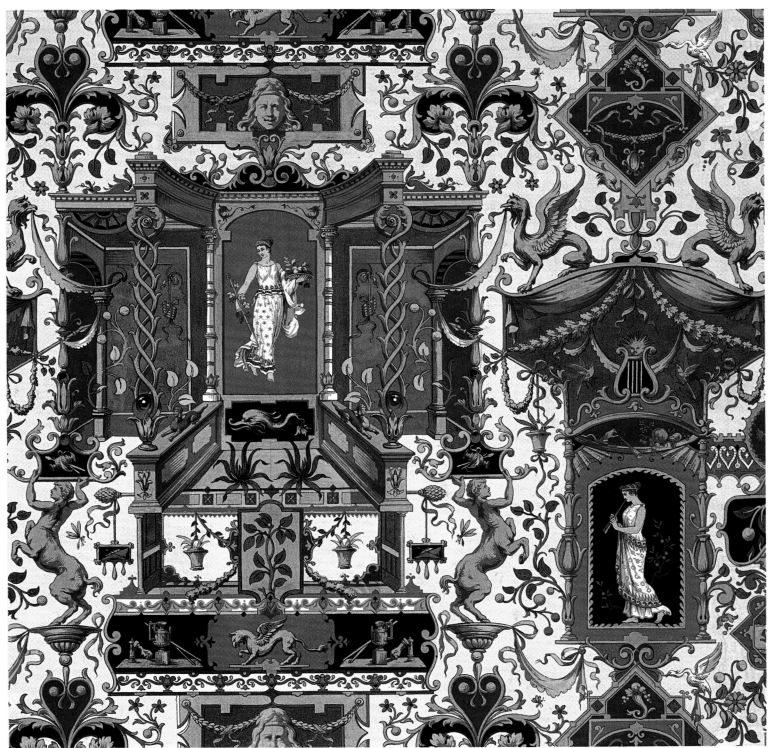

1.

俄国风格纹样

1. 20 世纪五六十年代，网印毛织物，衣料（头巾），
比例 86%

2. 法国，约 1880 年，水粉纸样，衣料，比例 74%

3. 法国或英国，19 世纪下半叶，机印棉布，衣料，
比例 115%

4. 法国，约 1820 年，水粉纸样，衣料（头巾边饰），
比例 50%

沙俄的上流社会时髦风尚向欧洲看齐，衣着打扮力求与巴黎步调一致。（实际上，19 世纪时，法国阿尔萨斯不少印染生产商在俄国开设工厂是为了生产法国风格的纹样。）然而，被西欧人视作俄国民族纹样的是另一种类型，见于普通百姓的衣物设计：怒放的红粉花朵，以鲜绿叶片点缀，一般采用深色毛织物作底，黑底或大红底，有时也用白底。图 1 这种纹样的头巾如今可能仍有一些怀旧的俄国老太太喜欢戴在头上。图 2—图 4 则与俄国过去销售到偏远民族地区的棉布纹样有些相似，不过这些实际上也都是法国纹样设计。（参见第 378 页外来民族纹样：出口布匹——俄国销往阿富汗和乌兹别克斯坦）

1.

2.

3.

4.

扎染风格纹样

1. 英国，19 世纪下半叶，机印棉布，衣料，比例 88%

2. 欧洲（未确定），20 世纪，机印棉布，衣料，比例 100%

3. 法国，约 1890—1900 年，机印毛织物，衣料，比例 52%

4. 欧洲（未确定），20 世纪，网印丝绸，衣料，比例 50%

扎染是一种古老而传统的手工染色技术，普遍存在于亚洲和非洲地区，日本称作"shibori"，印尼称作"plangi"，印度称作"bandhana"。将一块白布按花型牢牢扎结，然后浸入染液中，取出后将扎线拆除，因扎结的地方未沾色或略有沾色，于是在布上显示花纹。或者也可以用机械印花的方式取得类似的扎染效果。图 1 是仿印度风格的扎染纹样，可能是专供出口印度的布匹；图 2 和图 3 是西方仿日本风格的扎染纹样。这类扎染纹样总是和它所呈现出的特定外来民族风格联系在一起，随着它们的流行而流行。这种纹样在 20 世纪 60 年代受到了嬉皮士 T 恤衫的青睐，于是在随后的 70 年代和 80 年代被强烈排斥；到了 1990 年，60 年代的嬉皮士打扮回潮，这类扎染纹样才重新流行起来，同时也带有了美国嬉皮士风格。

1.

2.

3.

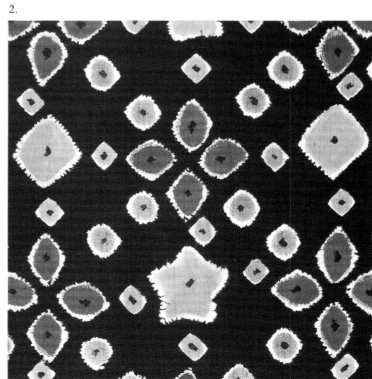

4.

蒂罗尔风格纹样

1. 美国，1925—1949 年，机印棉布，衣料，比例 90%

2. 美国，约 20 世纪 40 年代，网印人棉绉布，衣料，比例 105%

3. 美国（未确定），1925—1949 年，网印棉布，衣料，比例 90%

4. 瑞士（未确定），19 世纪下半叶，木版印花棉布，衣料（头巾），比例 36%

蒂罗尔分处奥地利与意大利境内，坐落在阿尔卑斯山区，与瑞士接壤。这种民间艺术纹样地域气息浓厚，图案独具特色，包括心形、朴素小花、穿着皮短裤的年轻男子、系着围裙穿着紧身连衣裙的女人、农舍以及挂着铃铛的牛群。一般来讲，这类民间艺术纹样常年可见，虽然流行程度不一，但永远不会从时尚舞台缺席。

1.

2.

3.

4.

五、各艺术运动流派的纹样

随着西方设计艺术的不断发展，工艺美术运动、美好年代（指第一次世界大战前的一段时期）等各类风格的艺术流派纷纷出现。这些风格在印花纹样中都有体现。有些织布纹样是由普通人设计的，他们试图塑造出富有时代感的花型；有些则出自驾驭时代潮流的大艺术家之手，如弗兰克·劳埃德·赖特（Frank Lloyd Wright）、威廉·莫里斯（William Morris）以及时尚界的领军人物保罗·波烈（Paul Poiret）和马里亚诺·福图尼（Mario Fortuny）之流。这些设计师是印花布与艺术之间的纽带——作为当代艺术运动与思潮的参与者，他们将艺术完美地融入了纺织品中。比德迈艺术或迷幻艺术，虽无名人为它鼓吹，却也因符合时代潮流与大众品位而大肆流行。艺术品位有高雅（如新艺术运动风格）和低俗（如街头朋克风格）之分，其流行时间可能只不过是短短几年。不过，比德迈风格的家具，自面市以来就成了业界的主要产品，并不断生产，因此它的流行期不限于某个特定的时间段。

　　某些流行周期长的艺术流派，势必要与其他风格迥异的流派并存。每一个时期都有其主流艺术——如果可以这样说的话，例如，20世纪60年代的风格与50年代的风格完全不同，维多利亚时代的风格又与现代艺术风格大相径庭。每个时代都蕴藏着一些线索，暗示接下来会流行什么，又或是哪些过去的风格会卷土重来。有时，复古风潮会让很久以前的风格再度风靡起来。因此有些印花纹样已有200多年的历史，本章所介绍的纹样中就有极其古老的纹样，它们源自文艺复兴时期、中世纪或英国詹姆斯一世时期。19世纪设计的纹样就不宜称作中世纪纹样，而应称为中世纪式纹样。

　　不管是纺织品纹样设计，还是任何一种艺术、任何形式的创造，都势必会反映出该时代的特点。一种纹样，在进入市场时，甚至在刚刚生产的时候，就要考虑其所处时代的需求——当然它也会对那个时代的需求产生影响。1900年设计的中世纪式印花纹样，只能算是一种仿制品。它们失去了中世纪时的感染力，只能说是新艺术运动时期推陈出来的纹样而已。事实上，像这种古为今用的"风格"化纹样可使印花织物更加丰富多彩：展开你的想象力，一点一点地翻阅史料，将其改编为织物纹样，往往事半功倍。一个历史时期的织物纹样，似一本充满着梦幻的天书，等待着它的解读者。

　　艺术运动风格的纹样仍有其价值，要说区别的话，这类纹样中蕴含的幻想更容易理解，因为不管是纹样本身，还是文字解释，都清楚地传达了带有意图的艺术势必富有吸引力这一道理。这些纹样的设计师与书中其他纹样的设计师不同，与大部分无名小卒相比，这些设计师都声名远播。值得一提的是，纹样设计不拘一格，既有高雅的，也有粗俗的，总的看来，相当不错。

唯美主义运动和工艺美术运动的纹样

1. "康普顿"，英国，1896 年，约翰·亨利·戴勒（John Henry Dearle）为莫里斯公司设计，木版印花棉布，家用装饰

2. 英国，约 1895 年，C. F. A. 沃塞（C. F. A. Voysey）为自由百货设计，机印平绒，家用装饰

3. 英国，1884 年，亚瑟·西尔弗（Arthur Silver）为自由百货设计，机印棉布，家用装饰

4. "四季"，英国，1893 年，沃尔特·克莱恩（Walter Crane）为自由百货设计，机印丝绸

工业革命是唯美主义运动和工艺美术运动美学思想产生的社会背景，当时的新型机械化生产给商店和家庭提供了前所未有的大量商品，一些意义深远的问题随之提出：工人在社会中扮演何种角色？或者大而化之，日常生活有何本质？当时许多艺术家和作家，包括威廉·莫里斯（William Morris）、约翰·拉斯金（John Ruskin）和奥斯卡·王尔德（Oscar Wilde）等，企图重新评价在这个美丽新世界中美学的价值问题。然而对美的热爱可以有多种形式，在这两次运动中，精英主义的年轻人拥护"为艺术而艺术"这种夸大其词的信条，而保守的艺术家们则主张恢复中世纪的行会和手工业作坊。唯美主义运动于 19 世纪 70 年代达到顶峰，英国于 1887 年成立工艺美术展览协会，试图把优秀的设计与先进的现代技术相结合，提倡装饰艺术，而英国皇家学院却对其价值不予承认。拉斯金对自然的崇敬于两次运动都有着重要的意义——向日葵、百合花和孔雀成了备受欢迎的纹样，其配色采用了浅褐色、赤褐色、藻绿色和黄色。莫里斯希望恢复工人的尊严，团结工匠和艺术家。他的许多作品都是手工制作的。具有讽刺意味的是，这导致了他的大部分产品过于昂贵，一般的劳工阶层根本买不起。

1.

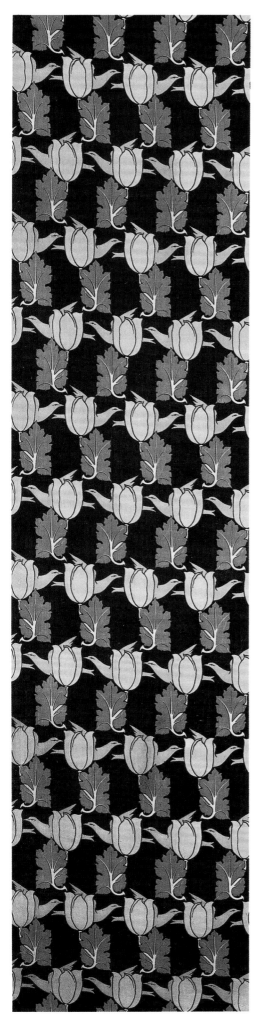

2.

3.

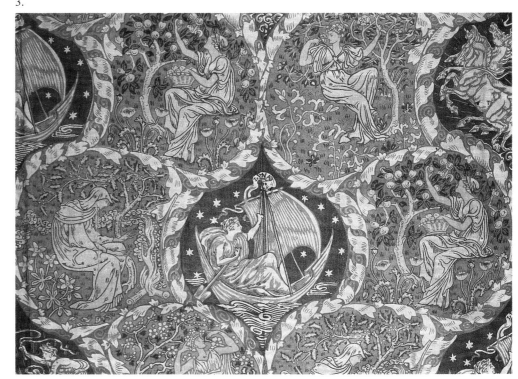

4.

装饰派艺术：情景纹样

1. 法国，1925 年，安德拉达夫人（Mme. de Andrada）为保罗·杜马斯公司（Paul Dumas）设计，网印棉布，家用装饰，比例40%

2. 法国，20 世纪 20 年代，奥格斯特·H. 托马斯（Auguste H. Thomas）设计，选自《形状与颜色》，比例 16%

3. "羚羊"，法国，1930 年，保罗·波烈（Paul Poiret）为 F. 舒马赫公司设计，网印高支棉布，家用装饰

4. 法国，20 世纪 20 年代，奥格斯特·H. 托马斯设计，选自《形状与颜色》，比例 16%

"装饰派艺术"又叫"现代艺术"，是两次世界大战之间的主要设计风格之一，20世纪 20 年代初期已见端倪，至 1925 年在巴黎举办"装饰艺术与现代工业国际展览会"时臻于成熟。（虽然"Art Deco"这个词是该展览会名称中"Arts Décoratifs"的缩写，但直到 20 世纪 60 年代，装饰派艺术风格才重新引起人们的兴趣。）图 1 是当年参展的网印花布。图 2 和图 4 选自一本镂花模板的作品选集，该选集是为设计师提供的参考书。图 3 是女装设计师保罗·波烈的作品。波烈在装饰派艺术时期之前就已从事设计工作。1903 年他在巴黎开设了第一家女装商店。他设计的服装贴合女性身材，但不压迫身体，把 20 世纪的女性从维多利亚式紧身胸衣中解放了出来，因此他的服装店影响力非凡。他还是马丁设计室的创建人，承担各种精品家用装饰的设计工作。1925 年的展览会主办人告诉记者："因为保罗·波烈促进了现代装饰艺术的发展，这次展览才得以举办。"然而在 1913 年，一位参观者在看过马丁设计室的作品后惊呼："如果我们接受这样的地毯，倒不如在卢浮宫挂塞尚的作品。"

1.

2.

3.

4.

装饰派艺术：花卉纹样

1. 法国，20 世纪二三十年代，铅笔纸样，家用装饰，比例 50%

2. 法国，20 世纪 30 年代，水粉纸样，衣料（头巾），比例 50%

3. 法国，1922 年，机印棉缎，家用装饰，比例 50%

4. 法国，1930 年，机印棉缎，家用装饰，比例 50%

装饰派艺术继承了此前 20 年现代艺术的一部分影响力，所以装饰派艺术的作品往往博采众家之长，有立体派的几何纹样，未来派对速度和机械技术的赞美，构成主义对工业材料和日用器物的偏爱，以及野兽派或俄国芭蕾艺术对色彩和简约平面造型的高度概括。图 3 波烈式的玫瑰纹样，带有原始派艺术风格，造型简练，线条粗犷，确实从未在传统的民间服装上见过，特别是那些吸取了俄国芭蕾艺术风格特点的纹样。图 4 中错位的玫瑰花和三角形明显是立体派和 20 世纪的风格。

1.

2.

3.

4.

装饰派艺术：几何纹样

1. 法国，20 世纪 30 年代，水粉纸样，衣料（头巾纹样），比例 40%

2. 法国，1933 年，纸上印样，衣料，比例 50%

3. 德国，20 世纪 30 年代，水粉纸样，衣料（领带纹样），比例 70%

4. 法国，1924 年，水粉纸样，衣料，比例 100%

5、6. 德国，20 世纪 30 年代，水粉纸样，衣料（领带纹样），比例 100%

7. 法国，20 世纪 20 年代，网印棉布，衣料，比例 70%

8. 德国，20 世纪 30 年代，水粉纸样，衣料（领带纹样），比例 85%

9. 德国，20 世纪 30 年代，水粉纸样，衣料（领带纹样），比例 90%

10. 美国，20 世纪二三十年代，水粉纸样，衣料，比例 100%

11. 美国，20 世纪二三十年代，机印丝绸，衣料，比例 70%

装饰派艺术纹样可划分为三个阶段：20 世纪 20 年代的"现代曲折纹"，其中最典型的是纽约克莱斯勒大厦有折角的线条以及突破云层的阳光、风格化的动物等边缘锐利的图案；20 世纪 30 年代初的"现代流线型纹"，点状线条块面像是被风刮歪了；大萧条时期的"现代古典主义"纹样，是由新古典主义演变来的现代式样，更显朴素。虽说这里所列的纹样大部分是欧洲人的作品，但美国也创作出了大量高质量的装饰派艺术作品。1925 年法国邀请美国参加在巴黎举办的"装饰艺术与现代工业国际展览会"，但当时任商务部长的赫伯特·胡佛（Herbert Hoover）予以拒绝，称美国没有什么现代风格的东西可以参展。

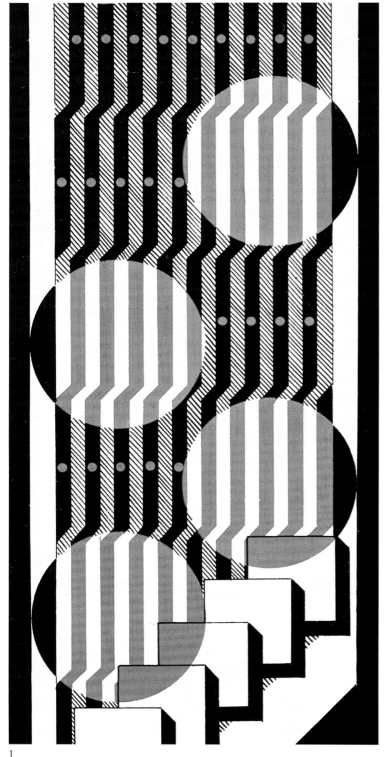

1.

2.

3.

4.

5.

6.

7.

8.

9.

10.

11.

新艺术：情景纹样

1. 法国，1898 年，阿尔丰斯·穆夏（Alphonse Mucha）设计，机印平绒，家用装饰，比例 32%

2. 法国，1895 年，M. P. 韦纳伊（M. P. Verneuil）设计，选自《动物装饰纹样》（L'Animal dans la Décoration），比例 105%

3. 法国，1895 年，M. P. 韦纳伊设计，选自《动物装饰纹样》，比例 64%

4. 法国，1895 年，M. P. 韦纳伊设计，选自《动物装饰纹样》，比例 64%

5. 法国，1895 年，M. P. 韦纳伊设计，选自《动物装饰纹样》，比例 64%

新艺术是流行于 19 世纪 80 年代末到约 1910 年的世纪末艺术风格，但"新艺术"一词却显示出对摒弃过去、拥抱未来的渴望。新艺术运动始于英国，而后迅速席卷全欧，在欧洲的不同国家拥有不同的风格特点，甚至于名称也不尽相同。意大利把这一风格称作"自由风格"（stile Liberty，取名于引领时尚潮流的伦敦百货商店 Liberty's），德国称之为"青年风格"（Jugendstil），奥地利称之为"分离派"（Sezessionstil），西班牙称之为"现代主义者"（Modernista），法语称之为"现代风格"（style moderne）。图 1 纹样由移居巴黎的捷克籍艺术家阿尔丰斯·穆夏设计，如今他设计的招贴画格外为人所铭记。穆夏与新艺术密切相关，巴黎艺术评论家埃德蒙·龚古尔（Edmond Goncourt）将新艺术风格称为"穆夏风格"。图 5 中的蜗牛图案显示了新艺术风格强大的装饰功能：大多数织物设计师都选择回避蜗牛题材，因为这使人联想到黏液，但这张纹样将蜗牛黏液的轨迹设计得十分雅致。

1.

2.

3.

4.

5.

新艺术：花卉纹样

1. 法国，1897年，菲利克斯·欧柏（Félix Aubert）设计，机印平绒，家用装饰，比例26%
2. 法国，1904年，机印平绒，家用装饰，比例38%
3. 法国，1901年，机印平绒，家用装饰，比例38%
4. 法国，1898年，机印平绒，家用装饰，比例40%
5. 法国，1904年，机印平绒，家用装饰，比例40%

新艺术风格的设计师钟情自然题材，但他们不赞成社会原因，也不主张美学原则。工艺组织的理想主义者批评新艺术是一种颓废的艺术风格：据说沃尔特·克兰（Walter Crane）曾将新艺术形容为"奇怪的装饰病"，C. F. A. 沃伊齐（C. F. A. Voysey）也认为新艺术"与我国特色和社会风气格格不入"。讽刺的是，这些充满曲线的新艺术风格设计恰恰是唯美主义运动"为艺术而艺术"的楷模。新艺术纺织品、装饰品常使用昂贵奢华的材料，为高端市场而生，因此从未成为大众时尚，也从未像装饰派艺术那样重新走到时尚前沿。新艺术风格的图案扭曲失真，各种形状相互交织，配色繁复，令人心中产生隐隐的不安之感，因而顾客稀少。

1.

2.

3.

4.

5.

巴洛克与洛可可式纹样

1. 法国，1893 年，机印平绒，家用装饰，比例 43%

2. 法国，约 1880 年，水粉纸样，家用装饰，比例 39%

巴洛克艺术在欧洲流行了很长的一段时间，从 16 世纪末一直持续到 18 世纪中期。18 世纪上半叶法国在巴洛克风格的基础上又发展出洛可可风格，折射出路易十五时代人们对感官享受的狂热追求。"巴洛克"一词在英语中原意为"奇特的"和"古怪的"，源于葡萄牙珠宝行用语，指形状怪异的珍珠。《牛津装饰艺术指南》（The Oxford Companion to the Decorative Arts）指出巴洛克式纹样具有花哨、夸张和奔放的特点。《牛津英语词典》（Oxford English Dictionary）则将洛可可式纹样定义为通常运用贝壳形涡卷纹，无含义的纯装饰；过分花俏俗气的装饰。（图 1 即典型的洛可可式纹样，上面有标志性的贝壳形图案。）这种纹样令人诟病之处在于它们不留一点空白区域，总试图用大量的卷曲线条和蔓藤花纹填满所有地方。不过，许多这类纹样的织物所呈现的内容丰富而文雅，在繁复与留白之间取得平衡，正如图 2 这张巴洛克式纹样。这种纹样总能让人脑海中不自觉浮现过去的王室形象，对许多幻想一睹贵族生活的人具有莫大的吸引力。

1.

2.

美好年代纹样

1. 法国，1898 年，机印平绒，家用装饰，比例 45%
2. 法国，1899 年，机印平绒，家用装饰，比例 39%
3. 法国，1896 年，机印平绒，家用装饰，比例 27%

第一次世界大战前的美好年代纹样是维多利亚兴盛期装饰风格的缩影，让人联想到 19 世纪 90 年代古板憋闷的客厅——到处都是图案花纹，完全不搭调。织物质地厚重，颜色令人腻烦——肥厚鲑鱼肉般的粉红、令人泛酸的绿、类似中毒后的暗蓝。这种室内装饰风格被现代派建筑简洁的风格一扫而光。

1.

2.

3.

德国彼德麦式纹样

1. 法国，1906 年，机印棉布，家用装饰，比例 48%

2. 德国，约 1900—1915 年，机印棉布，家用装饰，比例 44%

3. 法国，1898 年，机印棉布，家用装饰，比例 50%

4. 法国，约 1900 年，机印棉布，家用装饰，比例 40%

戈特利布·彼德麦（Gottlieb Biedermeier）是小说虚构的一个人物，1815年拿破仑战败到 1848 年欧洲革命期间，作家们经常以这个人物为原型讽刺奥地利和德国资产阶级的安逸生活。彼德麦式的装饰艺术风格中规中矩，色彩不温不火，图案不大不小，排列得井井有条，一派中庸之道。稳稳当当的花型总是有销路，彼德麦式的纹样至今仍有生产，虽然鲜少有人能叫出它的名字。事实上，下列附图没有一张是真的彼德麦式纹样，皆是后人在这类纹样上增改设计而成的。图 1、图 3 和图 4 是法国阿尔萨斯在普法战争后被德国占领期间销往德国的产品。图 2 作品出自彼德麦的故乡——德国。

1.

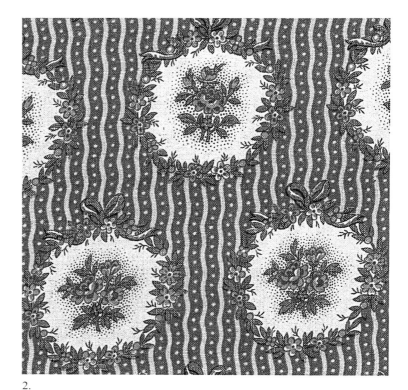

2.

3.

4.

帝国式纹样

1. 法国，约1810—1815年，木版印花棉布，边饰纹样，
比例80%

2. 法国，约1810—1815年，水粉纸样，边饰纹样，
比例100%

3. 法国，约1810—1815年，木版印花棉布，边饰纹样，
比例80%

1804年5月18日，拿破仑一世称帝。（同年12月，庇护七世前往巴黎主持加冕仪式，传说拿破仑在仪式中途迫不及待地从教皇手中夺过皇冠戴在自己头上。）帝国式纹样早在法兰西帝国成立前就已存在，其本质是新古典主义式样，并忠实地仿照了古代家具式样和装饰纹样。在纺织纹样中，能够体现出皇家气派的配色一般都很流行——金色、深红、紫色和品蓝。象征凯旋的月桂花冠以及象征坚强的橡树叶子和橡子，都是常见的纹样。海豚、天鹅、老鼠簕叶和奖章等纹样也深受人们的喜爱，当然还包括蜜蜂纹样——拿破仑从古埃及的象形文字借鉴过来，如今已成为他的个人象征。

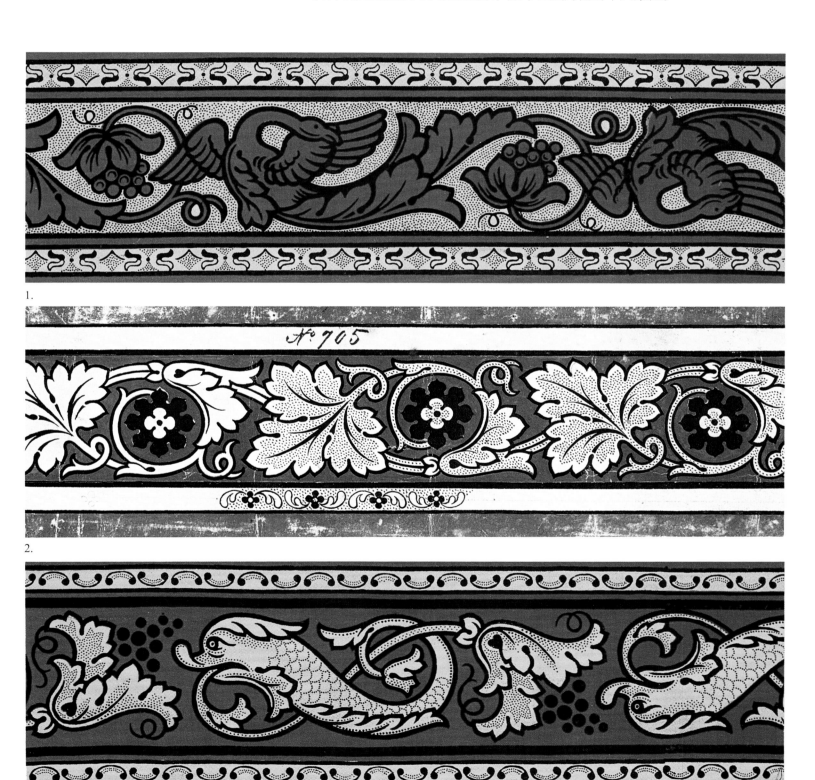

1.

2.

3.

野兽派纹样

1. 法国，约 1920 年，劳尔·杜飞为法国丝绸公司 Bianchini-Ferier 设计，水粉纸样，衣料

2. 法国，20 世纪 20 年代，E.A. 赛奇（E.A. Séguy）设计，选自《叶丛》（*Bouquets et Frondaisons*），比例 70%

3. 法国，1925 年，纸上印样，衣料，比例 25%

4. 法国，20 世纪 20 年代，E.A. 赛奇设计，选自《叶丛》，比例 70%

5. 法国，20 世纪 20 年代，网印丝缎，衣料，比例 70%

在 1905 年的"巴黎秋季艺术沙龙"上，艺术评论家路易斯·沃克塞尔（Louis Vauxcelles）在那些现代派绘画中间看到了一尊多纳太罗式的小雕像，不禁大声惊呼："多纳太罗被野兽包围了！"就这样，沃克塞尔巧合般地命名了这一艺术运动。野兽派的作品色彩鲜艳大胆，代表画家为亨利·马蒂斯（Henri Matisse）。下列所附的几张织物印花纹样无疑受到了野兽派的一定影响，但它们与 1909 年首次在巴黎演出的谢尔盖·佳吉列夫俄国芭蕾舞团的渊源更深。和野兽派艺术家一样，莱昂·巴克斯特（Léon Bakst），一位为佳吉列夫设计芭蕾舞布景和服装的设计师，创造了一批图案粗犷、色彩鲜明的纹样，引领了这种流行趋向。整个 20 世纪二三十年代，妇女们深受俄国芭蕾舞团影响，纷纷扎着阿拉伯式的头巾，穿着扎脚长裤，披着波斯式的夹克衫，戴着迷人的手链，一派异国风情的打扮。野兽派纹样常常选用高度风格化、扁平化、接近原始风格的图案，但这些图案能组合出极其精美的纹样。图 1 是野兽派成员之一劳尔·杜飞（Raoul Dufy）的一幅水粉纹样，他在绘画和纹样设计方面都大有作为。

1.

2.

3.

4.

5.

哥特复兴式纹样

1. 法国，约 1830—1840 年，机印棉布，家用装饰，比例 50%

2. 美国，约 1840 年，机印棉布，衣料，比例 98%

3. 法国，约 1830—1840 年，水粉纸样，衣料，比例 60%

4. 法国（未确定），约 1840—1850 年，机印毛织物，衣料，比例 145%

　　哥特复兴式风格是 1800 年后至 20 世纪初英国建筑的主要风格之一，同时也盛行于欧洲大陆及美洲诸国。如同拉斐尔前派绘画、唯美主义运动和工艺美术运动，哥特式的复兴反映了对工业革命前一段时期的向往。当时全社会能同心协力建造美丽的哥特式教堂，这种高尚的劳动方式与维多利亚时期惨无人道的工厂大为不同。随着人们对哥特式风格重新产生兴趣，哥特复兴式纺织品的生产也同时开始了。

1.

2.

3.

4.

涂鸦艺术纹样

1. 美国，1988 年，凯斯·哈林为斯蒂芬·斯普劳斯（Stephen Sprouse）设计，网印棉布，衣料，比例22%

2. 美国，1988 年，凯斯·哈林为斯蒂芬·斯普劳斯设计，网印涤纶布，衣料，比例23%

在古罗马和庞贝古城的废墟中曾发现过涂鸦。但这里展示的涂鸦艺术起源于美国的内陆城市，尤其是 20 世纪 70 年代的纽约，独特的涂鸦画在墙上、地铁上，甚至刊登在书籍杂志上，或画成油画陈列在画廊中。大多数涂鸦者都会绘制"艺术签名"，即图画版的个人签名，但已故的凯斯·哈林（Keith Haring）与他们不同，他受过艺术学校的教育，画的是人、狗、婴儿及变形的电视机等真实存在的事物。涂鸦艺术作品使他意识到在公共场所工作的可能性，他经常和其他涂鸦者交流，相互尊重。哈林 20 世纪 80 年代初在纽约地铁站绘制的粉笔画十分受欢迎，他的海报往往刚一画完就被盗，这在一定程度上促使他开始创作更为正式的艺术作品。哈林是一位真正的民粹主义者，一生热衷于室外涂鸦壁画，也一直喜欢一些便宜的商品，比如 T 恤衫、纽扣，以及一些纹样相同但配色不同的织物。

1.

2.

雅各布斯式纹样

1. 法国，约 20 世纪 20 年代，木版印花亚麻布，家用装饰，比例 25%

英国詹姆士一世把他的拉丁名雅各布斯（Jacobus）用来为詹姆士一世时代命名，同时也用其命名了一种 17 世纪的装饰风格，即雅各布斯风格，代表作包括精美厚重的橡木雕花家具、高档挂毯、花鸟树木纹样的绒线刺绣。后来的雅各布斯式印花正是模仿了这种绒线刺绣。最初的雅各布斯式纹样主要见于两种纺织品：一是 17 世纪英国大规模从佛兰芒（今荷兰一带）进口的风景挂毯，其纹样从古哥特式纹样演变而来；二是从印度进口的披肩，也是一种备受欢迎的纺织品。（英国东印度公司于 1600 年开始与东方有贸易往来，也就是詹姆士一世继位的三年前。）挂毯及印度披肩都以满地老鼠簕叶纹样为特征。但印度披肩中开花的树木纹样并不是纯粹的印度发明：正如现代雅各布斯式的印花纹样那样，许多纹样来自英国的绒线刺绣，由英国商人提供纹样给印度绣花工匠加工再返销英国。这种相互间影响的再循环在织物设计的混合风格领域十分常见。

1.

中世纪式纹样

1. 法国，1885 年，机印棉布，家用装饰，比例 54%
2. 法国，1883 年，机印棉布，衣料，比例 70%
3. 法国，约 1850—1860 年，机印砑光棉布，家用装饰，比例 50%

各种各样中世纪式的装饰纹样通过新技术不断翻印，不时出现在印花布上，这些新技术已经超出了早期生产者的想象。图 2 的纹样是受挂毯启发，图 3 的纹样来自抄本。图 1 由中世纪文化的多种纹样组合而成：马赛克、狮身鹰首兽和哥特式窗格纹，可能都是从 19 世纪出版的参考资料中选材的，如奥古斯特·拉辛特（Auguste Racinet）的《世界经典装饰图案设计百科》（*L'ornement Polychrome*）及欧文·琼斯（Owen Jones）的《世界装饰经典图鉴》（*The Grammar of Ornament*）。

1.

2.

3.

孟菲斯式纹样

1. "刚果"，意大利，1982 年，娜塔莉·杜·帕斯基耶尔（Nathalie Du Pasquier）设计，网印织物，家用装饰
2. "肯尼亚"，意大利，1982 年，娜塔莉·杜·帕斯基耶尔设计，网印研光布，家用装饰
3. "加蓬"，意大利，1982 年，娜塔莉·杜·帕斯基耶尔设计，网印研光布，家用装饰
4. "网"，意大利，1983 年，埃托·索特萨斯设计，网印织物，家用装饰
5. "拉突雷塞"，意大利，1983 年，埃托·索特萨斯设计，网印织物，家用装饰
6. "赞比亚"，意大利，1982 年，娜塔莉·杜·帕斯基耶尔设计，网印研光布，家用装饰
7. "扎伊尔"，意大利，1982 年，娜塔莉·杜·帕斯基耶尔设计，网印研光布，家用装饰
8. "三角铁"，意大利，1983 年，埃托·索特萨斯，网印织物，家用装饰

1981 年，意大利米兰以埃托·索特萨斯（Ettore Sottsass）为首的一批建筑师和设计师组建了孟菲斯集团，主张反对传统的现代主义室内设计，同时也反对在设计中使用素净的金属铬和玻璃以及精确的几何图形，反对运用逻辑严密的设计思维。孟菲斯式的物件和纺织品造型独特，有很多不必要的曲线和角度；配色包括明亮的原色与常用的颜色，比如强烈的紫色和粉色以及冲突的互补色。这种惹人注意的设计，好像是一个顽皮捣蛋的小孩子的作品。当你走进孟菲斯风格装饰的房间时，房间里的每一样东西好像都在站起来向你问候。

1.

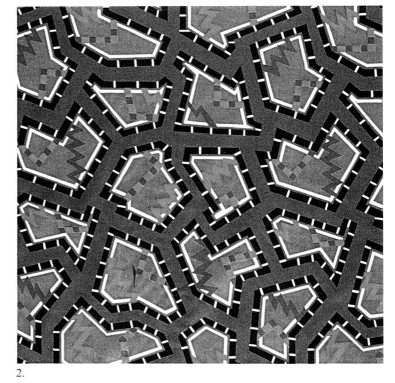

2.

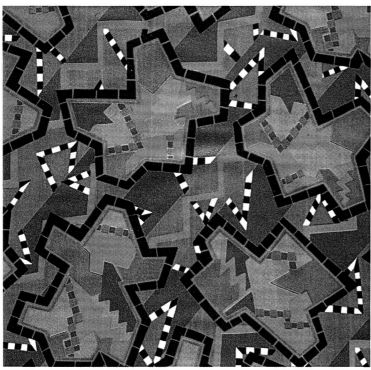

3.

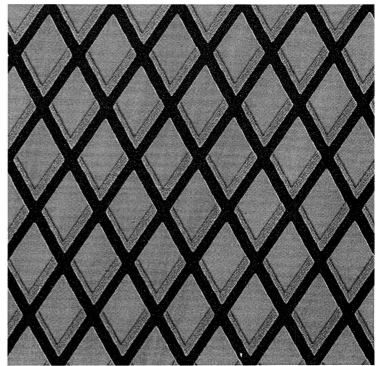

4.

5.

6.

7.

8.

现代派纹样

1. 美国，1955 年，弗兰克·劳埃德·赖特为 F. 舒马赫公司设计，网印亚麻布，家用装饰

2. 美国，1957 年，弗兰克·劳埃德·赖特为 F. 舒马赫公司设计，网印棉布，家用装饰

20 世纪现代派的艺术观点与以往不同，在日用品的设计中都体现着美学和哲学理念。设计这两只花样的建筑师弗兰克·劳埃德·赖特（Frank Lloyd Wright）主张不仅建筑造型要有现代感，而且室内的每一件家具和织物都应如此，他还设法对建筑物与周边环境的关系进行管控。现代派中衍生出过许多乌托邦式的观点，赖特的"有机建筑"理念并不是唯一一个。早在此 20 年前，大西洋彼岸的德国包豪斯建筑学院的设计师就已提出建筑、家具、纺织品配套的设计观点——但无须印花。现代主义者坚信形式应当服从于功能。他们看不起印花，认为印花纯粹是与织物毫无关系的表面文章。赖特设计的图 1 这只纹样是从彩色玻璃窗演变而来，专为美国 F. 舒马赫公司在 1955 年开创的纺织品和墙纸"塔利辛生产线"设计的。一开始，公司为赖特开创这条生产线而付给他 1 万美元，然后每设计一种纹样再付 1 千美元，外加每售出 1 码付花样设计专利费 25 美分。这种印花布的售价从每码 3.4 美元到每码 15.5 美元不等。生产线中不时有纹样新增或弃用，直到 1972 年最终停产。

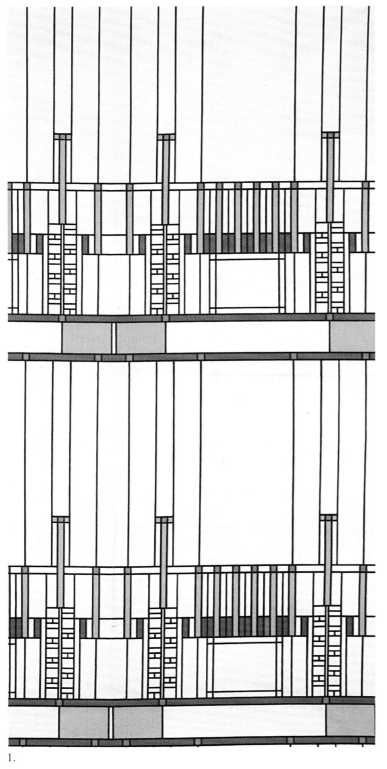

1.

2.

新古典主义纹样

1. 法国，约1815年，水粉纸样，家用装饰（地毯纹样），
比例76%
2. 法国，约1815年，水粉纸样，家用装饰（地毯纹样），
比例76%
3. "爱神"，法国，约1815年，机印棉布，家用装饰，
比例35%

虽然自文艺复兴以来古希腊和古罗马艺术就是欧洲艺术创作灵感的主要源泉，但是所谓"新古典主义"主要是指18世纪中期才开始的对古典艺术风格的仿效。在繁琐的洛可可装饰风格衰退之后，艺术风格回归简约。新古典主义思潮的兴起，部分原因是1748年庞贝古城遗址的发现，小城中温馨优雅的家庭环境远较罗马帝国宏伟的建筑更具吸引力。但是，很快，新古典主义的莨苕基叶纹、阿拉伯图案和奖章状花纹的风格变得更为正统，适合官邸豪宅和楼堂场馆装饰。图3是一块当时新古典主义风格寓意式题材的印花亚麻布，系法国南特的产品。（参见第425页工艺美术运动和各种艺术流派的纹样：帝国式纹样）

1.

2.

3.

迷幻效果纹样

1. 美国，20世纪60年代，水粉纸样，衣料，比例54%
2. 法国，20世纪60年代，染料纸样，衣料，比例50%

流行趋向一般的传播途径是从社会上层影响到社会下层。但也有相反的情况，20世纪60年代的流行潮流就没有遵循这种社会规则，而是先在大街上出现。迷幻效果纹样的出现就是如此。天旋地转的形状、霓虹灯般的色彩，用迷幻的轨迹在服装上画出一幅幻觉图像。这种纹样不是在娓娓低诉，而仿佛是在声嘶力竭，让人觉醒。这种纹样反映出年轻一代文化崛起的苗头，是现实社会、政治和人生理想的综合表现。时隔约25年，在1990年，这种纹样再次流行。新生的一代年轻人喜欢这种打扮，但是20世纪60年代强烈的社会反应早已不复存在，霓虹色彩似乎也黯淡了许多。

1.

2.

朋克纹样

1. 法国，20 世纪 80 年代，水粉透明胶片，衣料，比例 58%

2. 法国，20 世纪 80 年代，水粉透明胶片，衣料，比例 58%

朋克服饰高歌街头时尚：层层叠叠，风格咄咄逼人，显示着对一切传统造型的蔑视。20 世纪 70 年代末的朋克青年虽然还是得购买现成的 T 恤衫和牛仔裤来穿，但他们可以自己动手改造衣物，将衣物撕破、涂脏，改得面目全非，完全变成他们自己的创造，而不是生产商的。这种全新的风格立即引起了服装业企业家的兴趣，他们开始生产朋克风格的时装。然而，大批量生产虚无主义者着装的想法总是争议不断。因为如果身着批量生产的朋克印花服饰，就像在向世人大声宣告："我试过设计我自己的独特造型，但是失败了。"

1.

2.

文艺复兴式纹样

1. 意大利，20世纪初，马里奥·福尔图尼设计，模版印花丝绒，家用装饰
2. 意大利，20世纪初，马里奥·福尔图尼设计，模版印花棉布，家用装饰

文艺复兴式纹样的设计灵感来源于古老的欧洲贵族所使用的豪华手工织物。这种印花纹样意在再现割绒、丝缎、金银织锦等布料丰富的层次。图1和图2是意大利设计师马里奥·福尔图尼（Mario Fortuny）的作品。从第一次世界大战前到1949年去世，福尔图尼一直从事高级时装的设计工作。他崇尚最少剪裁，让服装呈现出穿着者原本的身形。他设计的时装多由华丽的丝绸、天鹅绒和棉布面料制作而成，有时缀以威尼斯玻璃球，有时用拥有专利的福尔图尼法打褶，并用经典图案模版印上花样，采用的色彩范围独特，具有微妙的金属光泽。福尔图尼的家乡在威尼斯，所以意大利文艺复兴运动是他重要的灵感源泉。

1.

2.

俄国构成主义纹样

1. 苏联，1930 年，S. 布里林（S. Burylin）设计，机印棉布
2. 苏联，1924 年，瓦尔瓦拉·斯捷潘诺娃（Varvara Stepanova）设计，水粉纸样
3. "红军机械化"，苏联，1933 年，L. 瑞册尔（L. Raitser）设计，机印棉缎

工业革命以后，整个 19 世纪，欧美各国人民的生活方式发生了巨大变化。进入 20 世纪之后，一个全新的时代似乎就要来临。这种感觉在俄国尤为强烈。20 世纪的前 20 年，一批好辩的革命者推翻了强大而根深蒂固的贵族统治，建立了新的社会秩序。共产主义俄国许下了伟大的乌托邦承诺，但同时国家也面临着巨大的实际困难。按照逻辑，这时艺术家要创造一种颂扬机器生产的艺术——机器是新世界的象征，也是解决各种问题的必要条件。颂扬机器即颂扬劳动，劳动使建构主义者与俄国政权拥护的无产阶级意识形态相协调，统治阶级希望人们都爱上拖拉机，爱上劳作。构成主义纹样中使用的各种抽象元素也同样具有理想主义色彩，意在创造一种不受地域限制、全世界都能理解的语言，使人们联想起现代机器的速度和工业物品的几何造型。但是，一想到在这个美丽新世界上，图 3 中的坦克和战机也被用作装饰，便深感不安。

1.

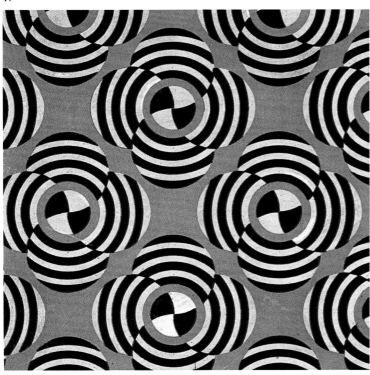

2.

3.

超级平面美术纹样

1. "小丑"，芬兰，1967年，阿尼卡·里姆拉（Annika Rimala）设计，网印棉布，衣料和家用装饰，比例21%

2. "果园"，芬兰，1963年，阿尼卡·里姆拉设计，网印棉布，衣料和家用装饰，比例27%

3. "天窗"，芬兰，1964年，梅贾·伊索拉（Maija Isola）设计，网印棉布，衣料和家用装饰，比例17%

4. "海鸥"，芬兰，1961年，梅贾·伊索拉设计，网印棉布，衣料和家用装饰，比例17%

玛丽麦高是一家芬兰设计公司，1951年由阿米（Armi）和维尔乔·拉帝亚（Viljo Ratia）创办，20世纪50年代末开始向美国出口纺织品，迅速立足并被大量模仿。这种纹样大胆运用各种扁平图形，搭配各种亮色，实现撞色效果，它的大部分图案也超出常规尺寸。这种宣传画式的纹样不带怀旧气息，线条干净利落，一派现代风格。20世纪60年代，这种风格大胆的纹样被称为"超级平面美术纹样"。

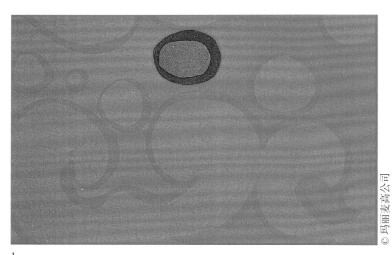

1.

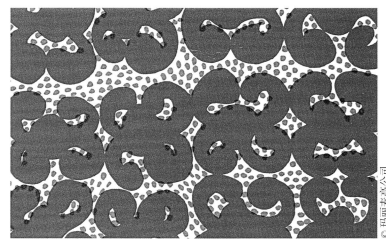

© 玛丽麦高公司

2.

3.

© 玛丽麦高公司

4.

维也纳工作室的纹样

1. "丛林"，奥地利，约 1913 年，路德·维希·海因里希（L. H. Jungnickel）设计，水粉纸样，比例 70%
2. "瓦豪"，奥地利，1910—1912 年，古斯塔夫·卡尔哈默（Gustav Kalhammer）设计，木版印花亚麻布，衣料，比例 90%
3. "塞浦路斯"，奥地利，1928 年，玛蒂尔达·弗洛格尔（Mathilde Flögl）设计，木版印花或网印丝绸，衣料，比例 90%
4. "家族"，奥地利，1928 年，玛蒂尔达·弗洛格尔设计，木版印花或网印丝绸，衣料，比例 90%
5. "君士坦丁堡"，奥地利，1910—1912 年，乌戈·卓维蒂（Ugo Zovetti）设计，木版印花亚麻布，衣料，比例 90%

奥地利的维也纳工作室（Wiener Werkstätte）于 1903 年由约瑟夫·霍夫曼（Josef Hoffmann）和克洛曼·莫塞（Koloman Moser）创办，践行了工艺美术运动的理念——将最高标准的设计融入现代生活。威廉·莫里斯（Willian Morris）的追随者虽有设计工作室应近似于中世纪行会的提议，但维也纳工作室比包豪斯风格早一步提出了设计师应与 20 世纪的工业化生产通力合作的观点。这种设计实际上是工艺美术运动向现代装饰派艺术发展的过渡型风格。维也纳工作室产品类型众多，涵盖金属制品、皮革制品、书籍装帧和橱柜，后来还生产陶瓷、地毯、墙纸、时装，以及织、绣、印染织物。苏格兰的建筑师、设计师查尔斯·雷尼·麦金托什（Charles Rennie Mackintosh）对维也纳工作室影响极大，实际上，视觉艺术家颇受好评的标志就是他的作品。该工作室的早期纹样都追随着他的步伐，绝大多数都十分简约，多是几何纹样。不过，该工作室的织物设计师很快就将目光转向了其他类型的纹样，如图 1 的嬉戏猴群纹样和图 5 典型的图案型花卉纹样。维也纳工作室尽管经常被财务问题困扰，又经历了第一次世界大战期间的混乱，仍一直经营到了 1932 年。

1.

2.

3.

4.

5.

参考文献

Achen, Sven Tito. *Symbols Around Us*. New York: Van Nostrand Reinhold, 1978.

Adburgham, Alison. *Liberty's: A Biography of a Shop*. London: George Allen and Unwin, 1975.

Affleck, Diane L. Fagan. *Just New from the Mills*. North Andover, Mass.: Museum of American Textile History, 1987.

Albrecht-Mathey, Elisabeth. *The Fabrics of Mulhouse and Alsace, 1750–1800*. Leigh-on-Sea: F. Lewis, 1968.

Ames, Frank. *The Kashmir Shawl*. Woodbridge, Suffolk: Antique Collectors' Club, 1986.

Aslin, Elisabeth. *The Aesthetic Movement: Prelude to Art Nouveau*. New York: Excalibur Books, 1981.

Battersby, Martin. *The Decorative Twenties*. London: Studio Vista, 1969.

Beer, Alice Baldwin. *Trade Goods*. Washington, D.C.: Smithsonian Institution Press, 1970.

Bindewald, Erwin, and Karl Kasper. *Fairy Fancy on Fabrics: The Wonderland of Calico Printing*. Braunschweig: Georg Westermann Verlag, 1951.

Bogdonoff, Nancy D. *Handwoven Textiles of Early New England*. Harrisburg, Pa.: Stackpole Books, 1975.

Brédif, Josette. *Printed French Fabrics: Toiles de Jouy*. New York: Rizzoli, 1989.

Campbell, Joseph. *The Power of Myth*. New York: Doubleday, 1988.

Cirlot, J. E. *Dictionary of Symbols*. New York: Philosophical Library, 1962.

Clouzot, Henri, and Frances Morris. *Painted and Printed Fabrics*. New York: Metropolitan Museum of Art, 1927.

Collins, Herbert Ridgeway. *Threads of History: Americana Recorded on Cloth, 1775 to the Present*. Washington, D.C.: Smithsonian Institution Press, 1979.

Crookes, William. *A Practical Handbook of Dyeing and Calico Printing*. London: Longmans, Green, 1874.

D'Allemagne, Henry-René. *La Toile Imprimée et les Indiennes de Traite*. Paris: Librairie Gründ, 1942.

Diehl, Gaston. *The Fauves*. New York: Harry N. Abrams, 1975.

Durant, Stuart. *Ornament*. London: MacDonald and Co., 1986.

Dyer, Rod, and Ron Spark. *Fit to Be Tied: Vintage Ties of the Forties and Early Fifties*. New York: Abbeville Press, 1987.

Flemming, Ernst. *An Encyclopedia of Textiles*. New York: E. Weyhe, 1927.

Forty, Adrian. *Objects of Desire: Design and Society, 1750–1980*. London: Thames and Hudson, 1986.

Fothergill, James, and Edmund Knecht. *The Principles and Practice of Textile Printing*. London: C. Griffin, 1924.

Gombrich, E. H. *The Sense of Order*. Ithaca, N.Y.: Cornell University Press, 1979.

Irwin, John. *The Kashmir Shawl*. London: Her Majesty's Stationery Office, 1973.

Irwin, John, and Katharine Brett. *Origins of Chintz*. London: Her Majesty's Stationery Office, 1970.

Jefferson, Louise E. *The Decorative Arts of Africa*. London: William Collins Sons, 1974.

Jones, Owen. *The Grammar of Ornament*. London: Day and Son, 1856.

The Journal of Design and Manufacturers. (London), 1–6: 1849–52.

Jung, Carl G. *Man and His Symbols*. London: Aldus Books, 1964.

Kallir, Jane. *Viennese Design and the Wiener Werkstätte*. London: Thames and Hudson, 1986.

Katzenberg, Dena S. *Blue Traditions: Indigo Dyed Textiles and Related Cobalt Glazed Ceramics from the 17th through the 19th Century*. Baltimore: Baltimore Museum of Art, 1973.

Larsen, Jack Lenor, with Alfred Bühler and Bronwen and Garrett Solyon. *The Dyer's Art: Ikat, Batik, Plangi*. New York: Van Nostrand Reinhold, 1976.

Lévi-Strauss, Monique. *The Cashmere Shawl*. London: Dryad Press, 1987; New York: Harry N. Abrams, 1988.

Milbank, Caroline Rennolds. *Couture: The Great Designers*. New York: Stewart, Tabori and Chang, 1985.

Montgomery, Florence M. *Printed Textiles: English and American Cottons and Linens, 1700–1850.* New York: Viking Press, 1970.

———. *Textiles in America, 1650–1870.* New York: W. W. Norton, 1984.

Noma, Seiroku. *Japanese Costume and Textile Arts.* New York: Weatherhill, 1974.

The Oxford Companion to the Decorative Arts. Edited by Harold Osborne. Oxford: Oxford University Press, 1985.

Parry, Linda. *Textiles of the Arts and Crafts Movement.* London: Thames and Hudson, 1988.

Peel, Lucy, and Polly Powell. *Fifties and Sixties Style.* Secaucus, N.J.: Chartwell Books, 1988.

Pettit, Florence H. *America's Indigo Blues.* New York: Hastings House, 1974.

Pettit, Florence H. *America's Printed and Painted Fabrics, 1600–1900.* New York: Hastings House, 1970.

Polo, Marco. *The Travels of Marco Polo (The Venetian).* Edited by Manuel Kamroff. New York: Boni and Liveright, 1926.

Powell, Claire. *The Meaning of Flowers.* Boulder, Colo.: Shambhala Publications, 1979.

Racinet, Auguste. *L'Ornement Polychrome.* Paris: Firmin Didot Frères, 1869.

Radice, Barbara. *Memphis.* New York: Rizzoli, 1984.

Reilly, Valerie. *The Paisley Pattern.* Glasgow: Richard Drew, 1987.

Robinson, Stuart. *A History of Printed Textiles: Block, Roller, Screen, Design, Dyes, Fibres, Discharge, Resist, Further Sources for Research.* London: Studio Vista, 1969.

Rossbach, Ed. *The Art of Paisley.* New York: Van Nostrand Reinhold, 1980.

Schoeser, Mary, and Celia Rufey. *English and American Textiles, 1790–1990.* New York: Thames and Hudson, 1989.

Shirer, William L. *Gandhi: A Memoir.* New York: Simon and Schuster, 1979.

Spencer, Charles. *Leon Bakst.* New York: Rizzoli, 1973.

Steele, H. Thomas. *The Hawaiian Shirt: Its Art and History.* New York: Abbeville Press, 1984.

Storey, Joyce. *Textile Printing.* London: Thames and Hudson, 1974.

Tuchscherer, Jean-Michel. *The Fabrics of Mulhouse and Alsace, 1801–1850.* Leigh-on-Sea: F. Lewis, 1972.

Verneuil, M. P. *L'Animal dans la Décoration.* Introduction by Eugène Grasset. Paris: Librairie Centrale des Beaux-Arts, 1895.

Weber, Eva. *Art Deco in America.* New York: Exeter Books, 1985.

White, Palmer. *Poiret.* New York: Clarkson N. Potter, 1973.

Yasinskaya, I. *Revolutionary Textile Design: Russia in the 1920s and 1930s.* New York: Viking Press, 1983.